D. K. Awasthi
Shweta Chand

Adulterados em química alimentar

D. K. Awasthi
Shweta Chand

Adulterados em química alimentar

ScienciaScripts

Imprint

Cover image: www.ingimage.com

This book is a translation from the original published under ISBN 978-620-8-11743-6.

Publisher:
Sciencia Scripts
is a trademark of
Dodo Books Indian Ocean Ltd. and OmniScriptum S.R.L publishing group

120 High Road, East Finchley, London, N2 9ED, United Kingdom
Str. Armeneasca 28/1, office 1, Chisinau MD-2012, Republic of Moldova, Europe
Printed at: see last page
ISBN: 978-620-8-21050-2

Adulterados em química alimentar

Shweta Chand
D. K. Awasthi

A Dra. Shweta Chand trabalha atualmente como Professora no Departamento de Química, Christ Church College, Kanpur. Tem uma experiência de ensino de cerca de 20 anos. Publicou 32 artigos de investigação em revistas nacionais e internacionais, 12 capítulos de livros, 4 livros e apresentou 22 comunicações em seminários/conferências nacionais e internacionais. É membro vitalício do Congresso Indiano de Ciências, da Vigyan Bharti, da Sociedade Indiana de Pensadores e da Associação de Professores de Química.

O Dr. Devendra Awasthi é Professor de Química. Tem uma experiência de ensino de cerca de 40 anos. Publicou 100 artigos de investigação em revistas nacionais e internacionais, 25 capítulos de livros, 10 livros e apresentou 50 comunicações em seminários/conferências nacionais e internacionais.

Prefácio

A adulteração de produtos alimentares é uma questão de grande preocupação nos dias que correm, uma vez que muitas empresas e agências do sector alimentar se encontram envolvidas na prática de misturar substâncias ou ingredientes de má qualidade nos produtos alimentares para obterem benefícios económicos. O principal objetivo da adulteração de alimentos é alterar a qualidade dos produtos alimentares para obter vantagens económicas. Estas acções ocorrem geralmente através da substituição por alimentos de qualidade inferior ou menos valorizados e do aumento do peso ou do volume através da mistura de ingredientes não declarados. Todos os dias vemos nos noticiários televisivos como os alimentos não higiénicos e espúrios estão a entrar nas nossas casas. A adulteração de alimentos tem muitos efeitos sobre os indivíduos, bem como sobre a saúde da comunidade.

Um adulterante é uma substância química que não deve estar contida noutras substâncias (por exemplo, alimentos, bebidas e combustíveis) por razões legais ou outras. A adição de adulterantes é designada por adulteração.

Este livro tem como objetivo destacar as principais áreas ou questões relacionadas com a adulteração de alimentos e também enfatiza os adulterantes comuns e os seus efeitos na saúde humana e na vida em geral. A adulteração de alimentos é uma questão séria que requer atenção imediata em todo o mundo. A química alimentar é um ramo vital que é suposto lidar com a existência e sobrevivência da vida humana, especialmente relacionada com a ingestão de alimentos.

Índice

An Analytical Study of Emerging Trends in Food Adulteration: Integração de medidas corretivas e quadros jurídicos no contexto indiano

Mishu Singh
Departamento de Química
Colégio PG para raparigas Pt. Deen Dayal Upadhayay, Lucknow

RESUMO:
A adulteração de alimentos é uma questão preocupante na Índia, com taxas que quase duplicaram nos últimos cinco anos, de acordo com dados dos relatórios anuais da FSSAI. Apesar dos esforços do governo, incluindo a promulgação da Lei de Segurança e Normas Alimentares de 2006 (FSSA), o problema persiste. Esta lei tinha como objetivo consolidar as leis relativas à segurança alimentar e criar a Autoridade de Segurança e Normas Alimentares da Índia para garantir alimentos seguros e higiénicos para os cidadãos. No entanto, a multiplicidade de leis alimentares e de agências que estabelecem normas levou à confusão entre consumidores, comerciantes e fabricantes. Este estudo tem como objetivo sensibilizar os consumidores para a adulteração dos alimentos e compreender os factores que influenciam o seu consumo de alimentos adulterados. A adulteração de alimentos, definida como a prática de contaminar os materiais alimentares com substâncias conhecidas como adulterantes para obter ganhos económicos ou técnicos, reduz o valor nutricional dos alimentos e torna-os impróprios para consumo. Para resolver esta questão, é imperativo analisar as tendências emergentes na adulteração de alimentos e implementar soluções eficazes. Ao examinar a eficácia da FSSA e ao explorar abordagens inovadoras para combater a adulteração de alimentos, este estudo procura contribuir para o desenvolvimento de um sistema robusto de garantia de qualidade baseado em autoridades estatutárias e reguladoras, na consciencialização dos consumidores e na aplicação da lei. O objetivo final é assegurar o fornecimento de alimentos seguros e saudáveis aos cidadãos da Índia."

Palavras-chave: Adulteração de alimentos, leis alimentares, Lei de Segurança e Normas Alimentares de 2006 e Regulamentos de 2011, Adulterantes, adulteração de alimentos, Índia, Remédios, Tendências

INTRODUÇÃO:

A adulteração de alimentos constitui um desafio generalizado não só nas comunidades locais, mas também a nível mundial, comprometendo a integridade e a segurança dos géneros alimentícios essenciais para a manutenção da saúde humana e a prevenção de doenças. As preocupações crescentes em torno da segurança alimentar resultam da produção e distribuição inadequadas de alimentos seguros e nutricionalmente ricos. A adulteração surgiu como uma questão social premente, comprometendo o bem-estar da sociedade e exigindo esforços urgentes de erradicação. Na Índia, a adulteração de alimentos é particularmente prevalecente nos bairros de lata urbanos, nas zonas semi-urbanas e rurais, onde consumidores desprevenidos são vítimas de produtos alimentares de baixa qualidade, apesar de pagarem os preços de retalho em vigor. Sendo uma nação profundamente enraizada na agricultura, os alimentos e a água têm um significado sagrado, sendo venerados quase como divindades.

Tradicionalmente, a legislação alimentar centrava-se principalmente na definição de alimentos não seguros e na conceção de mecanismos de aplicação para a sua retirada de circulação, com ênfase limitada nas medidas preventivas. No entanto, a legislação alimentar moderna procura capacitar as agências reguladoras com mandatos abrangentes e autoridade para abordar proactivamente as questões de segurança alimentar. Estas leis foram concebidas para incorporar abordagens preventivas, assegurando uma redução holística dos riscos e promovendo o bem-estar dos consumidores. A multiplicidade de leis alimentares, agências de aplicação da lei e organismos de normalização tem fomentado a confusão entre consumidores, comerciantes e fabricantes. Esta complexidade dificulta a aplicação efectiva das normas de segurança alimentar e impede o crescimento da indústria de transformação alimentar. Além disso, as normas desactualizadas não se adaptam aos avanços científicos, agravando ainda mais os desafios regulamentares.

Reconhecendo a importância primordial da segurança alimentar, organizações internacionais como a Organização das Nações Unidas para a Alimentação e a Agricultura (FAO) e a Organização Mundial de Saúde (OMS) dão prioridade aos esforços para salvaguardar os interesses dos consumidores. A segurança alimentar engloba medidas para evitar danos aos consumidores durante a preparação e o consumo de alimentos, necessitando de atenção aos avanços tecnológicos e às práticas agrícolas. Em resposta a estes desafios, o Governo da Índia formulou leis alimentares integradas com o objetivo de garantir a segurança e a qualidade do abastecimento alimentar. A Lei de Segurança e Normas Alimentares de 2006, juntamente com as regras e regulamentos associados, estabelece a Autoridade de Segurança e Normas Alimentares da Índia. Esta legislação obriga ao estabelecimento de normas de base científica para os géneros alimentícios, regulando a sua produção, armazenamento, distribuição, venda e importação. O objetivo global é garantir a disponibilidade de alimentos seguros e saudáveis para consumo humano, dando prioridade à saúde pública e ao bem-estar.

Os objectivos da investigação centram-se na melhoria dos conhecimentos e na salvaguarda da saúde pública através da aplicação de medidas rigorosas para garantir a segurança e a qualidade dos alimentos. O objetivo é proteger os consumidores da exposição a produtos alimentares não higiénicos ou adulterados, promovendo assim a confiança no sistema alimentar. Além disso, o estudo procura contribuir para o desenvolvimento económico através do estabelecimento de um quadro regulamentar sólido que facilite o comércio nacional e internacional de produtos alimentares. Tem também como objetivo aprofundar a compreensão dos mecanismos de regulação alimentar e sensibilizar as partes interessadas para os adulterantes alimentares comuns. A investigação aborda o desafio global colocado pela indústria da adulteração, particularmente nos mercados urbanos, onde os produtos falsificados são predominantes em vários sectores. Ao abordar de forma abrangente a adulteração de alimentos através de medidas regulamentares, envolvimento das partes interessadas e iniciativas de sensibilização do público, a investigação visa garantir a disponibilidade de alimentos seguros e nutritivos para todos.

ADULTERAÇÃO DE GÉNEROS ALIMENTÍCIOS:

A adulteração de alimentos é um problema generalizado em todo o mundo, perpetrado por comerciantes e fabricantes sem escrúpulos que procuram obter lucros rápidos à custa de consumidores desprevenidos. A publicidade enganosa e a cobertura inadequada dos meios de comunicação social agravam o desafio, tornando difícil para os consumidores discernir a qualidade dos produtos alimentares. Consequentemente, os consumidores consomem involuntariamente alimentos adulterados, sofrendo as consequências destas práticas enganosas. Em sociedades com controlos legais pouco rigorosos e com uma monitorização insuficiente por parte das autoridades, a utilização de adulterantes é galopante, colocando riscos significativos para a saúde. Embora os governos tenham envidado esforços para travar estas práticas, a sua erradicação completa continua a ser difícil. Só através de uma sensibilização vigilante dos consumidores e de um controlo contínuo é possível combater eficazmente a adulteração dos alimentos.

Definida como a degradação intencional da qualidade dos alimentos através da mistura ou substituição de substâncias inferiores ou da remoção de ingredientes valiosos, a adulteração de alimentos envolve o uso de adulterantes, substâncias químicas que não deveriam estar presentes. Estes adulterantes, quando presentes dentro de limites especificados, são considerados aditivos alimentares. No entanto, se excederem esses limites, tornam-se adulterantes significativos, representando sérios riscos para a saúde dos consumidores. Os adulterantes têm vários objectivos, incluindo o reforço ou a manutenção dos atributos de qualidade, o controlo da deterioração e o prolongamento do prazo de validade. Os aditivos mais comuns incluem antioxidantes, conservantes, adoçantes artificiais e agentes aromatizantes. Apesar das regulamentações, a incidência de adulteração de alimentos na Índia quase duplicou nos últimos cinco anos, sublinhando os desafios persistentes na aplicação e cumprimento da lei. A adulteração engloba não só a adição ou substituição intencional de substâncias, mas também a contaminação biológica e química durante as várias fases de produção e distribuição dos alimentos. Factores como as disparidades entre a oferta e a procura e a atração dos lucros incentivam os comerciantes a adulterar ou a vender produtos de qualidade inferior. No entanto, a adulteração de alimentos continua a ser uma questão complexa, motivada por razões económicas e deficiências regulamentares. Para fazer face a este desafio, são necessárias estratégias multifacetadas que englobem uma maior supervisão regulamentar, a educação dos consumidores e medidas de aplicação rigorosas. Só através de esforços concertados é possível garantir a integridade e a segurança da cadeia de abastecimento alimentar, salvaguardando a saúde pública e a confiança dos consumidores.

PREOCUPAÇÕES ACTUAIS E EM EVOLUÇÃO EM MATÉRIA DE SEGURANÇA DOS ALIMENTOS

As questões de segurança alimentar actuais e emergentes abrangem uma gama de perigos químicos, biológicos e físicos que representam riscos significativos para a saúde pública. Os contaminantes bacterianos, os poluentes ambientais, como os resíduos de pesticidas e as micotoxinas, e os adulterantes têm sido implicados em surtos de intoxicação alimentar em grande escala e em incidentes de menor dimensão. Estes incidentes incluem vários casos de intoxicação alimentar registados na Índia, surtos de Lathyrism, hidropisia epidémica, micotoxicoses e doenças de origem alimentar causadas por toxinas químicas. Embora nem todos os incidentes alimentares resultem em danos para a saúde, estes corroem a confiança dos consumidores na segurança dos alimentos e implicam custos substanciais tanto para as empresas individuais como para as economias nacionais. Além disso, os novos alimentos, incluindo variedades não aprovadas de alimentos geneticamente modificados, como a variedade de milho star link, têm historicamente suscitado preocupações relacionadas com a alergenicidade alimentar.

RAZÕES DAS ADULTERAÇÕES ALIMENTARES:

Vários factores contribuem para a adulteração de alimentos, resultando na deturpação ou degradação dos produtos alimentares. A adulteração ocorre quando um produto vendido não corresponde à natureza, substância ou qualidades exigidas pelo comprador, ou se contém substâncias que afectam negativamente a sua qualidade. Isto pode incluir a substituição de substâncias inferiores ou mais baratas, a extração de constituintes naturais, condições insalubres durante a preparação, embalagem ou armazenamento e a presença de substâncias venenosas ou deletérias no recipiente do produto. A adulteração inclui também a utilização de corantes ou conservantes proibidos, a ultrapassagem dos limites prescritos e a não observância das normas ou dos níveis de pureza prescritos, independentemente do facto de representar ou não um risco para a saúde. Na sua essência, a adulteração envolve a degradação intencional da qualidade dos alimentos colocados à venda através da mistura, substituição ou remoção de ingredientes valiosos.

* **Não conformidade com as expectativas do consumidor**: O produto vendido pode não corresponder à natureza, substância ou qualidade esperadas, tal como exigido pelo comprador.

* **Efeitos adversos da transformação**: Adição de substâncias ou métodos de processamento que afectam negativamente a natureza, substância ou qualidade do produto.

* **Substituição ou remoção de ingredientes**: Substituição de substâncias inferiores ou mais baratas, ou a remoção parcial ou total de constituintes naturais, resultando numa diminuição da qualidade.

* **Condições insalubres**: Os produtos preparados, embalados ou armazenados em condições não higiénicas podem ficar contaminados ou impróprios para consumo humano, apresentando riscos para a saúde.

Parece que forneceu uma lista de factores relacionados com o valor do produto, a adulteração, o comportamento dos consumidores e a dinâmica do mercado. Vamos analisar cada ponto:

* **Aumentar o valor dos atributos/caraterísticas comerciais dos produtos:** Trata-se de melhorar as caraterísticas dos produtos para os tornar mais apelativos para os consumidores. Pode tratar-se de melhorar a qualidade, acrescentar novas caraterísticas ou melhorar a embalagem para atrair clientes e aumentar as vendas.

* Por vezes, a adulteração, mesmo que não seja perigosa, pode conduzir a problemas graves de contaminação, por exemplo, a pulverização de água em malaguetas secas para fazer face a uma perda de peso excessiva pode dar origem a

aflatoxinas: A adulteração, mesmo que não seja diretamente prejudicial, pode levar a problemas de contaminação que afectam a segurança alimentar. Por exemplo, adicionar água a malaguetas secas para aumentar o peso pode levar ao crescimento de aflatoxinas, que são compostos cancerígenos.

* A mistura não constitui adulteração, exceto se a origem do produto for significativa: A mistura de diferentes ingredientes para criar um produto não é considerada adulteração, exceto se induzir os consumidores em erro quanto à origem ou qualidade do produto.

* **Quando a oferta é inferior à procura, para obter mais lucros:** Em situações em que a procura excede a oferta, as empresas podem aumentar os preços para maximizar os lucros, o que pode levar a preços mais elevados para o consumidor.

* **Escassez de ingredientes autênticos a preços acessíveis:** A escassez de ingredientes autênticos a preços razoáveis pode levar os fabricantes a utilizar substitutos mais baratos ou de menor qualidade, comprometendo potencialmente a qualidade do produto.

* **Conhecimento inadequado das consequências e dos riscos associados à segurança dos alimentos:** A falta de conhecimento sobre as consequências da adulteração de alimentos e os riscos associados para a saúde pode resultar em práticas inseguras por parte dos fabricantes e fornecedores.

* **Falta de sensibilização e de atualização da informação sobre os surtos de segurança dos alimentos relacionados com a adulteração:** Uma sensibilização e uma divulgação de informação insuficientes sobre as questões de segurança dos géneros alimentícios relacionadas com a adulteração podem levar a que os consumidores não tenham consciência dos riscos potenciais associados a determinados produtos.

* Existência de demasiados produtos no mercado: Um mercado saturado com inúmeras opções de produtos pode dificultar a escolha informada por parte dos consumidores, causando confusão e influenciando potencialmente as decisões de compra com base em factores que não a qualidade ou o valor.

* **Más práticas de compra dos consumidores:** Os consumidores podem adotar más práticas de compra, como dar prioridade ao preço em detrimento da qualidade ou não inspecionar minuciosamente a autenticidade dos produtos, o que pode contribuir para a proliferação de produtos adulterados no mercado.

* **Mentalidade de regateio do consumidor:** Uma mentalidade de consumidor centrada na regateio ou na procura de descontos pode encorajar os fornecedores a comprometer a qualidade para atingir níveis de preços mais baixos, conduzindo potencialmente à venda de produtos adulterados ou de qualidade inferior.

* **A psique do consumidor**: As atitudes, crenças e comportamentos dos consumidores podem influenciar as decisões de compra e as percepções do valor do produto, o que pode ter impacto na dinâmica do mercado e na prevalência da adulteração.

* **Disponibilidade de adulterantes:** A disponibilidade imediata de substâncias utilizadas para adulteração pode facilitar práticas pouco éticas por parte dos fabricantes e fornecedores que procuram reduzir os custos ou aumentar os lucros.

* **Embalagem contaminada:** Utilização de recipientes compostos por substâncias venenosas ou deletérias, tornando o produto perigoso para a saúde.

* **Violação dos limites prescritos:** Presença de corantes ou conservantes proibidos, ou que excedam os limites permitidos, comprometendo a segurança e a qualidade do produto.
* **Desvio de qualidade e pureza:** Desvio abaixo das normas prescritas ou dos níveis de pureza, ou desvio das proporções prescritas, independentemente das implicações para a saúde.

Cada um destes factores contribui para moldar a dinâmica do valor dos produtos, o comportamento dos consumidores e a prevalência da adulteração no mercado. A resolução destes problemas exige uma combinação de medidas regulamentares, educação dos consumidores e transparência do sector para garantir a segurança e a integridade dos produtos à disposição dos consumidores.

TIPOS DE ADULTERANTES:

(a) **Adulteração intencional:** A adulteração intencional envolve a contaminação deliberada de alimentos ou produtos com substâncias como areia, lascas de mármore, pedras, lama, pó de giz, água, óleos minerais e corantes de alcatrão de carvão. Estes aditivos são frequentemente adicionados para aumentar o volume ou o peso do produto, aumentando assim os lucros. No entanto, quando consumidos, podem ter efeitos nocivos para a saúde.

(b) **Contaminação Metálica:** A contaminação metálica ocorre quando os alimentos ou produtos estão contaminados com metais como o arsénico (de pesticidas), o chumbo (da água ou de fontes industriais), o mercúrio (de efluentes industriais) e o estanho (de latas). Estes metais podem entrar na cadeia alimentar de forma não intencional e representar sérios riscos para a saúde ao longo do tempo, afectando órgãos como a tiroide, o coração, os rins, o fígado, entre outros.

(c) **Adulterantes acidentais:** Os adulterantes acidentais são contaminantes que entram involuntariamente nos produtos alimentares durante a produção, armazenamento ou transporte. Exemplos incluem resíduos de pesticidas, estanho de excrementos de roedores em latas e larvas em alimentos. Estes contaminantes podem ter origem em pragas, crescimento microbiano ou factores ambientais e podem comprometer a segurança e a qualidade dos alimentos.

O quadro 1 mostra as adulterações alimentares comuns encontradas em diferentes alimentos e produtos alimentares

Tabela 1. Adulterações alimentares comuns encontradas em diferentes grupos de alimentos

S. No	Food Group	Adulterants
1	Milk	Water, skim milk, neutralizers, calcium hydroxide, sodium Bicarbonate/carbonate, sodium pyrophosphate, urea, Vanaspati, starch, detergent, invert sugar/glucose, synthetic milk, ammonium sulphate, hydrogen peroxide, boric acid, removal of fat, sodium chloride, melamine (resin).
2.	Butter	Mashed potatoes, other starches, Vanaspati /oleomargarine/lard
3.	Clarified Butter (Ghee)	Vegetable oil, cheaper animal fat
4.	Edible oil (vegetable oil)	Cheaper oil, linseed in mustard oil, coconut oil with ghee, argemone Mexicana oil, white mineral oil, prohibited colour, castor oil, mineral oil, karanja oil, neem oil.
5	Vanaspati Ghee	Cheaper fat ,groundnut, cottonseed and linseed oil
6.	Coffee powder	Mug dad coffee (senna occidentalis) ,roasted powder of wheat, gram, date seed, chicory and tamarind husk, coached persimmon stone powder
7.	Tea dust leaves	Artificial colour, tea wastes, gram husk, coffee husk, cashew nut endosperm, by product of leather industry, tamarind seed powder, sawdust, exhausted tea, chicory powder, iron filling
8.	Soft drink alcoholic and other beverages, fruit products	Non permitted colour, Artificial sweeteners as saccharin
9.	Chilli powder	Sawdust, brick powder, non-permitted colour, salt, talc powder
10.	Turmeric powder	lead chromate, foreign starch, common salt, husks, earthy matter, metanil Yellow, other aniline dyes (Non permitted colour)
11.	Wine	Diethelyne glycol
12.	Honey	High Fructose corn syrup, sucrose, invert sugar, cane sugar solution, gur, starch, glucose, wax, water.
13.	Castor sugar	Washing soda, chalk powder, yellow colour
14.	Coriander powder	Starch, cow dust or horse dung, powder, sawdust
15.	Cloves	Volatile oil extracted Exhausted or De-oiled Cloves.
16.	Black pepper	Papaya seeds, light black pepper, coated with mineral oil, black pinheads
17.	spices	Dirt, dust, straw ,insect, damaged seeds ,other seeds, rodent hair and excreta
18.	Iodized salt	Common salt, white powdered
19.	Cinnamon	Cassia bark of chichi dalchin
20.	Cumin seeds	Grass seeds colored with charcoal dust

21.	Saffron	Dried tendrils of maize cob
22.	Asafoetida	Soap stoner, or other earthy material, starch, foreign resin, Other resin Colophon residue obtained after the distillation of turpentine oil.
23.	Jaggery	Chalk powder, sugar solution, sodium carbonate, washing soda, non-permitted colour.
24.	Super refined wheat flour(Maida), Samolina	Resultant Atta, cheaper flour, boric acid, sand, soil, insects, webs, lumps, iron fillings ,rodent hair and excreta, excess bran, chalk powder
25.	Whole and spilt pulses	Dust, pebble, stone, straw, weed seeds, damaged grain, weevil led grain, hidden insects, rodent hair &excreta, kernel bunt, ergot (bajra), khesari dal, clay ,gravels, webs, non -permitted colour

REGULAMENTAÇÃO ALIMENTAR NA ÍNDIA E ANÁLISE DO RISCO E PONTOS CRÍTICOS DE CONTROLO (HACCP):

Na Índia, o controlo da qualidade dos alimentos é gerido através de vários quadros regulamentares, como a Lei de Prevenção da Adulteração Alimentar (PFA), a Classificação e Comercialização Agrícola (AGMARK) e a Ordem dos Produtos de Fruta (FPO). Recentemente, o Bureau of Indian Standards (BIS) iniciou um programa de certificação HACCP (Hazard Analysis Critical Control Point) destinado à indústria alimentar. Nomeadamente, entidades como a Mother Dairy of Delhi e a Punjab Cooperative Milk Federation já obtiveram certificados HACCP, demonstrando a sua adesão às normas internacionais de segurança alimentar. Além disso, a Agriculture and Processed Food Export Development Agency (APEDA) facilitou a implementação do HACCP em unidades de processamento de manga em Andhra Pradesh. Apesar destes avanços no sector organizado, uma parte significativa - 70-80% - da produção e transformação de alimentos na Índia ocorre no sector não organizado. Há uma necessidade urgente de alargar a implementação do HACCP também a este sector. Ao fazê-lo, estar-se-á a garantir que as medidas de segurança alimentar são universalmente aplicadas em todos os níveis de produção, processamento e distribuição de alimentos na Índia. Esta abordagem holística é crucial para salvaguardar a saúde pública e melhorar a qualidade geral dos alimentos disponíveis para os consumidores em todo o país.

Quadro-2: Várias leis sobre a adulteração de alimentos na India

S. .No	Food Act/order	Implementation Ministry
1	Prevention of food Adulteration Act 1954and Rules1955(PFA)	Ministry of Health and Family Welfare, Directorate General of Health Services
2	Fruit product order 1955(FPO)	Ministry of food processing, Govt. of India food and Nutrition Board
3	Meat and Meat products order1973	Ministry of Agriculture and Rural Development, Directorate of Marketing and Inspection
4	Agricultural Produce (Grading and Marking)Act 1937(AGMARK)	Ministry of Agriculture and Rural Development, Directorate of Marketing and Inspection
5	Essential commodities Act1955and 1997and Prevention of Black Marketing and Maintainance of supplies of Essential commodities Act1980	Ministry of Food and Civil Supplies, Govt. of India implemented through district collectors.
6	Atomic Energy Act, 1962 Control of Irradiation of Foods Rules, 1991	Dept. of Atomic Energy, Govt. of India
7	Imports and Export (Q.C. and Inspection Act 1963	Ministry of Science and Technology, Govt. of India, Export Inspection council
8	Milk and Milk Products Order1992	Ministry of Agriculture, Govt. of India, Milk and Milk Products Advisory Board
9	The Bureau of Indian Standards1986,Indian standards Institution(Certification Marks)Act 1952	Ministry of consumer affair. ISI
10	Standards of weights and Measures (packaged commodities)Rules 1977	Ministry of Civil supplies and consumer affairs
11	Monopolies and Restrictive Trade Practice Act 1969	Ministry of commerce and company affairs, Govt. of India affair,
12	Solvent Extracted Oils, De-oiled Meal and Edible flour control (order) 1967,	Ministry of Civil Supplies and consumer affairs
13	The Vegetable Oil Product Control(Order),1947,(Standard of Quality),1975,	Ministry of Industry, Govt. of India. Directorate of Vanaspati

Para além destas organizações, como o Gabinete de Normas Indianas, o Comité Central para as Normas Alimentares, o Ministério do Desenvolvimento Rural no âmbito da "Agmark" e o Conselho de Exportação-Importação no âmbito da Política Exim, existem vários regulamentos, regras e ordens no sector alimentar que frequentemente se sobrepõem e se contradizem. Um relatório sublinhou que, embora o sistema esteja fortemente regulamentado, sofre de uma administração inadequada. O relatório recomenda a criação de uma legislação alimentar moderna e integrada, que resolva as deficiências da legislação atual. Destaca o papel da Autoridade para a Segurança e Normas Alimentares e descreve as suas principais responsabilidades. Com base nas práticas mundiais, o relatório sugere que se dê prioridade ao controlo de qualidade durante o processo em detrimento dos testes pós-produção, que se privilegie o cumprimento das normas em vez da instauração de processos por infracções menores ou técnicas e que se crie um comité de avaliação altamente competente para analisar os casos antes da instauração de processos. Defende também a realização periódica de auditorias de qualidade às instalações de fabrico de alimentos. É interessante notar que a Lei de Segurança e Normas Alimentares de 2006 incorpora em grande parte estas recomendações, que foram formuladas com base nos conhecimentos do estudo abrangente do Secretário sobre as leis alimentares em países com autoridades alimentares centralizadas.

NORMAS E ACTOS DE SEGURANÇA ALIMENTAR DE 2006 (34 DE 2006), REGRAS DE 2008, REGULAMENTOS DE 2011

A Autoridade de Segurança e Normas Alimentares da Índia (FSSAI) é o organismo regulador de topo responsável pela supervisão e regulamentação das normas de segurança e higiene alimentar na Índia. Eis alguns aspectos fundamentais das normas de segurança alimentar na Índia:

1. LEI SOBRE SEGURANÇA E NORMAS ALIMENTARES, 2006

Esta legislação criou a FSSAI e fornece o quadro jurídico para as normas de segurança alimentar na Índia. A Lei sobre a Segurança e as Normas Alimentares de 2006 constitui um esforço legislativo significativo do Parlamento da Índia para garantir a segurança e a qualidade dos alimentos destinados ao consumo humano. Promulgada como Lei n.º 34 de 2006, esta legislação abrangente baseia-se em quadros internacionais, como a Comissão do Codex Alimentarius, para criar a Autoridade de Segurança e Normas Alimentares da Índia (FSSAI). A lei obriga ao estabelecimento de normas de base científica para artigos alimentares e regula o seu fabrico, com o objetivo de garantir a disponibilidade de alimentos seguros e saudáveis em todo o país. Atribui responsabilidades aos fabricantes e fornecedores de alimentos para garantir o fornecimento de alimentos higiénicos e saudáveis, com disposições para procedimentos de recolha de alimentos, avisos de melhoria e compensação para as vítimas de problemas relacionados com alimentos causados por vendedores ou fabricantes. A lei também se centra na criação e nas funções de vários comités e painéis no âmbito da FSSAI, confere poderes às agências de execução para uma implementação rigorosa através de licenças, inspecções e aplicação de normas, e sublinha a importância da avaliação, gestão e comunicação dos riscos nas práticas de segurança alimentar.

2. **REGULAMENTO SOBRE SEGURANÇA E NORMAS ALIMENTARES (NORMAS RELATIVAS AOS PRODUTOS ALIMENTARES E ADITIVOS ALIMENTARES), 2011**: Estes regulamentos especificam as normas e os requisitos para várias categorias de produtos alimentares, incluindo disposições sobre limites admissíveis para contaminantes, aditivos alimentares, requisitos de rotulagem, etc. Os Regulamentos sobre Segurança Alimentar e Normas (Laboratório e Análise de Amostras), de 2011, são fundamentais para a regulamentação dos laboratórios de testes alimentares na Índia desde a sua criação em 5 de agosto de 2011. Estes regulamentos categorizam os laboratórios em Laboratórios Notificados, Laboratórios de Importação e Laboratórios de Referência, cada um servindo funções específicas, tais como testes de rotina, análise de alimentos importados e análise de recurso de amostras disputadas, respetivamente. Atualmente, a Índia possui 140 laboratórios de testes alimentares autorizados ao abrigo da Lei de Segurança e Normas Alimentares de 2006 e dos seus regulamentos associados. Entre estes, 68 laboratórios receberam a acreditação do National Accreditation Board for Testing and Calibration Laboratories (NABL), garantindo a sua competência e adesão a normas de teste rigorosas. Além disso, os governos estatais criaram 72 laboratórios de testes alimentares em todo o país, equipados para efetuar análises exaustivas de acordo com parâmetros especificados. Estes laboratórios apoiam coletivamente várias actividades, incluindo a vigilância, a apresentação de amostras pelos consumidores e as inspecções regulamentares conduzidas pelos responsáveis pela segurança alimentar. Em caso de desacordo sobre os resultados dos testes, as amostras podem ser encaminhadas para laboratórios de referência, cujas decisões são consideradas finais, assegurando assim uma aplicação e manutenção sólidas das normas de segurança alimentar em todo o país.

3. **REGULAMENTOS SOBRE SEGURANÇA ALIMENTAR E NORMAS, 2016**: Em 2016, a Autoridade de Segurança Alimentar e Normas da Índia (FSSAI) introduziu várias medidas regulamentares significativas destinadas a reforçar a segurança alimentar e as normas em vários sectores:

1. **Norma para alimentos patenteados e aprovação de produtos**: Em 4 de outubro de 2016, a FSSAI emitiu um projeto de regulamentação ao abrigo da Lei de Segurança e Normas Alimentares para a aprovação de alimentos e ingredientes alimentares não especificados, visando especificamente os "Alimentos Proprietários" na Índia. Estes regulamentos simplificam o processo de aprovação com base na composição ou receita do ingrediente, com o objetivo de isentar cerca de 90% das categorias de produtos dos requisitos de aprovação antes da comercialização, que estavam pendentes desde 2014. No entanto, subsistem preocupações relativamente à restrição das alegações de saúde e às quantidades permitidas de vitaminas e minerais nos alimentos patenteados.

2. **Aditivos alimentares:** A FSSAI finalizou uma lista abrangente de 11.000 aditivos alimentares permitidos através de uma Notificação da Gazeta datada de 5 de setembro de 2016. Esta medida harmonizou as normas para aditivos em diferentes categorias de alimentos, proporcionando clareza às partes interessadas

do sector. No entanto, persistem desafios em termos de prazos de conformidade, maior alinhamento com os padrões internacionais CODEX e a categorização de aditivos com base em suas propriedades funcionais.

3. **Remoção do zinco como contaminante:** Na sequência da defesa da indústria, a FSSAI retirou o zinco da lista de contaminantes, reconhecendo o seu papel essencial como micronutriente necessário para os processos metabólicos diários. Este ajustamento apoia os esforços para resolver os problemas de longa data de deficiências de micronutrientes na população indiana.

4. **Importação de alimentos:** A FSSAI implementou medidas para simplificar a importação de produtos alimentares para a Índia através dos Regulamentos de Segurança e Normas Alimentares (Importação de Alimentos) de 2016, em vigor desde 15 de julho de 2016. Estes regulamentos consolidaram diretrizes sobre rotulagem, processos de desalfandegamento e artigos restritos, introduzindo uma abordagem baseada no risco para o desalfandegamento de importações através do Interface de Janela Única Aduaneira para Facilitar o Comércio (SWIFT). Apesar destes avanços, desafios como as inspecções aleatórias, os poderes discricionários concedidos aos funcionários aduaneiros e as inconsistências nos prazos de inspeção continuam a afetar a implementação a nível operacional.

5. **Alimentos para bebés e crianças:** Em 2016, a FSSAI emitiu notificações que permitem a suplementação de fórmulas para lactentes e fórmulas de transição com ácido docosahexaenóico (DHA) e ácido araquidónico (ARA). Além disso, foi estabelecido um período de carência de dois anos para a importação de Alimentos para Fins Médicos Especiais (FSMP), enquanto eram desenvolvidas normas abrangentes. Estas medidas representam avanços significativos no sentido de garantir a integridade nutricional e a segurança dos produtos alimentares destinados a lactentes e crianças.

Estes desenvolvimentos regulamentares realçam o empenho da FSSAI em fazer avançar as normas de segurança alimentar na Índia, integrando princípios científicos com quadros regulamentares para salvaguardar a saúde pública e promover a conformidade da indústria.

SUGESTÕES PARA EVITAR A ADULTERAÇÃO DE ALIMENTOS:

a) Melhoria das instalações de armazenamento: As más condições de armazenamento contribuem significativamente para a degradação não intencional dos grãos alimentares, leguminosas e especiarias. A modernização das instalações de armazenamento, o aproveitamento dos avanços tecnológicos e a aplicação de uma monitorização regular podem atenuar eficazmente este problema.

b) Utilização de tecnologias de deteção avançadas: O desenvolvimento e a acessibilidade de novas máquinas e técnicas para detetar a adulteração de alimentos são cruciais. A disponibilização destas tecnologias ao público permite que os consumidores identifiquem os produtos alimentares adulterados.

c) Sensibilização dos consumidores: O lançamento de campanhas de sensibilização intensivas é essencial para educar as pessoas sobre os efeitos nocivos da adulteração de alimentos.

d) Aumento da produção: Uma produção inadequada combinada com uma procura elevada cria oportunidades para a adição de adulterantes de qualidade inferior, como no caso do leite adulterado. Os governos devem identificar esses produtos e adotar medidas para reforçar as normas de produção.

e) Regulamentação dos preços: A adulteração de géneros alimentícios na Índia resulta frequentemente de preços mais elevados, o que leva os consumidores a optarem por alternativas mais baratas. Os burlões aproveitam-se deste facto para vender produtos adulterados a preços mais baixos. A aplicação de controlos de preços eficazes no mercado pode dissuadir os consumidores de comprarem produtos mais baratos e potencialmente adulterados, incentivando assim escolhas informadas entre consumidores bem informados.

CONCLUSÃO:

A Lei sobre Segurança e Normas Alimentares de 2006 (FSSA2006) tem por objetivo não só alinhar a legislação indiana em matéria de qualidade e normas alimentares com as normas internacionais, mas também regulamentar a higiene e a segurança alimentar de forma abrangente, a fim de promover o desenvolvimento sistemático e científico da indústria alimentar. Embora a aplicação desta legislação esteja ainda na sua fase inicial, introduz medidas como melhores auditorias, sistemas de gestão da segurança alimentar (SGSA), rastreabilidade e sistemas de recolha para combater eficazmente a adulteração dos alimentos. A representação dos consumidores nas autoridades alimentares e nos comités consultivos garante que os seus interesses são tidos em conta, com disposições que permitem que os consumidores mandem analisar os seus alimentos para verificar a sua segurança mediante pagamento. Em caso de danos aos consumidores, a lei prevê a indemnização dos operadores de empresas do sector alimentar e disponibiliza uma linha de apoio à segurança alimentar para esclarecimentos. A lei reconhece o potencial da biotecnologia para melhorar a segurança alimentar, reduzindo a utilização de pesticidas e melhorando o prazo de validade dos produtos, embora reconheça também os riscos para a saúde associados à potencial transferência de toxinas e alergénios. Para combater a adulteração, a lei promove uma abordagem integrada que envolve organismos oficiais, indústria, comunidade científica, organizações de consumidores e campanhas de sensibilização do público através de iniciativas de Informação, Educação e Comunicação (IEC). Defende medidas obrigatórias, tais como a inclusão de empresas culpadas de infracções numa lista negra e a emissão de avisos de recolha de alimentos através dos meios de comunicação social para informar e proteger os cidadãos de alimentos não seguros.

REFERÊNCIAS

1. **FSSAI (2006),** Test Method For Detection at Adulterants in Food Products, Society for Quality Education and Health Protection, 109, Anupam Bhawan, Azadpur, New Delhi- 110033.
2. **WWW.FSSAI.GOV.IN.**
3. **FSSA 2006 (2014),** Food safety and standards Act 2006, Rules 2008, Regulations 2011, 8th edition, Professional book publishers, New Delhi, India.

Causas, riscos, técnicas de deteção e aspectos sanitários da adulteração dos alimentos: Uma visão pedagógica

Sandeep Kumar Singh* e Arun Kumar Singh+
*Departamento de Química, VSSD College Kanpur-208002
+Departamento de Química, B.M.M., Bharwari, Kaushambi (U.P), Índia
Email-dr. sksingh76@rediffmail.com

RESUMO

A adição deliberada de ingredientes estranhos ou de qualidade inferior a produtos alimentares originais para diversos fins é conhecida como adulteração de alimentos. Esta pode ocorrer de muitas formas diferentes, tais como misturar, substituir, ocultar uma qualidade inferior nos materiais de embalagem, vender alimentos deteriorados, marcar incorretamente ou fornecer rótulos enganadores e introduzir substâncias tóxicas. São utilizadas várias técnicas analíticas (incluindo espetroscopia, sensores electrónicos e cromatografia) para determinar a qualidade dos produtos alimentares. De forma a melhor detetar, combater e prevenir as adulterações alimentares no futuro, esta página oferece informação sucinta mas abrangente sobre a natureza e escala da adulteração alimentar. O objetivo deste artigo é fornecer um resumo completo dos riscos, causas e métodos de deteção relacionados com a adulteração de alimentos.

Também procurou chamar a atenção para os possíveis perigos para a saúde associados à ingestão de géneros alimentícios contaminados e para a importância de identificar e pôr termo a esse comportamento. Para além disso, a revisão avaliou dados significativos de modo a fornecer uma visão abrangente do potencial e das dificuldades relacionadas com a prevenção da adulteração de alimentos. As várias causas e efeitos da adulteração de alimentos na saúde foram discutidas neste artigo. Foi também fornecida uma breve documentação sobre os métodos analíticos para a deteção de adulteração de alimentos. O artigo sublinhou ainda a urgência de combater a adulteração alimentar, combinando a sensibilização dos consumidores, os avanços técnicos e as acções regulamentares. Em resumo, a adulteração de alimentos está ligada a uma vasta gama de doenças, incluindo cancro, problemas hepáticos, cardíacos e renais, bem como doenças que afectam o sistema cerebral.

Por conseguinte, manter a segurança alimentar é essencial para o prazer e a saúde dos consumidores. A adulteração de produtos alimentares pode ser evitada e reduzida através do reforço da legislação, da sua aplicação, da melhoria dos testes e do controlo de qualidade. Além disso, é possível obter melhorias significativas através de uma aplicação eficaz da lei e de inspecções de rotina da qualidade dos alimentos.

Palavras-chave: Adulteração, método analítico, impacto na saúde, intencional, qualidade, segurança

INTRODUÇÃO

Uma das necessidades essenciais de todos os seres vivos é a alimentação, que é consumida para a atividade diária. Os animais, incluindo os humanos, podem comer e beber alimentos porque estes fornecem uma gama de minerais e nutrientes vitais, incluindo proteínas, água, lípidos e hidratos de carbono 1. O valor nutricional e a saúde geral da população são influenciados pelo tipo de alimentos que consomem e pelo seu grau de salubridade. Embora a contaminação dos alimentos reduza os benefícios de uma nutrição adequada, ela é, no entanto, necessária para uma boa saúde2. Uma dieta pobre está associada a um maior risco de muitas morbilidades e mortes, incluindo cancro, diabetes tipo II e doenças cardiovasculares. Por exemplo, os alimentos ricos em glúten aumentam o nível de glicose no sangue de um indivíduo3. Além disso, os alimentos contaminados causam tanto prejuízos financeiros quanto efeitos moderados a graves à saúde. Após o consumo de alimentos contaminados, é comum surgirem sintomas como diarreia, náuseas, reacções alérgicas, diabetes, cancro, etc. 4. Alguns alimentos contaminados podem também afetar diretamente os nossos órgãos internos, resultando em falhas e problemas no coração, rins, fígado e muitos outros órgãos 5. Desde que os seres humanos existem, a garantia e a proteção da qualidade dos alimentos têm sido vitais. Ao longo dos anos, os governos têm feito inúmeras tentativas para garantir a salubridade e a segurança dos alimentos através de medidas legislativas. Apesar destes regulamentos, a adulteração de alimentos proliferou e a sua deteção tornou-se mais difícil, principalmente devido às técnicas avançadas utilizadas na adulteração 6.

A adulteração económica de alimentos pode assumir muitas formas diferentes, tais como a substituição, a mistura, a rotulagem incorrecta ou enganosa, a adição de substâncias tóxicas, a ocultação da observação de má qualidade do material de embalagem e a colocação à venda de alimentos deteriorados. Além disso, o quadro 1 7 apresenta uma lista de alguns exemplos de adulterantes de géneros alimentícios. Uma das principais causas da adulteração de alimentos é o desequilíbrio entre o rendimento do consumidor e o preço dos alimentos. Por exemplo, se o preço de produção dos alimentos for superior ao que o comprador está disposto a pagar, o vendedor terá de oferecer um produto alimentar de pior qualidade. Um dos maiores e mais difíceis problemas com que nos confrontamos atualmente é a adulteração. Devido à forma como a lei não é aplicada exatamente como está escrita e porque é difícil deter os infractores devido à sua cooperação com os funcionários governamentais

Além disso, a adulteração de alimentos é uma preocupação geral para os consumidores, o governo, os transformadores de alimentos, as agências reguladoras e as indústrias 9 .[-11]

Tabela 1. Lista de alimentos, seus adulterantes e finalidades com as respectivas técnicas analíticas:

Food	Adulterants	Purpose	Analytical techniques
Milk	Melamine, skim milk powder, reconstituted milk, starch flour, glucose	Thickening agents, increased volume, and sweetener	Hyperspectral imaging, HPLC, GC, GC-MS, heat treatments
	Water	Increase volume	FAA, LC-MS, heat treatments
	Vegetable oil, sugarcane, or urea	Compensate the fat, carbohydrate, or protein content	GC, heat treatments
	H_2O_2, carbonates, bicarbonates, antibiotics, caustic soda	Increase the shelf life	FAA, HPLC
	Detergents or calcium salts of thioglycolic acid and urea	Enhance the cosmetic nature and whitening	Heat treatments, FAA
Wheat flour	Benzoyl peroxide (BPO) and alloxan monohydrate	Whitening agent	Raman hyperspectral imaging, polymerase chain reaction
Spice	Paprika and chili powders	Increase the amount	UV-visible and PLS-DA
Beef	Horse or donkey meat	Substitute highly costly food with less costly product	HPLC/MS, NMR, IR
Meat powder	Foreign proteins, vegetable fat	Bulking agents	Meat PCR testing
Honey	Sugar, HFCS, beet inverted syrup, rice syrups, or rice molasses	Increase volume and sweetener	GC-MS, HPLC, Raman spectroscopy
Coffee	Corn, wheat, and chickpeas	To increase volume	LIBS

Food	Adulterants	Purpose	Analytical techniques
Butter	Fatty acid, sterol, TAG, Vegetable oil, banana, oleomargarine	To increase volume and make yellowish	GC-MS and RP-HPLC

GC-SAW: cromatografia gasosa com detetor de ondas acústicas de superfície; IRMS: espetrometria de massa de razão isotópica; LIBS: espetroscopia de rutura induzida por laser; PCR: reação em cadeia da polimerase. A adulteração económica é uma forma de adulteração alimentar em que produtores e comerciantes desonestos adicionam propositadamente diferentes produtos químicos ou ingredientes menos dispendiosos a vários produtos alimentares, a fim de aumentar a sua margem de lucro. Além disso, ao adicionar componentes como amido, farinha, açúcar de cana, óleos vegetais, água, leite desnatado, areia, pó de giz, melaço, pedra e pó de tijolo a vários alimentos, estes produtores e comerciantes desonestos aumentam o volume dos alimentos. Este tipo de comportamento é particularmente arriscado, uma vez que envolve a remoção de nutrientes dos alimentos e a adição de substâncias desnecessárias por indivíduos orientados para o negócio que parecem ter esquecido a humanidade envolvida na busca do lucro 12. Os recentes problemas de fraude alimentar têm tido uma influência significativa, incluindo a adição de drogas ilícitas. Para aumentar a viscosidade, por exemplo, adiciona-se amido e outros leites em pó reconstituídos. Várias substâncias, como a formalina, o agente mais mortífero, peróxido de hidrogénio, carbonatos, bicarbonatos, antibióticos e soda cáustica[13] , são também utilizadas para prolongar o prazo de validade do leite. As raparigas devem evitar beber leite contaminado com ureia, uma vez que acelera a puberdade[14] . Utilizando os motores de busca, descobrimos que certas investigações não continham informações suficientes para tirar conclusões. Além disso, não existem regras ou leis que controlem a adulteração de alimentos. Normalmente, os alimentos contaminados não são detectados até representarem um risco para a saúde. Além disso, muitos países em desenvolvimento estão atrasados em termos de métodos de análise de adulteração de alimentos.

As limitações da investigação anterior são específicas de uma área, como a utilização de uma única técnica analítica para a deteção de adulterações alimentares. Por conseguinte, várias adulterações alimentares e os seus métodos de deteção não foram cobertos simultaneamente no estudo anterior. De forma a melhor identificar, combater e prevenir as adulterações alimentares no futuro, esta revisão oferece informação sucinta mas abrangente sobre a natureza e dimensão da adulteração alimentar. Além disso, dá ao leitor a oportunidade de ver e até examinar as avaliações e metodologias de investigação relacionadas com a adulteração de alimentos e as suas estratégias de deteção. Além disso, esta revisão evita que o leitor repita o que outros autores sobre adulteração de alimentos e métodos de deteção escreveram. Em geral, o estudo teve como objetivo avaliar as diferentes causas, impactos na saúde e técnicas de deteção da adulteração de alimentos.

A figura 1 apresenta as principais formas de adulteração intencional de alimentos, que são brevemente discutidas nas secções seguintes.

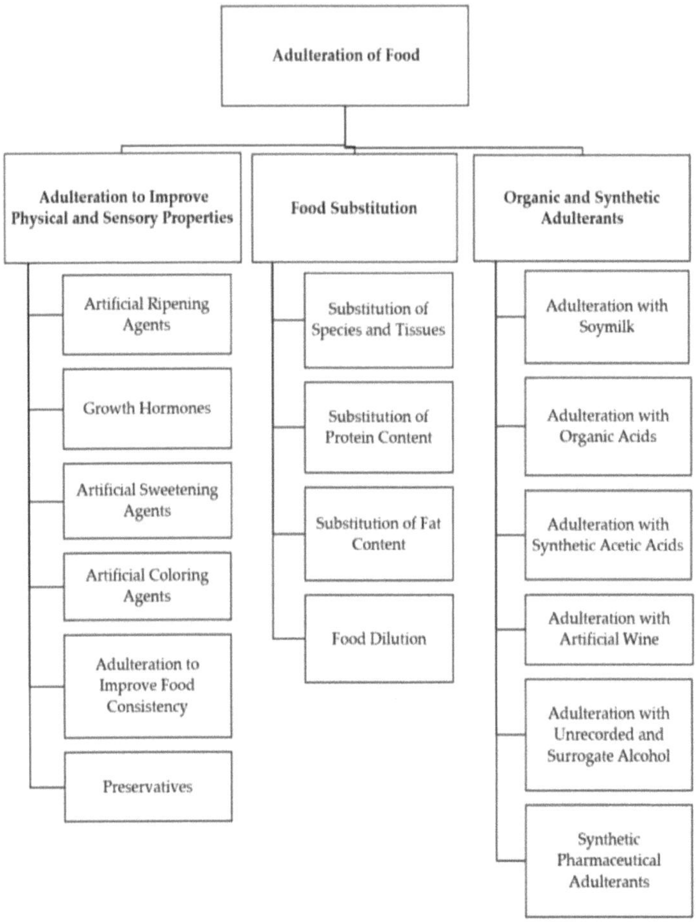

Figura- 1 Principais formas de adulteração de alimentos.

RAZÕES PELAS QUAIS OS ALIMENTOS SÃO ADULTERADOS

A adulteração de alimentos pode ter várias origens, incluindo comerciantes desonestos com o objetivo de ganhar dinheiro rápido[3,10-11] . Os produtos alimentares em pó são particularmente susceptíveis devido à sua intrincada cadeia de abastecimento e à deterioração gradual tanto do valor nutricional como do aspeto. Por conseguinte, a fim de manter a qualidade, podem ser adicionados diferentes compostos, enquanto o material moído que tem uma textura e cor semelhantes ao pó original pode ser adicionado para aumentar a quantidade. Além disso, são normalmente adoptadas várias práticas pouco éticas para preservar a frescura dos alimentos, a fim de evitar perdas financeiras decorrentes da deterioração dos alimentos durante o transporte e a venda. São adicionados adulterantes para aumentar o volume[15] ; são adicionados agentes espessantes para contrariar a diluição e aumentar o teor de sólidos; o teor de gordura, hidratos de carbono ou proteínas é compensado; o prazo de validade é melhorado; e é dada uma aparência real ao produto[16] . Para além disso, o estudo da FAO aprova a utilização de amidos e farinhas dependentes da dose no fabrico de queijo fresco como funcionalmente necessário. No entanto, o queijo fresco pode conter até 5 g kg-1 de amido ou de produtos químicos estabilizadores/anti-aglomerantes; qualquer quantidade superior a esta pode ter um impacto no valor nutricional do queijo .[17]

Alguns produtores e comerciantes de géneros alimentícios exageram os benefícios dos seus produtos. É extremamente difícil para o consumidor escolher produtos alimentares saudáveis devido à publicidade enganosa ou fraudulenta.

A vítima final destas más práticas é o consumidor que consome involuntariamente alimentos contaminados e sofre danos. Consequentemente, uma atenção adequada dos meios de comunicação social à adulteração de alimentos pode reduzir significativamente as taxas de criminalidade e informar os consumidores sobre os efeitos nocivos dos alimentos contaminados para a sua saúde; mas, em muitos países, esta atenção não tem sido recebida pelos meios de comunicação social. Os consumidores são alertados para a adulteração de alimentos através da cobertura mediática, que também os protege de doenças associadas[18] . A prevenção da adulteração de alimentos é uma tarefa difícil que exige uma estratégia multifacetada 2 .[19-0]

A adulteração de produtos alimentares pode ser evitada e atenuada através das seguintes acções: aplicação de leis e regulamentos mais rigorosos; melhoria dos testes e do controlo de qualidade; sensibilização dos consumidores e educação do público; reforço da gestão da cadeia de abastecimento; promoção da cooperação internacional; apoio a práticas comerciais éticas; elaboração conjunta de códigos de conduta; aplicação de orientações sobre as melhores práticas; criação de mecanismos de controlo e conformidade; partilha de conhecimentos e reforço de capacidades; promoção de parcerias público-privadas e envolvimento dos consumidores; e realização de investigação e desenvolvimento[19-2] 2. Podemos garantir o fornecimento de alimentos saudáveis, preservar os direitos dos consumidores e proteger a saúde pública pondo em prática estas políticas[22] .

Quando compram alimentos contaminados, os consumidores devem adotar as medidas de segurança necessárias, que podem alertá-los para a necessidade de evitar a obtenção desses produtos .[23]

É da responsabilidade colectiva dos governos, dos organismos reguladores, das partes interessadas da indústria e dos consumidores trabalhar em conjunto para combater a adulteração dos alimentos e estabelecer um ecossistema sólido de segurança alimentar ^ .[2425]

ADULTERAÇÃO PARA MELHORAR AS PROPRIEDADES - FÍSICAS E SENSORIAIS

O sabor e o aspeto dos produtos alimentares têm uma influência significativa no seu valor comercial. Os produtos alimentares com prazos de validade mais longos têm vantagens financeiras. Para tornar os alimentos mais palatáveis, são utilizadas técnicas artificiais de amadurecimento e adoçamento. Do mesmo modo, são adicionados corantes artificiais aos alimentos para melhorar o seu aspeto. Os géneros alimentícios são preservados durante um período de tempo mais longo através da adição de conservantes. Nas secções seguintes é apresentada uma breve panorâmica das várias técnicas de adulteração utilizadas para melhorar as qualidades físicas e sensoriais.

AGENTES DE MATURAÇÃO SINTÉTICOS

Para mitigar as perdas financeiras que resultam do facto de os frutos climatéricos se estragarem durante as fases de colheita, processamento e expedição, os vendedores de fruta colhem os frutos muito antes de atingirem a maturidade adequada e amadurecem-nos artificialmente utilizando produtos químicos antes da venda.

A necessidade de amadurecimento artificial também surge se os vendedores de fruta quiserem vender os frutos antes da época devida para obterem lucros adicionais. O etileno, o etanol, o metanol, o propileno, o metil jasmonato, o etilenoglicol, o ethephon e o carbureto de cálcio são utilizados para amadurecer artificialmente frutos e produtos hortícolas 2[5-31] . Os agentes de amadurecimento e as suas caraterísticas principais estão documentados no Quadro 1.

Quadro 1 Agentes de maturação e suas caraterísticas.

Ripening Agent	Features
Ethylene	Treatment is accomplished either at the packing house or at the distribution place]. Climacteric fruits become ripened successfully with less than 1 ppm ethylene gas by volume with an exposure of 12 h or more.
Ripening Agent	Features the time as well as the required concentration for ripening may vary from 0.1 to 1 ppm depending on the commodity.
Ethanol [31]	Exogenously applied to inhibit ethylene biosynthesis for ripening purposes. A 35–50% ethanol treatment is effective against microbial and fungal attack, improves sensorial quality, and prevents table grape decay.
Ethylene Glycol [25]	Cheaper than ethylene gas.Usable by dilution with water. Addition of water may fasten the ripening process of various fruits in colder climactic conditions. Alkyl alcohol consisting of 6 and 14 carbon atoms can artificially ripe bananas. Lauryl alcohol can develop to a completely yellow color without affecting palatability within 48 h during treatment with 0.01% by weight of bananas.

Calcium Carbide	Often used traditionally in granular or powder form. The high cost and scarcity of ethylene availability, faster ripening capability due to break down of glucose. and being comparatively cheaper than other chemicals are the root causes behind its vast usage. Sometimes, industrial grade calcium carbide shows impurities, such as Ca3P2, CaS, Ca3N2, SiC2, AsS3, and PH3.Acetylene is produced from the reaction of calcium carbide with moisture initiates ripening in mangoes at 1 mL/L and in bananas at 2.8 mL/L or 1 mL/L.
Ethephon	Above pH 5, it decomposes into ethylene gas, bi-phosphate ion, and chloride ion. Provides better color profile than naturally ripened fruits and also improves the peel color of mangoes. Increases skin color, skin carotinoids, total suspended sloid, vitamin C, and fruit juice. Fruits treated with ethephon possess longer shelf life than fruits treated with calcium carbide, and it causes faster ripening
Ripening Agent	Features some studies showed that pineapples, bananas, and tomatoes treated with 1000 ppm ethephon took less time for ripening than with
Methyl Jasmonate	Improves firmness, increases resistance to mechanical damage, and reduces microbial attack and post-harvest decay.Resists postharvest diseases, increases polyamine content, and elongates shelf life.Application of 0.1–10 mM jasmonate causes chlorophyll degradation, enhances carotene accumulation, and, thus, changes the color of apples and mangoes. A combined treatment of 0.1 mM methyl jasmonate and ethanol on strawberry shows higher antioxidant capacity, total phenolics, and anthocyanins than treatment with ethanol only.

Os principais conservantes utilizados nos géneros alimentícios são enumerados no quadro 2.

Tabela- 2 Conservantes e géneros alimentícios correspondentes.

Preservative	Food Item
Sodium benzoate (E211)	Carbonated drinks, pickles, sauces, and certain medicines
Sulfur dioxide (E220)	Carbonated drinks, dried fruit juices, cordials, and potato products
Sodium meta-bisulfite	Preservatives and antioxidants
Potassium nitrate (E249)	Cured meats and canned meat products
P-hydroxy benzoic acid esters (parabens)	Preserved foods and pharmaceuticals
Lactic acid bacteria	Fermented foods
Mono sodium glutamate (MSG)	All frozen foods, canned tuna, and vegetables
Sodium nitrite and sodium nitrate	Processed meats and fish to retain red color and avoid botulism
Trans fat	Deep-processed fast foods and certain processed foods
Sodium sulfite (E221)	Used in wine making and other processed foods
Potassium bromates	White flour, bread, and rolls
Propyl gallate and tertiary butyl hydroquinone	Processed foods, vegetable oils, and meat products

IMPACTO DOS ALIMENTOS CONTAMINADOS NA SAÚDE

Uma das principais causas de problemas de saúde é a adulteração dos alimentos[26] . Os adulterantes alimentares não só diminuem a qualidade dos alimentos, como também representam um sério risco para a saúde humana se consumidos regularmente. Por exemplo, a adulteração está associada a numerosas doenças, incluindo cancro, paratireoidite, insuficiência cardíaca, doença hepática, doença renal e perturbações do sistema cerebral. Uma das principais causas dos riscos alimentares para a saúde pública é a adulteração motivada por razões económicas[27] . Apesar dos incentivos financeiros, a adulteração pode ter efeitos prejudiciais para a saúde pública se o adulterante for venenoso ou alérgico.

Por exemplo, o leite que contém cloreto altera o pH do sangue e o equilíbrio ácido-base do organismo, enquanto o amoníaco provoca anomalias sensoriais, regressão e perda da fala adquirida. O peróxido de hidrogénio também afecta os antioxidantes do organismo, prejudicando a imunidade e acelerando o envelhecimento.

SEGURANÇA ALIMENTAR

A segurança alimentar é um marco crítico para a aprovação do sector pelos consumidores, para a saúde e para a redução do défice de abastecimento alimentar. Consequentemente, a comprovação da proveniência é crucial para a segurança alimentar, a qualidade dos alimentos e a proteção dos consumidores, para além de garantir o cumprimento das leis e regulamentos nacionais e internacionais. O processo de determinação da proveniência de um produto envolve, em primeiro lugar, a determinação do seu local de origem e, em seguida, a confirmação do local onde foi fabricado .[28]

Atualmente, a segurança alimentar é uma grande preocupação para muitas pessoas, pelo que estas são cautelosas em relação ao que comem. Além disso, a seleção de um determinado produto alimentar pode ser influenciada pela dieta, estilo de vida, convicções religiosas e questões de saúde. Por conseguinte, uma rotulagem exacta é crucial para ajudar os clientes a tomar decisões deliberadas. A qualidade dos alimentos, o valor nutricional e a autenticidade podem ser determinados através da análise da composição elementar dos alimentos. Para além disso, é essencial determinar se os nutrientes estão ou não presentes. Determinar a composição elementar de um produto alimentar é, portanto, essencial, particularmente para grupos específicos de consumidores, incluindo jovens, grávidas e indivíduos com alergias a elementos .[29]

Embora a segurança alimentar seja uma preocupação tanto para os países importadores como para os exportadores, alguns não dispõem de regulamentação adequada em matéria de segurança alimentar e não criaram sistemas de notificação ou de controlo suficientes para detetar a adulteração de alimentos 30. Devido a um aumento dos casos de adulteração de alimentos nos últimos dez anos, a segurança alimentar é atualmente uma das principais preocupações tanto da indústria alimentar como dos grupos de segurança alimentar. A maioria dos géneros alimentícios vulneráveis à fraude são produtos comerciais dispendiosos que são frequentemente produzidos em massa em todo o mundo. Consequentemente, é cada vez mais crucial que a indústria alimentar, os governos e os organismos de normalização sejam capazes de autenticar, regular os ingredientes alimentares e

procurar fraudes alimentares 31.
A segurança alimentar é um tema multidisciplinar que diz respeito ao processamento, preparação e armazenamento de alimentos de forma a evitar a sua adulteração .[32]

MÉTODOS DE ANÁLISE

Um problema crucial para a segurança alimentar e para a garantia de qualidade (GQ) é descobrir que alimentos são autênticos. A legislação que protege os alimentos locais levou a um aumento dos testes de autenticidade, um padrão de qualidade para alimentos e aditivos alimentares. Por conseguinte, a necessidade de métodos exactos e normalizados de autenticação de alimentos é urgente. Nos últimos dez anos, foram propostas várias técnicas analíticas, incluindo a cromatografia líquida (LC) e a cromatografia gasosa (GC), particularmente quando combinadas com a espetrometria de massa (MS), para o rastreio rápido ou a confirmação selectiva da qualidade e autenticidade de vários produtos alimentares. Além disso, os azeites virgens extra comestíveis e o leite[33] estão entre os alimentos que são sujeitos a avaliações qualitativas e quantitativas utilizando métodos quimiométricos em conjunto com outras técnicas analíticas.
As redes neuronais (NN) e a análise de componentes principais (PCA) são as duas técnicas quimiométricas utilizadas na análise de alimentos. A análise de alimentos é outra área em que os métodos qualitativos multivariados estão a ser cada vez mais utilizados. Para além de classificar e autenticar alimentos, a análise qualitativa é utilizada para identificar substâncias químicas. O estabelecimento dos parâmetros de desempenho dos métodos qualitativos é necessário para a validação, tal como acontece com outros métodos analíticos. As técnicas baseadas em cromatografia, tais como FTIR, HPLC, GC-MS, LC-MS/MS e SERS, têm sido as abordagens mais amplamente utilizadas. A determinação de adulterantes através de várias técnicas analíticas foi objeto de investigação recente.

NARIZ DIGITAL

Ao imitar uma sensação humana, um sensor eletrónico é uma técnica analítica sofisticada utilizada para identificar química ou fisicamente os adulterantes alimentares. Existem aparelhos que imitam o sentido do olfato, chamados narizes electrónicos.
Estes dispositivos incluem normalmente uma variedade de sensores que são utilizados para identificar e separar odores em amostras complexas de forma económica. Estas qualidades tornam-nos altamente valiosos para uma variedade de aplicações em numerosas indústrias, incluindo o sector alimentar.85,86 Atualmente, os sensores electrónicos são cada vez mais utilizados na análise de alimentos.

ENSAIO DE IMUNOABSORÇÃO ENZIMÁTICA

Este método analítico é sensível, direto e útil para determinar se a carne está ou não adulterada. O ensaio de imunoabsorção enzimática (ELISA), que pode ser utilizado para rastreios em grande escala e testes de campo, é simples de utilizar, requer pouco equipamento científico e apenas alguns reagentes imunológicos.

CONTROLO DA QUALIDADE DOS ALIMENTOS

A norma conhecida como controlo de qualidade mantém os produtos alimentares a um nível aceitável para os consumidores. Para preservar alimentos nutritivos, é utilizada uma combinação de qualidades físicas, químicas, microbiológicas, nutricionais e sensoriais. Estes parâmetros de qualidade dependem de determinadas caraterísticas, tais como caraterísticas sensoriais, que incluem sabor, cor, fragrância, gosto e textura; caraterísticas quantitativas, que incluem a percentagem de proteínas, açúcar, fibra, etc.; e caraterísticas ocultas, que incluem peróxidos, ácidos gordos livres e enzimas. Nas últimas décadas, tem-se registado um aumento da procura de alimentos saudáveis. O interesse pelo tema da qualidade na indústria alimentar cresceu em resultado das recentes mudanças na cadeia de abastecimento alimentar e do rápido desenvolvimento económico. A opinião dos clientes sobre a segurança de um produto alimentar parece estar intimamente relacionada com a sua qualidade percepcionada.

De acordo com um estudo recente que analisa a relação entre a segurança e a qualidade dos alimentos, os clientes estão geralmente mais inclinados a considerar que um produto alimentar é seguro se for de elevada qualidade do que o contrário.

CONCULSÃO

A procura básica de uma cozinha autêntica é essencial para manter um estilo de vida saudável. Mas, hoje em dia, os vendedores desonestos misturam, substituem e ocultam os controlos de qualidade dos materiais de embalagem; também vendem alimentos estragados, utilizam rótulos falsos e combinam substâncias inferiores, ou mesmo nocivas, com os alimentos verdadeiros. Para além disso, os fabricantes e comerciantes desonestos adulteram os alimentos para aumentar as suas margens de lucro. Todos os anos, milhões de pessoas são afectadas pelo grave problema de saúde pública da adulteração de alimentos.

Por conseguinte, resulta no desenvolvimento de problemas do sistema nervoso, cancro, paratireoidismo, doença hepática, insuficiência cardíaca e doença renal. Ocasionalmente, os fabricantes e comerciantes com fins lucrativos adulteram deliberadamente os produtos alimentares utilizando métodos avançados. Foram utilizadas técnicas analíticas avançadas para combater esta sofisticada adulteração de alimentos. No entanto, estes métodos não foram eficazmente implementados em países de baixo e médio rendimento, e tornam difícil garantir a segurança alimentar. Por este motivo, a adulteração de alimentos é um problema significativo tanto para os consumidores como para as agências reguladoras. Estas questões extremamente complexas serão resolvidas através da construção de um sistema estável de regulação dos alimentos, da formação do pessoal em matéria de adulterantes fáceis de detetar, da criação de técnicas analíticas para os diferentes tipos de adulterantes, da cobertura jurídica substancial, da aplicação da lei tal como está escrita, etc.

Os cientistas e investigadores deram um contributo significativo para a tecnologia de deteção e quantificação de adulterações alimentares nos tempos modernos. É necessária mais investigação para criar novos métodos analíticos de teste no local para a adulteração de alimentos em vários produtos, como o leite, o mel, a injera e outros, apesar de vários autores de todo o mundo terem publicado a sua investigação sobre o assunto. Isto implica que novas técnicas - especialmente aquelas que são diretas e simples de implementar - precisam de ser criadas, verificadas e autorizadas. É necessária uma análise e documentação exaustivas dos muitos tipos de adulteração de alimentos e dos efeitos que causam na saúde. Melhorias significativas podem ser alcançadas através de uma aplicação eficaz da lei e de inspecções de rotina da qualidade dos alimentos.

É necessário sensibilizar o público em geral, os participantes na cadeia de valor alimentar e outras organizações e agências para os efeitos negativos da adulteração e de práticas semelhantes para a saúde. Criar regulamentos e leis para controlar a adulteração de alimentos.

REFERÊNCIAS

1. Ayza A, Belete E. Adulteração de alimentos: seus desafios e impactos. Food Sci Qual Manag 2015; 41: 50-56.
2. Faizunisa H, Priyadarshini I, Chaly P, et al. Avaliação da adulteração de alimentos entre itens alimentares selecionados - estudo in vitro. Int J Health Sci Res 2016; 6(5): 139-145.
3. Appelhans BM, French SA, Tangney CC, et al. Até que ponto as compras de alimentos reflectem a qualidade da dieta e a ingestão de nutrientes dos compradores? Int J Behav Nutr Phys Act 2017; 14(1): 1-10.
4. Ghimire S. Knowledge on food adulteration and their effects on health: faculty of education. Kirtipur: Tribhuvan University, 2016.
5. Mohammad A-M, Chowdhury T, Biswas B, et al. Intoxicação e envenenamento alimentar: uma das principais preocupações globais para a saúde humana. Food Saf Preserv 2018; 307-352. [Google Scholar]
6. Edith IN, Ochubiojo EM. Controlo de qualidade alimentar: história, presente e futuro: IntechOpen, 2012.
7. Everstine K, Spink J, Kennedy S. Adulteração economicamente motivada (EMA) de alimentos: caraterísticas comuns dos incidentes de EMA. J Food Protect 2013; 76(4): 723-735.
8. Nagvanshi D. Um estudo sobre adulterantes alimentares comuns e conhecimentos sobre adulteração entre as mulheres do distrito de Rae Bareli. Int J Home Sci 2015; 1(3): 5-8. [Google Scholar]
9. Verdú S, Vásquez F, Grau R, et al. Deteção de adulterações com diferentes grãos em produtos de trigo com base na técnica de imagem hiperespectral: os casos específicos da farinha e do pão. Food Control 2016; 62: 373-380.
10. Forsyth JE, Nurunnahar S, Islam SS, et al. Açafrão-da-terra significa "amarelo" em bengali: pigmentos de cromato de chumbo adicionados ao açafrão-da-terra ameaçam a saúde pública em Bangladesh. Environ Res 2019; 179: 108722.
11. Yeasmin D, Baker M, Kamal A-HM, et al. Explorando as percepções dos clientes sobre a adulteração de alimentos em bazares e supermercados em Dhaka, Bangladesh; uma exploração qualitativa. BMC Public Health 2023; 23(1): 206.
12. Awasthi S, Jain K, Das A, et al. Análise da qualidade dos alimentos e dos adulterantes alimentares de diferentes armazéns e mercearias locais através de análise qualitativa para a segurança alimentar. IOSR J Environ Sci Toxicol

Food Technol 2014; 8:22-26.
13. Cavin C, Cottenet G, Cooper KM, et al. As vulnerabilidades da carne à adulteração económica de alimentos exigem novas soluções analíticas. Chimia 2018; 72(10): 697-703.
14. El-Loly MM, Mansour AIA, Ahmed RO. Avaliação do leite cru para aditivos comerciais comuns e tratamentos térmicos. Int J Food Saf 2013; 15(10): 7-10.
15. Lohumi S, Lee H, Kim MS, et al. Calibração e ensaio de um sistema de imagiologia hiperespectral Raman

para revelar adulteração de alimentos em pó. PLoS One 2018; 13(4): e0195253.
16. Swathi J, Kauser N. Um estudo sobre a adulteração de leite e produtos lácteos de vendedores locais. Int J Biomed Adv Res 2015; 6(09): 678-681.
17. Barreto A, Cruz-Tirado J, Siche R, et al. Determinação do teor de amido em queijo fresco adulterado usando imagens hiperespectrais. Food Biosci 2018; 21: 14-19.
18. Kamthania M, Saxena J, Saxena K, et al. Adulteração do leite: métodos de deteção e medidas corretivas. Int J Eng Tech Res 2014; 1: 15-20.
19. McGrath TF, Haughey SA, Patterson J, et al. Quais são os desafios científicos na passagem de métodos direcionados para métodos não direcionados para testes de fraude alimentar e como podem ser resolvidos? Estudo de caso de espetroscopia. Tendências Ciência Alimentar Tecnologia 2018; 76: 38-55.
20. Théolier J, Barrere V, Charlebois S, et al. Abordagem de análise de risco aplicada ao comportamento dos consumidores em relação à fraude em produtos alimentares. Trends Food Sci Technol 2021; 107: 480-490.
21. Selamat J, Iqbal SZ. Food safety: basic concepts, recent issues, and future challenges (Segurança alimentar: conceitos básicos, questões recentes e desafios futuros). Berlim, Alemanha: Springer, 2016.
22. Fung F, Wang H-S, Menon S. Segurança alimentar no século XXI. Biomed J 2018; 41(2): 88-95.
23. Gahukar R. Food adulteration and contamination in India: occurrence, implication and safety measures (adulteração e contaminação de alimentos na Índia: ocorrência, implicações e medidas de segurança). Int J Basic Appl Sci 2014; 3(1):47.
24. Johnson R. Food fraud and economically motivated adulteration of food and food ingredients (Fraude alimentar e adulteração de alimentos e ingredientes alimentares por motivos económicos). Washington, DC: Congressional Research Service, 2014.
25. Stadler RH, Tran L-A, Cavin C, et al. Abordagens analíticas para verificar a integridade dos alimentos: necessidades e desafios. J AOAC Int 2016; 99(5): 1135-1144.
26. Al-Mutairi S, Connerton I, Dingwall R. Organizações de segurança alimentar na Arábia Saudita - análise organizacional, histórica e futura. Food Control 2015; 47: 478-486.
27. El Sheikha AF. DNAFoil: nova tecnologia para a deteção rápida de adulteração de alimentos. Tendências Ciência Alimentar Tecnologia 2019; 86: 544-552.
28. Danezis GP, Tsagkaris AS, Camin F, et al. Autenticação de alimentos: técnicas,

tendências e abordagens emergentes. TrAC Trends Anal Chem 2016; 85: 123-132.

29. Sezer B, Bilge G, Boyaci IH. Capacidades e limitações do LIBS na análise de alimentos. TrAC Trends Anal Chem 2017; 97: 345-353.
30. King T, Cole M, Farber JM, et al. Food safety for food security: relationship between global megatrends and developments in food safety. Trends Food Sci Technol 2017; 68: 160-75.
31. Esteki M, Vander Heyden Y, Farajmand B, et al. Análise qualitativa e quantitativa da adulteração de amendoim em amostras de amêndoa em pó usando impressão digital multi-elementar combinada com métodos de análise de dados multivariados. Food Control 2017; 82: 31-41.
32. Lv M, Liu Y, Geng J, et al. Biossensores baseados em nanomateriais de engenharia para deteção de segurança alimentar. Biossensores Bioelect 2018; 106: 122-128.
33. Song J, Wu F, Wan Y, et al. Deteção colorimétrica de melamina em leite pré-tratado usando nanopartículas de prata funcionalizadas com ácido sulfanílico. Food Control 2015; 50: 356-361.

Adulteração em sumos de laranja: Uma visão geral

Anuradha Tiwari[a] , Tamanna Begam[b] & Neelam Pal *[a]
[a] Departamento de Química, Faculdade V.S.S.D, Kanpur, U.P
[b]Departamento de Química, Faculdade D.B.S., Kanpur, U.P
[a]*Autor correspondente Email: neelampal2007@yahoo.com

RESUMO

Os sumos de fruta são bebidas importantes que são consumidas em todo o mundo. Devido ao aumento constante da sua procura e ao seu elevado valor, os sumos de fruta são um dos alvos mais frequentes de adulteração. Neste estudo, o sumo de laranja é um deles. Uma vez que está provado que os alimentos adulterados têm efeitos nocivos para a saúde, foram utilizadas várias abordagens para a deteção da adulteração do sumo de laranja. A adulteração do sumo de laranja é uma preocupação significativa tanto para os consumidores como para os organismos reguladores. Esta prática envolve a adição intencional de substâncias para aumentar o volume, melhorar a cor ou o sabor, ou reduzir os custos de produção, comprometendo frequentemente a qualidade e a segurança. Aqui está uma visão geral das formas comuns de adulteração no sumo de laranja, métodos de deteção e respostas regulamentares.

Palavras-chave: Sumo de laranja, efeito na saúde, adulteração e bebida

INTRODUÇÃO

O sumo de fruta[1] é uma escolha popular de bebida e o mercado dos sumos de fruta tem crescido substancialmente nos últimos anos. O aumento da sua popularidade pode dever-se, em parte, a um aumento do interesse dos consumidores pela saúde e pela nutrição[2] , mas também ao facto de o mercado dos sumos de fruta, em constante expansão[3] , oferecer agora uma gama de diferentes variedades de sumos[4] para todos os gostos e necessidades. Embora a variedade de diferentes opções de sumos acima apresentada signifique uma maior escolha para os consumidores, representa também uma possível fonte de confusão quanto aos benefícios para a saúde[5] dos diferentes tipos de bebidas em oferta. Por conseguinte, é importante que os consumidores possam compreender e interpretar corretamente a vasta gama de produtos de sumo disponíveis, de modo a fazerem uma escolha informada ao seleccionarem um produto de sumo [6]. É importante notar que esta revisão apenas aborda os sumos de fruta[7] e as bebidas de sumo de fruta[8] , pelo que não foi feita qualquer referência aos sumos de vegetais. Muitos dos estudos que analisam os benefícios para a saúde do consumo de sumos de fruta[9] centram-se na sua capacidade de promover uma melhor ingestão de nutrientes em consumidores versus não consumidores, e indicam que as pessoas que consomem sumos de fruta[10] tendem a ter hábitos alimentares gerais mais saudáveis do que aqueles que não o fazem.

O sumo de fruta é um tipo de bebida muito popular[11] em todo o mundo, e é considerado uma bebida saudável[11] devido aos seus elevados níveis de antioxidantes, micronutrientes, polifenóis, especialmente antocianinas. Estes componentes têm demonstrado muitos benefícios para a saúde[12] , tais como a prevenção do cancro, a melhoria do sistema digestivo, bem como a anti-inflamação. Sumo de laranja[13] contém vitamina C, desenvolve um sistema imunitário saudável, combate os radicais prejudiciais e reduz o risco de doenças cardíacas. A fonte rica em vitamina C, potássio e luteína do sumo de laranja[14] proporciona benefícios para a saúde. É uma forma ideal de atingir a DDR de vitamina C e é bom para combater constipações, baixar o colesterol e ter propriedades anticancerígenas. Sumo de fruta[15] é uma bebida popular que é apreciada por muitas pessoas em todo o mundo. É feito através da extração do sumo de frutas frescas, que contém várias vitaminas, minerais e antioxidantes que são benéficos para a nossa saúde[1] 6. Fornece nutrientes essenciais O sumo de fruta é uma fonte rica de vitaminas e minerais essenciais, como a vitamina C, a vitamina A, o folato, o potássio e o magnésio, que são essenciais para manter uma boa saúde. Estimula o sistema imunitário O sumo de fruta[17-18] é rico em vitamina C e outros antioxidantes que ajudam a fortalecer o sistema imunitário e a proteger o corpo contra infecções e doenças. O sumo de fruta contém enzimas naturais que podem ajudar a melhorar a digestão e a reduzir a obstipação. Sumo de fruta[19] é uma boa fonte de água, que é essencial para manter a hidratação e prevenir a desidratação. O consumo regular de sumo de fruta pode reduzir o risco de doenças crónicas, como doenças cardíacas, acidentes vasculares cerebrais e certos tipos de cancro, devido aos elevados níveis de antioxidantes e outros compostos benéficos[20] . O sumo de fruta é uma boa fonte de açúcares naturais que fornecem energia ao corpo, o que o torna uma óptima opção para um rápido aumento de energia. É importante notar que o sumo de fruta também pode ser rico em açúcar, o que pode contribuir para o aumento de peso e outros problemas de saúde se consumido em excesso. Por conseguinte, recomenda-se o consumo de sumo de fruta com moderação e a escolha de sumos frescos e naturais em vez de sumos processados e embalados que contêm frequentemente açúcares adicionados e conservantes.

TIPOS DE ADULTERAÇÃO

Diluição com água: Adição de água para aumentar o volume e o peso do sumo.

Adoçantes artificiais: Utilizar adoçantes sintéticos, como o aspartame ou a sacarina, em vez de açúcares naturais.

Corantes: Adição de corantes artificiais para melhorar o aspeto e tornar o sumo mais fresco.

Intensificadores de sabor: Incorporação de aromas artificiais para imitar o sabor natural do sumo de laranja.

Sumos de fruta mais baratos: Mistura de sumos mais baratos, como o sumo de maçã ou de uva, para reduzir os custos de produção.

Conservantes químicos: Utilização não autorizada ou excessiva de conservantes para prolongar o prazo de validade do sumo.

Adulteração da pasta: Adição de pasta sintética ou de baixa qualidade para simular um teor mais elevado de pasta natural.

Alteração da acidez: Ajustar a acidez com produtos químicos como o ácido cítrico para obter um perfil de sabor desejado.

Adição de açúcar: Adição de açúcar extra para aumentar a doçura e mascarar o sabor do sumo diluído.

Aditivos não aprovados: Incorporação de produtos químicos ou substâncias não aprovados para alterar as propriedades do sumo.

IMPLICAÇÕES PARA A SAÚDE DO SUMO DE LARANJA ADULTERADO:

O sumo de laranja adulterado pode apresentar vários riscos para a saúde devido à presença de substâncias e alterações não autorizadas:

Depleção nutricional: Os adulterantes podem reduzir o teor natural de nutrientes do sumo de laranja, como a vitamina C, através da diluição ou substituição por ingredientes inferiores.

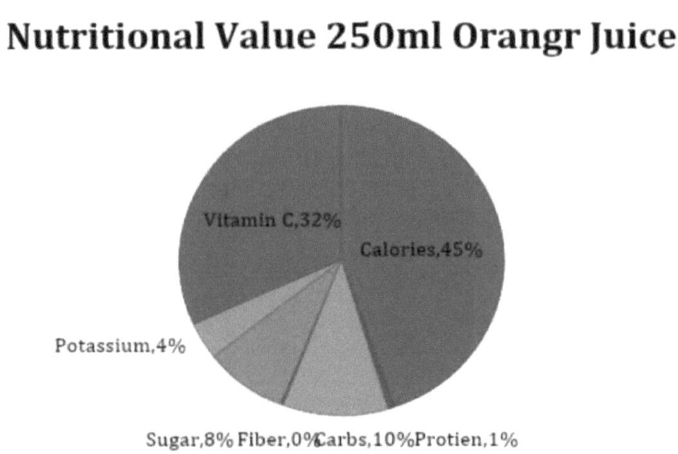

Valor nutricional do figo -1 250 ml de sumo de laranja [21]

Reacções alérgicas: Os corantes, aromas ou conservantes artificiais adicionados durante a adulteração podem desencadear reacções alérgicas em indivíduos sensíveis.

Contaminação tóxica: Os aditivos ou conservantes não autorizados podem introduzir substâncias tóxicas no sumo, conduzindo a potenciais riscos para a saúde após o consumo.

Problemas digestivos: O excesso de açúcares ou de edulcorantes artificiais utilizados como adulterantes pode contribuir para problemas digestivos e perturbações metabólicas.

Contaminação microbiana: O manuseamento ou armazenamento inadequado de sumo adulterado pode levar ao crescimento microbiano, causando doenças de origem alimentar.

Efeitos na saúde a longo prazo: O consumo regular de sumo de laranja adulterado ao longo do tempo pode contribuir para condições de saúde crónicas devido aos efeitos cumulativos da ingestão de aditivos sintéticos e perfis nutricionais alterados.

MÉTODOS DE DETECÇÃO:

Análise química: Técnicas como a cromatografia líquida de alta eficiência (HPLC) e a cromatografia gasosa (GC) são utilizadas para detetar a presença de açúcares adicionados, ácidos e outros componentes que não sejam sumos.

Testes físicos: Métodos físicos como a medição da densidade, análise da viscosidade, análise colorimétrica, brix (medição do teor de açúcar), medição do pH, exame microscópico.

Análise de ADN: Os métodos baseados na PCR podem identificar a presença de ADN não laranja, indicando a adição de outros sumos de fruta.

Avaliação sensorial: Aspeto, odor, textura, qualidade global.

NORMAS REGULAMENTARES E EXECUÇÃO:

Regulamentos governamentais: Os governos estabelecem normas e regulamentos que especificam os ingredientes permitidos, os níveis de pureza, os requisitos de rotulagem e os aditivos permitidos para o sumo de laranja.

Protocolos de teste: Os organismos reguladores estabelecem protocolos e métodos de teste para a deteção de adulteração no sumo de laranja, abrangendo técnicas de análise química e física.

Medidas de controlo da qualidade: Os fabricantes são obrigados a implementar medidas sólidas de controlo da qualidade para evitar adulterações e garantir a conformidade com as normas regulamentares.

Auditorias e inspecções: As agências reguladoras realizam auditorias e inspecções regulares às instalações de produção de sumos para verificar o cumprimento das normas e detetar quaisquer desvios ou incumprimentos.

Requisitos de rotulagem: É obrigatória a rotulagem clara e exacta dos produtos de sumo de laranja, incluindo a divulgação dos ingredientes, da informação nutricional e de quaisquer aditivos utilizados.

Acções de execução: As autoridades reguladoras têm o poder de impor sanções, coimas ou recolhas de produtos em caso de incumprimento dos regulamentos de adulteração.

Normas internacionais: A harmonização com as normas internacionais, como as estabelecidas pelo Codex Alimentarius ou pelas agências regionais de segurança alimentar, garante a consistência da qualidade e da segurança nos mercados globais.

ESTUDOS DE CASOS DE ADULTERAÇÃO DE SUMO DE LARANJA:

Escândalo do sumo de laranja brasileiro (2012): Em 2012, a Food and Drug Administration (FDA) dos EUA descobriu que o sumo de laranja importado do Brasil continha vestígios de carbendazim, um fungicida não aprovado para utilização em citrinos nos EUA. Embora os níveis fossem baixos, a descoberta levou a um maior escrutínio e a controlos de importação mais rigorosos.

Produtores de sumos da Florida (anos 90): Durante a década de 1990, descobriu-se que vários produtores de sumo de laranja na Florida adulteravam os seus produtos com açúcar de beterraba e xarope de milho para reduzir os custos. Este caso realçou a necessidade de testes mais rigorosos e de uma supervisão regulamentar para garantir a pureza e a autenticidade do sumo de laranja.

Incidente do sumo de laranja chinês (2009): Em 2009, as autoridades chinesas descobriram que alguns fabricantes estavam a adicionar aromas sintéticos e corantes artificiais ao sumo de laranja para melhorar o seu aspeto e sabor. O sumo adulterado representava potenciais riscos para a saúde e levou a que os reguladores chineses da segurança alimentar reprimissem essas práticas.

Fraude italiana com sumo de laranja (2015): As autoridades italianas descobriram um esquema de fraude em que os produtores diluíam o sumo de laranja com água e adicionavam açúcar, juntamente com aditivos não declarados. O escândalo levou a multas significativas e a controlos mais rigorosos da produção e rotulagem de sumo de laranja em Itália.

Fraude na União Europeia (UE) (2004): O Organismo Europeu de Luta Antifraude (OLAF) investigou um caso em que sumo de laranja importado de fora da UE era falsamente rotulado como sendo de origem comunitária para beneficiar de direitos aduaneiros mais baixos. Este caso levou a controlos aduaneiros e processos de verificação mais rigorosos para evitar este tipo de actividades fraudulentas.

SENSIBILIZAÇÃO E EDUCAÇÃO DOS CONSUMIDORES:

Compreender a adulteração

Definição e riscos: Educar os consumidores sobre o significado de adulteração, como ocorre e os potenciais riscos para a saúde associados ao consumo de sumo de laranja adulterado. Adulterantes Comuns: Fornecer informações sobre os adulterantes comuns encontrados no sumo de laranja, tais como açúcares adicionados, aromas sintéticos e corantes.

Ler rótulos

Listas de ingredientes: Ensinar os consumidores a ler e a compreender as listas de ingredientes nas embalagens de sumo de laranja. Sublinhe a importância de procurar sumo de laranja 100% puro, sem adição de açúcares ou aditivos artificiais.

Marcas de certificação: Informe os consumidores sobre as marcas e selos de certificação (por exemplo, USDA Organic, Non-GMO Project Verified) que indicam que um produto cumpriu determinadas normas de qualidade e segurança.

Identificação de produtos autênticos:

Reputação da marca: Incentivar os consumidores a comprar sumo de laranja de marcas reputadas, conhecidas pela sua qualidade e integridade.

Consistência do produto: Educar os consumidores sobre os sinais de sumo de laranja de alta qualidade, tais como cor e sabor consistentes e ausência de sedimentos ou odores invulgares.

Impacto da adulteração

Efeitos para a saúde: Destacar os potenciais efeitos para a saúde do consumo de sumo de laranja adulterado, tais como reacções alérgicas, problemas gastrointestinais e riscos para a saúde a longo prazo decorrentes da exposição a substâncias químicas nocivas.

Impacto económico: Explicar como a adulteração afecta a economia, prejudicando os produtores honestos e aumentando os custos de aplicação da regulamentação.

Envolvimento através dos meios de comunicação social

Campanhas nas redes sociais: Utilizar as plataformas das redes sociais para partilhar informações sobre a adulteração do sumo de laranja, incluindo vídeos educativos, infografias e entrevistas com especialistas.

Anúncios de serviço público: Difundir anúncios de serviço público na televisão e na rádio para chegar a um público mais vasto.

Workshops e seminários

Programas comunitários: Organizar workshops e seminários em centros comunitários, escolas e clínicas de saúde para educar as pessoas sobre a segurança alimentar e a importância de escolher sumo de laranja de alta qualidade.

Sessões interactivas: Proporcionar sessões interactivas onde os consumidores possam colocar questões e obter respostas de especialistas em segurança alimentar.

Parcerias com retalhistas

Informação no ponto de venda: Trabalhar com os retalhistas para fornecer materiais educativos no ponto de venda, tais como brochuras, cartazes e etiquetas nas prateleiras, destacando informações importantes sobre a pureza e a qualidade do produto.

Programas de educação escolar

Integração curricular: Integrar aulas sobre segurança alimentar e nutrição nos currículos escolares para educar as crianças desde tenra idade sobre a importância de consumir alimentos e bebidas puros e não adulterados.

Aprendizagem interactiva: Utilize ferramentas de aprendizagem interactivas, tais como jogos e actividades, para tornar o tema cativante e memorável para os alunos.

Grupos de defesa dos consumidores

Apoio e recursos: Fornecer apoio e recursos a grupos de defesa do consumidor que trabalham para aumentar a consciencialização sobre a adulteração de alimentos e defendem uma regulamentação e aplicação mais rigorosas.

Linhas diretas e sítios Web: Criar linhas diretas e sítios Web onde os consumidores possam comunicar casos suspeitos de adulteração e encontrar informações fiáveis sobre segurança alimentar.

Colaboração com profissionais de saúde

Recomendações de médicos e nutricionistas: Incentivar os profissionais de saúde a discutir a importância da qualidade dos alimentos com os seus pacientes e recomendar marcas ou tipos de sumo de laranja que satisfaçam padrões elevados.

Campanhas de saúde: Colaborar com organizações de saúde para realizar campanhas centradas nos benefícios do consumo de sumo de laranja puro e nos riscos da adulteração.

TENDÊNCIAS FUTURAS NA LUTA CONTRA A ADULTERAÇÃO:

Técnicas analíticas avançadas: Desenvolvimento e utilização de métodos sofisticados, como a espetroscopia de ressonância magnética nuclear (RMN), a cromatografia líquida-espetrometria de massa (LC-MS) e a espetrometria de massa de razão isotópica (IRMS) para detetar adulterações com elevada precisão.

Tecnologia Blockchain: Implementação da tecnologia blockchain para uma melhor rastreabilidade na cadeia de abastecimento, garantindo a transparência da exploração agrícola até à mesa e facilitando o rastreio da origem e da qualidade do sumo de laranja.

Inteligência Artificial e Aprendizagem Automática: Utilização de algoritmos de IA e de aprendizagem automática para analisar dados e identificar padrões que possam indicar adulteração, melhorando a eficiência e a precisão da deteção.

Quadros regulamentares reforçados: Regulamentação e aplicação mais rigorosas por parte das autoridades de segurança alimentar a nível mundial, com sanções acrescidas em caso de adulteração e cumprimento obrigatório das normas de qualidade.

Sensibilização e educação dos consumidores: Maiores esforços para educar os consumidores sobre os sinais de produtos adulterados e a importância de comprar de fontes respeitáveis.

Dispositivos de teste portáteis: Desenvolvimento de kits de teste portáteis e de fácil utilização, que podem ser usados tanto pelos consumidores como pelos produtores para testar rapidamente a qualidade do sumo de laranja no local.

Código de barras de ADN: Aplicação do código de barras de ADN para verificar a autenticidade do sumo de laranja, garantindo que é feito a partir da espécie de fruta correta.

Embalagem inteligente: Utilização de embalagens inteligentes que podem monitorizar e apresentar informações sobre a qualidade do produto, como a frescura e a potencial adulteração.

CONCLUSÕES:

A adulteração do sumo de laranja envolve várias práticas enganosas destinadas a alterar a sua qualidade e pureza. Os métodos mais comuns incluem a substituição de ingredientes genuínos por alternativas mais baratas, a diluição do sumo com água e a adição de aromas e corantes artificiais. Estas tácticas não só induzem os consumidores em erro, como também diminuem o valor nutricional do produto e podem introduzir riscos para a saúde, como alergias e deficiências em nutrientes essenciais. A deteção de adulteração no sumo de laranja requer métodos sofisticados como a Cromatografia Líquida de Alta Eficiência (HPLC), a Espectroscopia de Infravermelhos (IR) e a análise de ADN para verificar a autenticidade e identificar quaisquer aditivos ou contaminantes. Organismos reguladores como a FDA e a EFSA aplicam diretrizes rigorosas para garantir uma rotulagem precisa, inspecções regulares e testes de qualidade. As violações destas normas podem levar a penalizações severas, recolhas de produtos e acções legais para proteger os consumidores e manter a credibilidade do mercado. Os estudos de caso sublinham as consequências da adulteração, destacando os casos em que aditivos como a água e o açúcar comprometem a integridade nutricional, enquanto os melhoramentos artificiais induzem os consumidores em erro quanto às qualidades naturais do produto. A educação dos consumidores desempenha um papel crucial na capacitação dos indivíduos para fazerem escolhas informadas. A promoção da sensibilização para a leitura dos rótulos, a compreensão das implicações da adulteração e a defesa da compra a fontes reputadas fomentam a transparência e a responsabilidade no sector. Olhando para o futuro, os avanços nas tecnologias de deteção e os quadros regulamentares melhorados, possivelmente integrando a cadeia de blocos para a transparência da cadeia de abastecimento, prometem continuar a combater a adulteração, defender a autenticidade do produto e garantir a saúde pública e a confiança no sumo de laranja e noutros produtos alimentares.

REFERÊNCIAS-

1. McKay DL, Wilson T. Sumo de arando: Efeitos na saúde. In: Ted Wilson e Norman J. Temple (eds.): Beverage Impacts on Health and Nutrition [Impactos das bebidas na saúde e na nutrição]. Springer International Publishing Switzerland, pp. 101-113 (2016).
2. Nicklas TA, O'Neil CE, Kleinman R. Association between 100% juice consumption and nutrient intake and weight of children aged 2 to 11 years. Arch Pediatr Adolesc Med. 162: 557565 (2008).
3. King GL. O papel das citocinas inflamatórias na diabetes e nas suas complicações. J Periodontol. 79: Suppl 1527-1534 (2008).
4. Koo H, Nino Guzman PSBD de, Vacca Smith AV, Bowen WH. Influence of Cranberry Juice on Glucan-Mediated Processes Involved in Streptococcus mutans Biofilm Development (Influência do Sumo de Arando nos Processos Mediados por Glucano Envolvidos no Desenvolvimento do Biofilme de Streptococcus mutans). Caries Res. 40: 20-27 (2006).
5. Gaiina Zvaigzne e Daina Kârkliòa, Health promoting chemical components of orange juice (componentes químicos do sumo de laranja que promovem a saúde). Actas da Academia de Ciências da Letónia. Secção B, Vol. 67 (2013), n.º 4/5 (685/686), pp. 329-333.
6. Krikorian R, Boespflug EL, Fleck DE, Stein AL, Wightman JD, Shidler MD, Sadat-Hossieny S. Concord grape juice supplementation and neurocognitive function in human aging. J Agric Food Chem. 60: 5736-5742 (2012).
7. Little CH, Combet E, McMillan DC, Horgan PG, Roxburgh, C S D. O papel dos polifenóis dietéticos na moderação da resposta inflamatória no câncer

colorretal em estágio inicial. Revisões críticas em ciência alimentar e nutrição, (2015).
8. DiMeglio DP & Mattes RD Liquid versus solid carbohydrate: effects on food intake and body weight. International Journal of Obesity and Related Metabolic Disorders **24**: 794-800 (2000).
9. Nicklas TA, O'Neil C and Fulgoni V. Replacing 100% Fruit Juice with Whole Fruit Results in a Trade Off of Nutrients in the Diets of Children. Current Nutrition and Food Science 11(4): 267-273 (2015).

10. Nicklas TA, O'Neil C e Fulgoni V. O consumo de sumo de fruta a 100% está associado a uma melhor ingestão de nutrientes e qualidade da dieta, mas não ao estado do peso em crianças: NHANES 2007-2010, Int. J. Child Health Nutri. 4: 112-121 (2015).
11. Newby PK, Peterson KE, Berkey CS, Leppert J, Willett WC, Colditz GA. O consumo de bebidas não está associado a alterações no peso e no índice de massa corporal entre crianças pré-escolares com baixos rendimentos no Dakota do Norte. J Am Diet Assoc. 104: 1086-1094 (2004).
12. Widmer, W. W., Stinson, W. S. (2000). Benefícios para a saúde do folato no sumo de laranja. In: Actas do 9º Congresso Citrícola, 3-7 de dezembro de 2000, Orlando, Florida (p. 62).
13. Manners, G. D., Hasegava, S. (2000). Limonóides de citrinos: Potenciais agentes quimiopreventivos. In: Actas do 9º Congresso de Citrinos, 3-7 de dezembro de 2000, Orlando, Florida (p. 61).
14. Proteggente, A.R.; Saija, A.; De Pasquale, A.; Rice-Evans, C.A. The Compositional Characterisation and Antioxidant Activity of Fresh Juices from Sicilian Sweet Orange (Citrus sinensis L. Osbeck) Varieties. Free Radic. Res. **2003**, 37, 681-687.
15. Camin, F.; Perini, M.; Bontempo, L.; Fabroni, S.; Faedi,W.; Magnani, S.; Baruzzi, G.; Bonoli, M.; Tabilio, M.; Musmeci, S.; et al.Potenciais marcadores isotópicos e químicos para a caraterização de frutos orgânicos. Food Chem. **2011**, 125, 1072-1082.
16. Anagnostopoulou, M.A.; Kefalas, P. Bioflavonoid profile of citrus juices from Greece. Biomed. Chromatogr. **2012**, 26, 1252-1268.
17. Vislocky LM, Fernandez ML. Grapes and Grape Products Their Role in Health (Uvas e produtos de uva: o seu papel na saúde). Nutrition Today 48(1): 47-51 (2013).
18. OMS. Frutos e produtos hortícolas para a saúde: Report of a Joint FAO/WHO Workshop, Kobe, Japão. (2004).
19. K. Nirmal Ravi KUMAR e Suresh Chandra BABU, Uma análise das preferências dos consumidores por sumo de laranja na Índia durante a COVID-19 Studies in Agricultural Economics 123 (2021) 131-140.
20. Berlinet, C., et al. (2006) Ácido ascórbico, compostos aromáticos e escurecimento de sumos de laranja relacionados com materiais de embalagem PET e pH. Journal of the Science of Food and Agriculture, 86, 2206-2212.
21. Aschoff, J.K., et al. (2015) Bioacessibilidade in vitro de carotenóides, flavonóides e vitamina C de laranjas e sumos de laranja processados de forma

diferente [Citrus sinensis (L.) Osbeck]. Jornal de Química Agrícola e Alimentar, 63, 578-587.

O papel da água activada por plasma nos alimentos

Sonu Dwivedi[1] , Radhey Shyam[1] , Surekha Kannaujia[1] & Avinash Chauhan[2]
[1] Professor associado, Departamento de Química
D.B.S. (P. G.) College, Dehradun (Uttarakhand)
[2] Professor Associado, Departamento de Ciências Ambientais
Graphic Era Hill University, Dehradun (Uttarakhand)
Autor correspondente Correio eletrónico: somdwivedi5@gmail.com

RESUMO

A deterioração alimentar é definida como uma alteração em qualquer produto alimentar que leva a uma redução significativa das suas qualidades sensoriais, tais como a cor, a textura e o cheiro global, devido a danos físicos ou alterações químicas (por exemplo, oxidação), tornando-o assim inaceitável para o consumidor. Estas alterações resultam principalmente do crescimento e metabolismo microbiano nos alimentos, que pode levar à produção de enzimas que facilitam reacções que resultam em subprodutos deletérios que afectam os alimentos. Estes subprodutos variam em diferentes tipos de alimentos e podem levar a propriedades sensoriais adversas, incluindo a presença de limo, odores e sabores estranhos. O plasma frio é uma tecnologia emergente de desinfeção não térmica e de modificação de superfícies que não contém produtos químicos e é amiga do ambiente. O tratamento da água por plasma, designado por água activada por plasma (PAW), cria um ambiente ácido que resulta em alterações do potencial de redox, da condutividade e na formação de oxigénio reativo (ROS) e de espécies de azoto (RNS). Como resultado, o PAW tem uma composição química diferente da água e pode servir como um método alternativo para a desinfeção microbiana. Finalmente, é também apresentado o papel do PAW na melhoria das práticas agrícolas, por exemplo, promovendo a germinação de sementes e o crescimento das plantas. A PAW parece ter um efeito sinérgico na desinfeção dos alimentos, ao mesmo tempo que pode promover o crescimento das sementes. O aumento dos iões de nitrato e nitrito na água peptonada de petróleo pode ser a principal razão para o aumento do crescimento das plantas. A imersão de sementes em água peptonada não só serve como antibacteriano, mas também melhora a germinação das sementes e o crescimento das plantas. A PAW pode ser potencialmente utilizada para aumentar o rendimento das culturas e para lutar contra as condições ambientais de stress da seca.

Palavras-chave: Alimentos, crescimento microbiano, crescimento de plantas, água activada por plasma, germinação de sementes.

INTRODUÇÃO

A deterioração dos alimentos é uma preocupação primordial para as indústrias alimentares devido à perda suscetível de vida útil e, consequentemente, às perdas económicas seguidas de um impacto a longo prazo nas preferências dos consumidores. No entanto, a deterioração dos alimentos é também uma ameaça para o ambiente, uma vez que conduz a um desperdício excessivo que acaba no aterro, o que não contribui para uma vida sustentável. Este facto é apoiado por um inquérito realizado em 2018, que indicou que 30-50% do total de alimentos produzidos exclusivamente por um país num ano acaba no aterro, sendo a contribuição dos agregados familiares, indústrias de transformação, serviços alimentares, sector de produção primária e retalho de 53%, 19%, 12%, 11%, 5%, respetivamente. Minimizar a deterioração dos alimentos através de múltiplas intervenções pode ajudar não só as indústrias alimentares mas também o ambiente.

Outra preocupação das indústrias de transformação de alimentos e das autoridades reguladoras é a intoxicação alimentar devida ao crescimento de bactérias nos alimentos. Algumas estirpes bacterianas são capazes de produzir toxinas em determinadas condições, quer nos próprios alimentos, quer no interior do corpo humano, uma vez que as células bacterianas vivas são ingeridas, enquanto outras são patogénicas enteropatogénicas e enteroinvasivas. As tecnologias alternativas de desinfeção que não recorrem a tratamentos térmicos ou a produtos químicos nocivos podem ser opções valiosas para minimizar a contaminação e o crescimento de contaminantes microbianos que conduzem à deterioração ou à intoxicação alimentar. Estas tecnologias sustentáveis são de grande importância para a vasta população em constante crescimento, com uma procura crescente de alimentos em todo o mundo.

Recentemente, a aplicação de processos de oxidação avançados (POA) para a descontaminação de frutas e legumes tem sido amplamente investigada. Estas tecnologias incluem água electrolisada, ozono gasoso, luz UV e plasma frio. Uma destas tecnologias de oxidação é a água activada por plasma (PAW), que é gerada pelo tratamento da água com plasma atmosférico frio (CAP), utilizando parâmetros controláveis, como a tensão de formação do plasma, o gás de transporte, a temperatura, os impulsos ou a frequência, conforme necessário. O plasma foi reconhecido como o quarto estado da matéria. É o gás ionizado normalmente produzido quando as moléculas de gás são expostas ao campo elétrico, formando espécies reactivas e iões. A PAW tem recebido uma atenção significativa dos investigadores na última década devido ao seu modo de ação não térmico e não tóxico, que se deve principalmente às espécies reactivas que podem reagir com os componentes estruturais bacterianos e, posteriormente, com os organelos, levando à morte.

Os plasmas que funcionam à pressão atmosférica no ar ambiente produzem uma vasta gama de espécies químicas reactivas. Quando se permite que um plasma atmosférico interaja com a água, ocorre uma mistura única de produtos químicos bioquimicamente reactivos e a água quimicamente ativa resultante é referida como Água Activada por Plasma (PAW). Devido à sua atividade bioquímica única, a PAW é uma tecnologia promissora nas indústrias alimentar, agrícola e biomédica e é uma possível alternativa ecológica aos fertilizantes químicos. A PAW demonstrou ser eficaz na descontaminação de alimentos, na germinação de sementes e na melhoria do crescimento das plantas.

O plasma é referido como o quarto estado da matéria, composto por iões positivos e negativos, electrões, átomos excitados e neutros, radicais livres, moléculas nos estados fundamental e excitado e fotões UV. O plasma é subdividido em plasma térmico (quente) e plasma não térmico (frio) com base no equilíbrio termodinâmico da temperatura dos constituintes. A temperatura do plasma frio nunca excede os 60°C, exceto em alguns jactos de plasma. Algumas das fontes de plasma amplamente utilizadas para aplicações alimentares são as descargas de barreira dieléctrica (DBD), os jactos de plasma e as descargas de corona. Nos últimos anos, muitos cientistas e investigadores utilizaram o plasma frio em várias aplicações alimentares: desinfeção microbiana, inativação enzimática, melhoria da qualidade de cozedura de variedades de arroz, modificação do amido e melhoria da germinação de sementes. A maior parte dos estudos sobre a atividade antimicrobiana do plasma foi realizada com base na aplicação direta do plasma gasoso sobre os alimentos para obter a máxima eficiência de inativação microbiana. No entanto, alguns investigadores referiram a existência de alguns efeitos negativos, como a perda de cor, a alteração da topografia da superfície devido à corrosão e a degradação dos compostos bioactivos após o tratamento da superfície. Para ultrapassar estes problemas, a água activada por plasma (PAW), também designada por ácido de plasma, líquidos activados por plasma, caldos de nutrientes, contendo principalmente espécies reactivas, poderia ser um método alternativo para a desinfeção de alimentos. Alguns dos estudos centraram-se na utilização da água activada por plasma para a inativação bacteriana e para o controlo eficaz do crescimento bacteriano. A vantagem do PAW é que é fácil de aplicar, substituindo as soluções sanitárias tradicionais aplicadas para desinfeção. No entanto, serão necessários mais estudos centrados na avaliação do ciclo de vida, de modo a considerar a tecnologia em ambientes industriais de grande escala. Nesta secção, é feita uma breve introdução à PAW, às fontes de plasma para a geração de PAW, à química e às propriedades da PAW e às suas potenciais aplicações na alimentação e na agricultura.

PRODUÇÃO DE ÁGUA ACTIVADA POR PLASMA E SUA QUÍMICA

O tipo e a concentração das espécies reactivas presentes no PAW dependem dos gases e líquidos utilizados para gerar o plasma. Dependendo do ambiente químico, da tensão de excitação e do modo de geração, podem formar-se espécies reactivas de oxigénio (ROS) e espécies reactivas de azoto (coletivamente descritas como RONS). As espécies são formadas no líquido ou na interface líquido-gás. É evidente que, para além das fontes de plasma utilizadas, o tempo de tratamento e os gases utilizados, a distância entre os líquidos e a pluma de plasma e a natureza dos eléctrodos são questões importantes que não devem ser subestimadas. Por exemplo, a utilização de oxigénio, azoto e água como moléculas-mãe para a produção de PAW resultará na formação de um certo número de espécies primárias (incluindo oxigénio atómico, oxigénio singlete, superóxido, ozono, radicais hidroxilo e azoto excitado e atómico) que continuarão a reagir para formar espécies secundárias (incluindo peróxido de hidrogénio, peroxinitrito, óxido nítrico, nitratos e iões nitrito) as possíveis reacções químicas que ocorrem durante a geração de PAW. Estas são as principais reacções químicas que resultam na formação de ROS e RNS na PAW que possui a atividade antimicrobiana.

PROPRIEDADES FÍSICO-QUÍMICAS DA ÁGUA ACTIVADA POR PLASMA

Quando o plasma entra em contacto com a água, são produzidos vários RONS na interface ar-líquido. As espécies reactivas primárias geradas reagem depois com as moléculas de água e entre si para formar várias espécies secundárias que são cruciais para as aplicações. As espécies activas geradas podem ser separadas em espécies de longa duração e de curta duração. Aqui, são discutidas as propriedades físico-químicas, ROS e RNS em PAW, bem como métodos analíticos comuns para a medição de espécies reactivas.

pH

O pH é a medida da concentração de iões de hidrogénio de uma solução. As reacções que ocorrem entre as espécies químicas formadas no plasma e a água resultam na acidificação. O pH do PAW diminui drasticamente com o aumento do tempo de tratamento devido à formação de ácidos fortes. Foi afirmado que a combinação adequada de plasma não térmico e térmico para a geração de PAW resulta num pH controlado (de 0 a 7). A acidificação de líquidos aquosos através da reação de plasma resulta na geração de peróxidos de hidrogénio, ácido nítrico e ácido peroxinitroso. A formação de novas espécies químicas na PAW é atribuída à diminuição do pH. Esta pode ser uma das principais razões para a atividade antimicrobiana da PAW. A dissolução destes iões é o resultado da sua solubilidade, da natureza da interface ar-gás/sólido/líquido e da relação entre as fases gasosas e os homólogos dissolvidos na fase aquosa. Observou-se uma descida rápida do pH durante a fase inicial do tratamento com plasma, atingindo depois um intervalo estável.

Densidade - A densidade da PAW é diretamente proporcional à concentração de iões Durante o tratamento com plasma, várias espécies carregadas em movimento livre e iões difundem-se na água, resultando em concentrações mais elevadas destes iões e, por conseguinte, num aumento da densidade.

Tensão superficial

A tensão superficial da PAW diminui com o aumento da condutividade eléctrica. A redução da tensão superficial pode ser atribuída a um aumento dos iões NO3 na PAW, que podem interferir com a ligação de hidrogénio da molécula de água quando os iões NO3 são atraídos para a interface ar-líquido.

Radical hidroxilo

O radical hidroxilo (OH) é o precursor do peróxido de hidrogénio encontrado na PAW e é um forte agente oxidante. Tem um tempo de vida curto de aproximadamente 200 μs na fase gasosa e apenas alguns nanossegundos na fase líquida devido à sua elevada reatividade. O OH tem um papel vital na formação de várias espécies reactivas, especialmente na fase gasosa (antes da sua difusão para os líquidos). A concentração das espécies reactivas na PAW para aplicação antimicrobiana está intimamente relacionada com a concentração de OH. Devido ao seu curto tempo de vida, o OH presente nas PAW provém normalmente de reacções secundárias, como a decomposição do peróxido de hidrogénio e a reação do ozono com o peróxido de hidrogénio ou o radical hidroperoxilo.

Peróxido de hidrogénio

O peróxido de hidrogénio (H_2O_2) é a espécie de longa duração mais comum encontrada na PAW e desempenha um papel importante na antimicrobiana e na germinação de sementes. O H_2O_2 é gerado principalmente na PAW através de duas vias: (1) os radicais OH gerados na fase gasosa combinam-se em H_2O_2 e depois difundem-se diretamente na fase líquida e (2) os radicais OH gerados na fase gasosa difundem-se na fase líquida e depois combinam-se para formar H_2O_2. O H_2O_2 é capaz de se difundir livremente através da membrana celular sem a romper. Por conseguinte, os peróxidos de hidrogénio que cooperam com ele são capazes de danificar e aumentar a permeabilidade da membrana celular, levando à facilidade com que as espécies reactivas extracelulares na PAW invadem a célula-alvo.

Ozono

O ozono (O_3) numa solução aquosa é um forte agente oxidante antimicrobiano que possui um dos mais elevados valores de potencial de oxidação-redução entre os oxidantes típicos, tais como permanganato, H_2O_2, cloro e dióxido de cloro. É gerado principalmente na PAW através de duas vias: (1) O_3 gerado na fase gasosa difunde-se diretamente para a fase líquida e (2) O_3 gerado na fase líquida por descarga de plasma em bolhas contendo oxigénio. No entanto, um estudo anterior indicou que a concentração de O_3 pode ser negligenciável na PAW devido às suas reacções agressivas com o óxido nítrico e o dióxido de azoto na fase gasosa e também com o nitrito na fase líquida.

Superóxido

O superóxido (O_2) é outro ROS importante que é gerado quando a água é tratada com plasma à pressão atmosférica. É produzido principalmente a partir de (1) electrões altamente energéticos ejectados pelo plasma que reagem com moléculas de oxigénio, (2) OH que reage com O_3, e (3) a reação secundária de peroxinitrito em O_2 e óxido nítrico. Um estudo anterior mostrou que o O_2 é essencial para a inativação das bactérias, uma vez que o valor crítico do pH para os efeitos antimicrobianos está fortemente relacionado com a constante de dissociação ácida entre o O_2 e os radicais hidroperóxidos, que interagem e inactivam as células bacterianas.

Nitritos e nitratos

Os nitritos (NO_2) e os nitratos (NO_3) são espécies de longa duração, geradas como produtos secundários na PAW. Num ambiente de pH baixo, os nitritos degradam-se facilmente e protonam-se em H_2O_2, óxido nítrico e dióxido de azoto, que são considerados muito tóxicos para as células. O NO_2 é produzido a partir de óxidos de azoto (NO_x) que são gerados através da reação entre o azoto e o oxigénio na fase gasosa durante o tratamento com plasma. Quando o NO_2 interage com um agente oxidante, como o H_2O_2 e o ozono, pode converter-se em NO_3. Assim, a formação de NO_2 e NO_3 na PAW é acompanhada por ROS, como o H_2O_2. Além disso, a produção de NO_2 e NO_3 em PAW é afetada pelas condições de tratamento e pelo tipo de gerador de plasma utilizado.

Potencial redox

O potencial de oxidação-redução (ORP) mede a capacidade de uma solução para oxidar ou reduzir outra substância e depende da concentração de oxidantes e das suas forças. A vantagem de medir o ORP da água é que fornece uma avaliação rápida e de valor único do potencial de desinfeção. O ORP é considerado como o fator importante que afecta a inativação microbiana, que danifica a membrana celular dos micróbios e o mecanismo de defesa.

Condutividade

A condutividade é uma medida da capacidade da água para facilitar o fluxo de corrente eléctrica através dela. A presença de iões estranhos na água afecta grandemente a condutividade. As espécies reactivas e os iões produzidos durante o tratamento por plasma dissolvem-se facilmente na água, o que altera evidentemente a condutividade.

Óxido nítrico

O óxido nítrico (NO) é uma molécula de sinalização e pode ser encontrado de forma ubíqua em vários organismos. Tem a capacidade de inibir bactérias, induzir a apoptose em células cancerígenas e ajudar na cicatrização de feridas. O NO na PAW pode ser formado pela dissolução do NO da fase gasosa para a fase líquida ou por reacções secundárias na PAW. No entanto, devido à baixa solubilidade do NO na água e à sua densidade baixa a moderada na fase gasosa, o NO encontrado na PPA provém principalmente da reação secundária entre o dióxido de azoto e o oxigénio atómico ou o3. Estudos recentes indicam que o NO tem um tempo de vida curto e converte-se rapidamente em NO2 e NO3 na PAW.

MÉTODOS DE MEDIÇÃO DE ESPÉCIES REACTIVAS

Duas técnicas analíticas habitualmente utilizadas para medir as espécies reactivas em PAW são a ressonância de spin eletrónico e a espetroscopia de absorção UV.

Ressonância de spin de electrões

A ressonância de spin de electrões (ESR) pode ser utilizada para detetar e quantificar radicais livres em PAW. Durante a medição, a amostra é sujeita a radiação magnética horizontal e radiação de micro-ondas vertical. Os radicais livres no interior da amostra são excitados quando a frequência das micro-ondas atinge a condição de ressonância; a sua flutuação de energia é proporcional à intensidade do campo magnético. Para detetar espécies de curta duração, um reagente de armadilha de spin reage com os radicais livres e forma aductos estáveis de armadilha de spin, que podem ser analisados utilizando a espetroscopia ESR. São utilizados diferentes reagentes com armadilha de spin, dependendo da espécie reactiva específica de interesse, e os aductos com armadilha de spin resultantes apresentam espectros ESR distintos, permitindo a sua identificação e quantificação.

Espectroscopia de absorção UV

A espetroscopia de absorção UV (UV-Vis) é outra técnica utilizada para quantificar as espécies reactivas, medindo a absorção de luz ultravioleta (UV) e visível pela PAW. É utilizado um espetrofotómetro para emitir um amplo espetro de luz que inclui comprimentos de onda UV e visíveis. À medida que a luz atravessa a amostra, as espécies reactivas absorvem a luz com base nos seus padrões de absorção caraterísticos em comprimentos de onda específicos, e o detetor mede a quantidade de luz absorvida pela amostra em diferentes comprimentos de onda. Cada espécie reactiva têm picos e bandas de absorção únicos em comprimentos de onda específicos. As sondas químicas são frequentemente utilizadas em conjunto com a espetroscopia UV-Vis para melhorar a deteção de espécies reactivas específicas. Estas sondas reagem com as espécies reactivas para formar produtos colorimétricos ou fluorogénicos que podem ser facilmente detectados. São utilizadas sondas químicas diferentes, dependendo das espécies reactivas visadas.

TÉCNICAS DE GERAÇÃO: PLASMA À PRESSÃO ATMOSFÉRICA PARA A PRODUÇÃO DE ÁGUA ACTIVADA POR PLASMA

Em geral, para a produção de PAW, existem duas técnicas habitualmente utilizadas para gerar plasma à pressão atmosférica: (1) jato de plasma, (2) descarga por barreira dieléctrica

(1) Jato de plasma
É gerado um jato de plasma estável e uniforme quando é aplicada uma alta tensão variável no tempo ao elétrodo e a amplitude é suficiente para ionizar o gás comprimido que flui dentro do tubo capilar. Em geral, as propriedades físico-químicas do PAW gerado a partir do jato de plasma dependem tanto dos parâmetros físicos (a geometria da instalação) como dos parâmetros operacionais (tipos de gases de alimentação e respetivo caudal, volume de água tratada, potência eléctrica e duração do tratamento).

(2) Descarga de barreira dieléctrica
Ao contrário do jato de plasma, a descarga por barreira dieléctrica pode gerar plasma à pressão atmosférica diretamente no ar ambiente, sem necessidade de fornecer gás de alimentação. Assim, a descarga por barreira dieléctrica é escalável para a produção em massa de PAW. No caso da descarga por barreira dieléctrica, os parâmetros de configuração importantes que têm efeitos significativos na concentração de espécies reactivas na PAW são (1) o material do elétrodo, (2) o material da camada/substrato dielétrico, (3) a distância entre os eléctrodos e (4) a espessura da camada/substrato dielétrico. No que respeita ao primeiro parâmetro de configuração, o material do elétrodo, quando se comparam eléctrodos de prata, aço inoxidável e latão, devido à forte oxidação da prata, a descarga por barreira dieléctrica com eléctrodos de prata pode conduzir a concentrações mais elevadas de emissão de espécies reactivas e de concentração de NO3 na PAW, mas a concentrações mais baixas de o3.

APLICAÇÕES DA ÁGUA ACTIVADA POR PLASMA (PAW)

Está bem estabelecido que a aplicação de plasma frio diretamente nos produtos alimentares desempenha um papel significativo na inativação microbiana. Entre as várias experiências realizadas sobre a inativação microbiana, a utilização de diferentes gases de trabalho e as tensões aplicadas são os factores importantes para a atividade antimicrobiana. A exposição indireta de produtos frescos ao plasma frio é feita através da água activada por plasma. Recentemente, a aplicação da água activada por plasma está a ganhar importância entre os investigadores como fonte de solução antimicrobiana ou solução desinfetante. Após o manuseamento pós-colheita, a lavagem dos produtos crus e dos cortes de fruta fresca com água ou outras soluções de desinfeção para aumentar o prazo de validade é uma componente importante dos programas de segurança alimentar da exploração agrícola até à mesa. Uma das soluções de desinfeção atualmente utilizadas é a aplicação de água com elevado potencial de redução da oxidação (ORP). Uma vantagem particular da utilização de PAW é o facto de poder substituir a água com elevado potencial de redução da oxidação produzida pela adição de produtos químicos.

Devido à presença de várias espécies reactivas na PAW, foram estudados os efeitos destas espécies reactivas em microrganismos como bactérias planctónicas, biofilmes, bolores, fungos e vírus. Por exemplo, o estudo in vitro de PAW em bactérias planctónicas demonstrou ser uma técnica eficaz para a inativação bacteriana. Além disso, a PAW também é eficaz na inativação de esporos de fungos. Mais recentemente, devido ao surto de COVID-19, foram realizados estudos sobre a utilização de PAW para inativar a proteína spike no domínio de ligação ao recetor, que é crucial durante o processo de infeção do vírus SARS-CoV-2. Os seus resultados mostraram que a PAW pode ser utilizada como um desinfetante eficaz para parar as propriedades infecciosas do SARS-CoV-2 através da inativação da proteína spike presente no seu domínio de ligação ao recetor.

Na inativação bacteriana, o efeito da PAW nas bactérias Gram positivas não foi tão significativo em comparação com as bactérias Gram negativas. Este facto pode ser atribuído à sua estrutura celular, uma vez que as bactérias Gram positivas têm paredes celulares mais espessas. Além disso, o tipo de comunidade celular também pode afetar a eficácia antimicrobiana utilizando a PAW. Por exemplo, os biofilmes são mais resistentes à PAW em comparação com as células planctónicas; isto deve-se ao facto de, nos biofilmes, as bactérias se ligarem umas às outras e secretarem uma matriz extracelular que aumenta a sua resistência ao stress.

A eficácia da utilização de PAW para a descontaminação de produtos frescos, tais como alface, feijão mungo, cogumelos shiitake, maçãs recém-cortadas, pêras recém-cortadas e carne, como peito de frango e cubos de cavala. Uma vez que a exposição dos alimentos à PAW provoca alterações mínimas nestes alimentos, tem sido investigada a sua aplicação na indústria alimentar em áreas como a descontaminação, a cura da carne e a redução dos resíduos de pesticidas. No caso da inativação microbiana, o tipo de textura da superfície (dos alimentos) onde os micróbios estão fixados tem um efeito significativo na eficácia da PAW. Por exemplo, os alimentos com superfícies rugosas podem reduzir a eficácia da PAW, o que se deve à incapacidade das espécies reactivas de penetrarem eficazmente nessas áreas.

A melhoria da germinação das sementes é fundamental para aumentar a produtividade agrícola, uma vez que é um fator-chave na determinação da frequência de produção e da taxa de crescimento das culturas, que são essenciais para garantir a disponibilidade de alimentos. O processo de germinação de sementes envolve três etapas: absorção de água para iniciar o metabolismo, processo de metabolismo biológico e término com a protrusão da radícula. Os processos de absorção de água e de metabolismo biológico das sementes são importantes para aumentar a taxa de germinação das sementes. O aumento da taxa de absorção de água ocorre principalmente através de mecanismos físicos. As técnicas mais comuns são: aumento da temperatura, aumento da pressão hidrostática e exposição a ultra-sons.

CONCLUSÃO

O PAW tem potencialidades promissoras para ser utilizado como agente de descontaminação não química dos alimentos. Embora não sejam utilizados produtos químicos nocivos na produção de PAW, a presença de espécies reactivas residuais nos alimentos durante o período de conservação é uma área de investigação que continua a ser pouco explorada. Ao mesmo tempo, o custo e a energia necessários para gerar eficiência contra contaminantes bacterianos são elevados. A lacuna de investigação sobre o efeito específico da inativação microbiana e o impacto de propriedades alimentares intrínsecas e extrínsecas específicas abre oportunidades para uma investigação e aplicação abrangentes. Por conseguinte, a PAW poderia emergir como um desinfetante não perigoso e não químico para as indústrias alimentares, que poderia ser utilizado como um obstáculo ou como um passo autónomo, dependendo da população microbiana visada. A aplicação bem sucedida e segura de PAW em sistemas de qualidade alimentar dependeria também da otimização de métodos analíticos para a deteção de espécies reactivas com um mínimo de interferência devido à composição dos alimentos a testar.

A descarga de plasma acima da superfície da água e diretamente na água provou inativar uma vasta gama de microrganismos. É evidente, a partir de várias conclusões, que as propriedades químicas e físicas da PAW induziram a inativação microbiana. Foram discutidos os fundamentos das propriedades da PAW e as suas acções contra a inativação. A formação de ROS e RNS na PAW e as suas interações com componentes celulares como a membrana e a parede celulares, os ácidos nucleicos e as proteínas internas são responsáveis pela inativação das células microbianas. Os factores físicos, como as ondas de choque e a radiação UV, podem romper as membranas celulares dos micróbios presentes durante a geração da PAW. A PAW aumenta o prazo de validade e os atributos de qualidade dos produtos frescos. Com base na informação disponível, é evidente que a PAW parece ser um instrumento poderoso e útil para melhorar a germinação das sementes e promover o crescimento das plantas. A formação de espécies de azoto, como os nitratos, na PAW é a principal responsável pelo crescimento das plantas, uma vez que serve de nutriente. A PAW também tem a capacidade de inibir as hormonas responsáveis pela dormência das sementes e estimular o crescimento. O efeito global da PAW mostra uma atividade semelhante à do plasma frio e a sua utilização na desinfeção, descontaminação, aumento da germinação das sementes e crescimento das plantas. Assim, pode concluir-se que a PAW é uma solução desinfetante amiga do ambiente.

REFERÊNCIAS-

1. Adamovich, I., Baalrud, S. D., Bogaerts, A., Bruggeman, P. J., Cappelli, M., Colombo, V., et al. (2017). O Roteiro do Plasma de 2017: Ciência e tecnologia de plasma de baixa temperatura. *Journal of Physics D: Applied Physics, 50*(32), 323001.
2. Adams, G. E., Aldrich, J. E., Bisby, R. H., Cundall, R. B., Redpath, J. L., &

Willson, R. L.(1972). Reacções selectivas de radicais livres com proteínas e enzimas: Reacções de aniões de radicais inorgânicos com aminoácidos. *Radiation Research, 49*(2), 278-289.

3. Batak, I., Devic, M., Gibal, Z., Grubisic, D., Poff, K. L., & Konjevic, R. (2002). Os efeitos do nitrato de potássio e dos dadores de NO na germinação induzida específica do fitocromo A e do fitocromo B das sementes de Arabidopsis thaliana. *Seed Science Research, 12*(4), 253-259.
4. Bogaerts, A., Neyts, E., Gijbels, R., & Van der Mullen, J. (2002). Plasmas de descarga de gás e suas aplicações. *Spectrochimica Ata Part B: Atomic Spectroscopy, 57*(4), 609-658.
5. Brisset, J. L., & Pawlat, J. (2016). Efeitos químicos de espécies de plasma de ar em solutos aquosos em modos de exposição direta e retardada: Descarga, pós-descarga e água activada por plasma. *Química de Plasma e Processamento de Plasma, 36*(2), 355-381.
6. Dolezalova, E., & Lukes, P. (2015). Danos à membrana e estado ativo, mas não cultivável, em culturas líquidas de Escherichia coli tratadas com um jato de plasma de pressão atmosférica. *Bioelectrochemistry, 103,* 7-14.
7. Fernandez, A., Noriega, E., & Thompson, A. (2013). Inativação de Salmonella enterica serovar Typhimurium em produtos frescos por tecnologia de plasma de gás atmosférico frio. *Food Microbiology, 33*(1), 24-29.
8. Gils, C. A. J., Hofmann, S., Boekema, B. K. H. L., Brandenburg, R., & Bruggeman, P. J. (2013). Mecanismos de inativação bacteriana na fase líquida induzida por um jato de plasma de pressão atmosférica fria RF remoto. *Journal of*

   Física D: Física Aplicada, 46(17}, 175203.
9. Haghighat, G., Sohrabi, A., Shaibani, P. M., Van Neste, C. W., Naicker, S., et al. (2017).O papel dos iões cloreto nos processos de tratamento de água activados por plasma.*Environmental Sciences: Investigação e Tecnologia da Água, 3*(1), 156168.
10. He, Y. Y., & Hader, D. P. (2002). Espécies reactivas de oxigénio e UV-B: efeito nas cianobactérias. *Photochemical and Photobiological Sciences, 7*(10), 729736.
11. Ikawa, S., Kitano, K., & Hamaguchi, S. (2010). Efeitos do pH na inativação bacteriana em soluções aquosas devido à aplicação de plasma de pressão atmosférica a baixa temperatura. *Plasma Processes and Polymers, 7*(1), 33-42.
12. Doubla, A., et al. (2009). Inativação microbiana utilizando água activada por plasma obtida por descargas eléctricas deslizantes. *Cartas em Microbiologia Aplicada, 48(1),* 13-18.
13. Keyer, K., Gort, A. S., & Imlay, J. A. (1995). Superóxido e a produção de danos oxidativos no DNA. *Journal of Bacteriology, 777*(23), 6782-6790.

14. Lukes, P., Clupek, M., Babicky, V., & Sunka, P. (2008). Radiação ultravioleta da descarga corona pulsada na água. *Plasma Sources Science and Technology, 17(2),* 024012.
15. Lukes, P., Dolezalova, E., Sisrova, I., & Clupek, M. (2014). Química da fase aquosa e efeitos bactericidas de um plasma de descarga de ar em contacto com a água: Evidência para a formação de peroxinitrito através de uma reação de pseudo-segunda ordem pós-descarga de H2O2 e HNO2. *Plasma Sources Science and Technology, 23*(1), 015019.
16. Lymar, S. V., & Hurst, J. K. (1998). Oxidações de um eletrão catalisadas por CO2 por peroxinitrito: Propriedades do intermediário reativo. *Inorganic Chemistry, 37*(2), 294-301.
17. Marnett, L. J. (1999). Peroxidação lipídica - danos no ADN pelo malondialdeído. *Mutation Research: Fundamental and Molecular Mechanisms of Mutagenesis, 424(1),* 83-95.
18. Rasko, D. A., Webster, D. R., Sahl, J. W., Bashir, A., Boisen, N., Scheutz, F., et al. (2011). Origens da estirpe de E. coli que causa um surto de síndrome hemolítico-urémica na Alemanha. *New England Journal of Medicine, 365(8),* 709-717.
19. Riordan, E., Minogue, N., Healy, D., O'Driscol, P., & Sodeau, J. R. (2005). Estudo de modelação espectroscópica e de otimização do ácido nitroso em solução aquosa. *The Journal of Physical Chemistry A, 109(5},* 779-786.
20. Sarangapani, C., Patange, A., Bourke, P., Keener, K., & Cullen, P. J. (2018). Avanços recentes na aplicação da tecnologia de plasma frio em alimentos. *Revisão Anual de Ciência e Tecnologia de Alimentos, 9,* 26.1-26.21.
21. Schnabel, U., Niquet, R., Schmidt, C., Stachowiak, J., Schlüter, O., Andrasch, M., et al. (2016). Eficiência antimicrobiana da água processada por plasma de pressão atmosférica não térmica (PPW) contra suspensões de bactérias relevantes para a agricultura. *International Journal of Environmental & Agriculture Research, 2,* 212-2014.
22. Soni, A., Choi, J., Brightwell, G.(2021). Água ativada por plasma (PAW) como uma tecnologia de desinfeção para inativação bacteriana com foco em frutas e vegetais. *Foods, 10,* 166.
23. Takahata, J., Takaki, K., Satta, N., Takahashi, K., Fujio, T., & Sasaki, Y. (2014).Melhoria da taxa de crescimento das plantas por descarga de bolhas na água. *Jornal Japonês de Física Aplicada, 54*(1S), 01AG07.
24. Takaki, K., Takahata, J., Watanabe, S., Satta, N., Yamada, O., Fujio, T., et al. (2013). Melhorias na taxa de crescimento das plantas usando descarga subaquática. *Jornal de Física: Conference Series, 418(1),* 012140 (IOP Publishing).
25. Tappi, S., Berardinelli, A., Ragni, L., Dalla Rosa, M., Guarnieri, A., & Rocculi, P. (2014).Tratamento de maçãs frescas por plasma de gás

atmosférico. *Innovative Food Science & Emerging Technologies, 21,* 114-122.

26. Terrier, O., Essere, B., Yver, M., Barthélémy, M., Bouscambert-Duchamp, M., Kurtz, P., et al. (2009). Eficiência da tecnologia de plasma de oxigénio a frio contra diferentes vírus respiratórios transportados pelo ar. *Journal of Clinical Virology, 45(2),* 119- 124.
27. Watts, R. J., Kong, S., Orr, M. P., Miller, G. C., & Henry, B. E. (1995). Inativação fotocatalítica de bactérias coliformes e vírus em efluentes secundários de águas residuais. *Water Research, 29(1),* 95-100.
28. Wong, K.S., Chew, N.S.L., Low, M., Tan, M.K.(2023).Plasma-Activated Water: Propriedades físico-químicas, técnicas de geração e aplicações. *Processes, 11,* 2213.

Adulteração de alimentos: Um problema sócio-jurídico

Anindita Bhattacharya
Departamento de Química,
Christ Church College, Kanpur - 208001

RESUMO

É bom começar com um velho ditado: "**Nós somos o que comemos**". O nosso estado nutricional, saúde, capacidades físicas e intelectuais dependem do que consumimos e da forma como o fazemos. A adulteração dos alimentos tem sido um problema persistente ao longo da história da humanidade, e continua a ser uma preocupação significativa atualmente. Anualmente, cerca de 22% dos produtos alimentares são contaminados, representando sérios riscos para a saúde dos consumidores, incluindo cancro e infecções do aparelho digestivo. A adulteração não só engana os consumidores como também tem graves implicações económicas. Para mitigar este problema, é necessária uma estratégia de defesa alimentar abrangente, que englobe toda a cadeia de abastecimento alimentar. Este documento procura sensibilizar para a adulteração dos alimentos, os seus métodos e as suas consequências para os produtores, consumidores e indústria alimentar, propondo também medidas para prevenir a contaminação dos alimentos e garantir um consumo mais seguro.

Palavras-chave: Adulteração de alimentos, Consumidor, Saúde, Doenças, Vida, Estratégia de defesa alimentar.

INTRODUÇÃO

Desde a antiguidade que a alimentação, o vestuário e o abrigo são considerados as três necessidades humanas mais essenciais. No entanto, um compromisso de qualidade na alimentação tem consequências mais graves do que nas outras duas. O velho ditado "somos o que comemos" realça a importância da alimentação na formação da nossa saúde, capacidades e bem-estar geral. O acesso a alimentos de alta qualidade tem sido uma preocupação persistente ao longo da história da humanidade. Uma alimentação nutritiva é crucial para sustentar a vida e manter uma boa saúde. O consumo de alimentos de baixa qualidade pode levar a várias doenças e até mesmo pôr a vida em risco se não cumprir as normas básicas de segurança. Uma alimentação pouco saudável pode também impedir a absorção de nutrientes, causando problemas de crescimento e desenvolvimento a longo prazo nas crianças. Uma dieta pobre pode enfraquecer o sistema imunitário, tornando os indivíduos mais susceptíveis a doenças.

Além disso, a contaminação dos alimentos é uma questão séria e socialmente maliciosa que afecta o público em geral, sublinhando a necessidade de garantir o acesso a alimentos seguros e nutritivos. A adulteração de alimentos é um problema generalizado em muitos países em desenvolvimento, incluindo o Paquistão, a

China, o Afeganistão, o Bangladesh, a Etiópia e a Índia. Cerca de 22% dos alimentos são alegadamente contaminados anualmente, de acordo com as estimativas. O leite e os produtos lácteos estão entre os alimentos mais frequentemente adulterados, com taxas alarmantes de contaminação na Índia. Os relatórios indicam que mais de 80% do leite na Índia contém substâncias nocivas, com níveis de contaminação mais elevados nas zonas urbanas (60-68%) do que nas zonas rurais (8-13%). A adulteração de alimentos não só engana os consumidores e causa perdas económicas significativas, como também representa um grave risco para a saúde. A nível mundial, o consumo de alimentos contaminados provoca problemas de saúde em cerca de 57% das pessoas. Em 2010, os alimentos perigosos causaram 33 milhões de ***anos de vida*** *ajustados por incapacidade* ***(DALY),*** sendo as crianças com menos de cinco anos responsáveis por 40% destes casos, o que realça a necessidade urgente de abordar as questões de segurança alimentar.

O crescente comércio mundial de géneros alimentícios fez da segurança dos alimentos uma preocupação internacional premente com implicações sociais de grande alcance. Na Índia, garantir a segurança dos alimentos é crucial para proteger a saúde pública. Para resolver o problema generalizado da adulteração dos alimentos, o governo indiano promulgou a Lei de Prevenção da Adulteração dos Alimentos em 1954, com o objetivo de melhorar a qualidade dos alimentos para obter melhores resultados em termos de saúde e aumentar a competitividade da Índia nos mercados alimentares mundiais. A visão a longo prazo da Índia é estabelecer um sistema sólido de garantia da qualidade alimentar baseado na autorregulação, na educação dos consumidores e na aplicação da lei, quando necessário. A Lei sobre Segurança e Normas Alimentares de 2006 substituiu a lei anterior, exigindo que todos os produtos alimentares cumpram as normas de segurança nacionais. A criação da Autoridade de Segurança e Normas Alimentares da Índia (FSSAI) em 2008 marcou uma mudança significativa de um quadro regulamentar alimentar fragmentado para um quadro regulamentar alimentar unificado, centrado na garantia de alimentos seguros e saudáveis e não apenas na prevenção da adulteração.

Os alimentos são definidos como qualquer substância, em bruto, semi-transformada ou transformada, destinada ao consumo humano, incluindo bebidas, gomas de mascar e ingredientes utilizados na preparação de alimentos. Os alimentos são vitais para a existência humana, fornecendo nutrientes essenciais como hidratos de carbono, gorduras, proteínas, vitaminas e minerais que estimulam o apetite, promovem o crescimento e ajudam a prevenir e tratar doenças. Por conseguinte, os alimentos devem ser seguros, nutritivos e cumprir as normas legais reconhecidas. A adulteração de alimentos envolve a degradação intencional da qualidade dos alimentos através da remoção de elementos essenciais ou da adição de substâncias nocivas ou inferiores, tornando-os impróprios para consumo. Estas substâncias adicionadas, conhecidas como adulterantes, podem reduzir a potência do alimento, degradar a sua qualidade natural e diminuir o seu valor nutricional. A exposição prolongada a adulterantes pode ser fatal ou cancerígena, o que realça a importância de garantir a segurança e a qualidade dos alimentos.

A adulteração de alimentos é uma infração penal que ocorre quando os produtos alimentares não cumprem as normas legais estabelecidas pelo governo. Anteriormente, o termo "alimentos adulterados" referia-se apenas a alimentos com qualidade comprometida. No entanto, ao abrigo de regulamentos actualizados, como a Lei de Segurança e Normas Alimentares de 2006 (Lei FSS), o termo abrange agora uma gama mais vasta de produtos alimentares não conformes, incluindo:

- Alimentos de qualidade inferior: que não cumprem as normas de qualidade prescritas
- Alimentos não seguros: um risco para a saúde dos consumidores
- Géneros alimentícios contendo matérias estranhas: contendo substâncias indesejadas ou estranhas

Estas definições alargadas visam garantir uma aplicação mais rigorosa da regulamentação em matéria de segurança e qualidade dos alimentos.

O QUE CAUSA A ADULTERAÇÃO DE ALIMENTOS?

"A adulteração de alimentos não é um fenómeno recente, mas sim uma prática de longa data que remonta aos tempos antigos. Historicamente, os seres humanos têm alterado os alimentos através de contaminação e aditivos intencionais, mas o seu impacto era anteriormente mínimo devido à sua escala limitada. No entanto, a adulteração económica tornou-se agora um problema generalizado e grave na indústria alimentar. A natureza generalizada da adulteração alimentar tornou difícil para os consumidores acederem a produtos alimentares puros e não contaminados. As principais motivações subjacentes à contaminação de alimentos e bebidas são as seguintes

*Ganância **por margens de lucro mais elevadas**: Fabricantes, importadores, distribuidores e retalhistas sem escrúpulos adulteram intencionalmente os alimentos para maximizar os lucros com despesas mínimas, aumentando o seu rendimento financeiro através do aumento do volume.

* **Falta de mão de obra e avaliação acidental da qualidade**: Pessoal inadequado, métodos de transformação desactualizados e testes de qualidade insuficientes contribuem para a adulteração de alimentos.

* **Aumento do consumo de alimentos devido ao crescimento da população**: A expansão da população e o aumento da procura de alimentos agravam a questão da adulteração de alimentos, tornando-a uma prática comum para satisfazer a procura

crescente.

* **Falta de sensibilização dos consumidores**: O conhecimento insuficiente dos consumidores sobre o consumo correto dos alimentos, os perigos para a saúde e os surtos de doenças relacionadas com produtos alimentares adulterados contribui para a prevalência da adulteração de alimentos.

* **Impossibilidade de adquirir ingredientes originais**: Quando os preços dos géneros alimentícios excedem a disponibilidade dos consumidores para pagar, os vendedores são obrigados a oferecer produtos de menor qualidade, o que conduz à adulteração.

* **Iniciativas governamentais ineficazes para controlar a adulteração**: A ausência de legislação alimentar eficaz e de esforços governamentais inadequados criam um ambiente propício à adulteração de alimentos. "

MODOS DE ADULTERAÇÃO DOS GÉNEROS ALIMENTÍCIOS

A adulteração de alimentos pode ser classificada em dois tipos principais:

1. **Adulteração acidental ou não intencional:** Ocorre quando os contaminantes são introduzidos nos produtos alimentares sem intenção ou conhecimento.

2. **Adulteração intencional ou deliberada**: Trata-se da adição consciente de substâncias inferiores aos produtos alimentares para aumentar a sua rentabilidade. Estas substâncias podem ser orgânicas ou físicas e podem ser difíceis de detetar devido às suas caraterísticas semelhantes às do alimento original. Exemplos de adulterantes intencionais incluem:
- Ingredientes como amido, farinha, açúcar de cana, óleos vegetais e água
- Produtos químicos como a ureia e a melamina
- Outras substâncias como pedra, pó de tijolo, cravagem, chicória, pó de cevada torrada e sementes de papaia moídas

A adulteração intencional envolve a adição de substâncias aos produtos alimentares para aumentar o volume, muitas vezes depois de reduzir a quantidade dos ingredientes originais. Esta prática, que implica a remoção de nutrientes valiosos e a adição de substâncias estranhas, é o tipo de adulteração mais perigoso. Aqueles que se dedicam a esta prática dão prioridade aos interesses financeiros em detrimento do bem-estar humano.

De acordo com uma análise da primeira base de dados pública criada nos Estados Unidos para recolher informações sobre os factores de risco de fraude alimentar, sete ingredientes alimentares são mais susceptíveis de serem alvo de adulteração intencional ou financeiramente motivada, como o sumo de laranja, o azeite, o leite, o mel, o açafrão, o café e o sumo de maçã. Os resultados desta investigação foram publicados no Journal of Food Science[11].

A adulteração não intencional ou acidental resulta de ignorância, negligência ou infra-estruturas inadequadas, resultando em contaminação ao longo da cadeia de abastecimento alimentar, desde a produção até ao consumo. As causas comuns de adulteração não intencional incluem resíduos de pesticidas, DDT e outros produtos químicos em produtos vegetais, contaminação acidental de metais com arsénio, chumbo ou mercúrio e poluição ambiental, como a contaminação por metais pesados em vegetais cultivados em zonas industriais. Este tipo de adulteração pode ocorrer em várias fases, desde a agricultura até ao consumo. Vários alimentos e bebidas são susceptíveis de serem adulterados. A Tabela 1, compilada a partir dos dados apresentados por vários pesquisadores de diferentes localidades, lista alguns exemplos de adulterantes adicionados aos alimentos.

Quadro-1 Compilado a partir dos dados apresentados por vários investigadores de diferentes locais

Food Item	Adulterants
Milk and dairy products	Unhygienic water, chalk powder, soap powder, urea, starch, caustic soda
Fats and Edible oils	Mineral oil, castor oil, karanja oil, argemone oil, and synthetic hues
Ghee, Cheese, and Butter	Vanaspati, mashed potatoes, and starch powder
Tea	Tea Foreign leaves, used tea leaves, and coloured sawdust were all used
Coffee	Chicory, mustard, and tamarind seeds
Food grains, pulses etc	Sand, dust, marble chips, stones, filth, weed seeds, Lead chromate, dyes, and chemicals Poppy seed, Cumin seed, black pepper coloured artificially by alien seeds
Turmeric Powder	Chemical residues from pesticides, sawdust, chalk dust, industrial colours, yellow aniline dye, arsenic, and lead metal
Sugar	Chalk powder, washing soda, and urea
Coriander powder and Chilli Dung powder	Dung powder, soluble salts, artificial colours that dissolve in water, redbrick powder, rhodamine B dye, red lead, soluble salts, and other common salts.
Honey	Molasses, dextrose, sugar, and corn syrups
Jaggery	Washing soda, chalk powder
Vegetables and Fruits	Impacts of Food Adulteration

IMPACTOS DA ADULTERAÇÃO DE ALIMENTOS

De um modo geral, a adulteração de alimentos tem um efeito muito negativo para os consumidores, agricultores e fabricantes e para o desenvolvimento socioeconómico global de um país.

- **Impacto nas indústrias/empresas alimentares:** A adulteração de alimentos pode ter consequências graves para as empresas alimentares locais, incluindo a retirada de produtos do mercado, a perda de confiança dos consumidores, a diminuição das vendas, uma redução significativa dos preços dos alimentos, tanto no mercado nacional como no mercado internacional. Um único erro cometido por um fornecedor pode manchar a reputação da empresa nos meios de comunicação social, levando à proibição automática dos seus produtos e à destruição dos mesmos, o que resulta em perdas económicas substanciais. Um exemplo notável é o incidente da Maggi na Índia, em 2005, em que a Food Safety and Standards Authority of India (FSSAI) detectou níveis elevados de chumbo nos produtos Maggi, o que levou a uma proibição a nível nacional. Foram destruídas cerca de 3800 toneladas de produtos Maggi, avaliadas em 320 milhões de euros.

- **Impacto nos agricultores/produtores:** Para além de ter um impacto nas grandes empresas, a adulteração pode ter um efeito nos agricultores ou nos produtores de bens como os lacticínios, o mel, o café, o trigo, etc. Muitos agricultores sofreram perdas graves, aumentos de custos devido à subida dos preços dos alimentos para animais, escassez de vacas leiteiras provocada por vendas frenéticas ou abate durante a crise, como no caso do escândalo dos lacticínios na China, e uma baixa procura dos seus produtos por parte dos consumidores.

- **Impacto nos consumidores**: Os consumidores podem ter problemas de saúde graves em resultado da adulteração de alimentos, o que constitui um problema económico significativo. Os alimentos contaminados carecem de nutrição e têm um sabor não natural, pelo que o seu consumo provoca uma insuficiência nutricional no nosso organismo e representa uma ameaça a longo prazo para a nossa saúde. Adulterantes como o corante Sudan e a melamina demonstraram ser fatais ou cancerígenos, enquanto outros podem induzir paralisia e outros ainda causam desconforto no corpo. Alguns adulterantes têm níveis de toxicidade excecionalmente elevados, o que os torna extremamente perigosos quando ingeridos e lhes confere a capacidade de induzir doenças renais, perturbações hepáticas, insuficiência cardíaca e outros problemas de saúde. Diarreia, perturbações gástricas, paratirismo, cancro, vómitos, disenteria, dores articulares, intoxicação alimentar, desconforto abdominal, enjoos, náuseas, dores de cabeça, anemia, insónias, lesões cerebrais, paralisia muscular, hidropisia, dificuldades respiratórias, edema, paragem cardíaca, glaucoma, efeitos carcinogénicos, perturbações do aparelho digestivo, etc. são outras doenças crónicas ligadas ao consumo de alimentos adulterados.

- **Impacto no desenvolvimento socioeconómico:** As consequências do consumo de alimentos não seguros vão muito além da saúde humana, com implicações socioeconómicas significativas. A contaminação dos alimentos dificulta o progresso socioeconómico, sobrecarrega os sistemas de saúde e restringe o comércio e o crescimento económico. De acordo com as estimativas, a perda económica anual devida a alimentos não seguros em economias de baixo e médio rendimento é de aproximadamente 95 mil milhões de dólares. Além disso, os países que não cumprem as normas internacionais de segurança alimentar perdem oportunidades no mercado alimentar mundial. Os riscos de segurança alimentar podem devastar as economias, desperdiçando recursos naturais, resultando na perda de alimentos e gerando perdas de rendimento associadas.

MAGNITUDE DA ADULTERAÇÃO DE GÉNEROS ALIMENTÍCIOS NA ÍNDIA

No que diz respeito ao impacto e à magnitude da permeação de substâncias contaminadas e contaminadas utilizadas para a adulteração de alimentos, o "Relatório Anual de Testes Laboratoriais Públicos para 2014-15" da "Autoridade de Segurança Alimentar e Normas da Índia (FSSAI)" especificou que, das 49 290 amostras de géneros alimentícios testadas, pelo menos 8 469, dos quais cerca de 1/5, foram considerados de marca errada e adulterados. A Tabela 2 mostra que, durante o ano de 2022-23, o FSSAI examinou um total de 1.06.500 amostras em todo o país e encontrou mais de 15,8% de amostras de alimentos abaixo do padrão, 3,7% inseguras e 9% mal rotuladas.

Quadro 2 - Progressos nos indicadores de aplicação

S. No.	Enforcement Metric	2022 -23
1	Analysed Food Samples	1,06, 500
2	Samples Found Non-Conforming-	
	Safe	30415
	Unsafe	3901
	Sub-standard	16870
	Labeling/misleading, etc.	9645

Source: Annual Report FSSAI 2022-23

O FSSAI realizou um Inquérito sobre a Qualidade dos Óleos Comestíveis PAN-Índia entre 25 e 27 de agosto de 2022, para avaliar a qualidade dos óleos vegetais comestíveis no país e identificar os pontos críticos de adulteração, a fim de resolver a questão da adulteração dos óleos comestíveis. No total, foram analisadas 4 461 amostras de azeite e 1 371 dessas amostras (ou seja, mais de 30%) não cumpriram pelo menos um dos 161 critérios examinados. Os Estados com as taxas mais elevadas de reprovação de amostras foram Uttar Pradesh (289), Tamil Nadu (174), Telangana (115), Chhattisgarh (88) e Karnataka (84). O óleo de mostarda (379) foi o tipo de óleo com pior desempenho no inquérito, seguido do óleo de soja (168), do óleo misturado (134), do óleo de amendoim (132) e do óleo de palma (137). (118). Além disso, descobriu-se que a maioria das amostras de óleos (independentemente do Estado) não passou nos testes químicos, seguindo-se os perfis de ácidos gordos e a rotulagem incorrecta.

Do mesmo modo, a FSSAI realizou um inquérito sobre produtos lácteos PAN-Índia-2022 em 12 e 13 de novembro de 2022, para avaliar a qualidade e a segurança dos produtos lácteos oferecidos durante a época festiva em toda a Índia e para identificar os pontos críticos de adulteração. De acordo com o estudo, a maioria das amostras não cumpria as normas higiénicas e sanitárias gerais descritas no Anexo IV dos Regulamentos FSS (Licenciamento e Registo de Empresas Alimentares) de 2011 e nos Regulamentos FSS (Embalagem e Rotulagem) de 2011 para produtos embalados. Para os indicadores de higiene em parâmetros microbiológicos, foram registados 93% de incumprimentos. 57% das falhas nas amostras não conformes foram atribuídas a adulterantes. A percentagem de amostras de Chhena, Paneer e Khoya que apresentavam níveis de Aflatoxina M1 superiores a 0,5 ppb era de cerca de 16%.

MEDIDAS DE SEGURANÇA PARA EVITAR A ADULTERAÇÃO DE GÉNEROS ALIMENTÍCIOS

A prevenção da adulteração de géneros alimentícios e de produtos alimentares não é apenas da responsabilidade do governo, mas também uma obrigação moral da sociedade em geral. Desde o ponto inicial de produção ou fabrico até ao ponto em que os produtos são finalmente fornecidos aos clientes, pode ocorrer adulteração. Várias precauções de segurança implementadas por todas as partes interessadas contribuirão muito para evitar a adulteração de alimentos.

- Ao nível da produção/fabrico: Para minimizar a contaminação alimentar dos produtos agrícolas, é necessário adotar boas práticas agrícolas (BPA). Isto inclui a adoção de técnicas integradas de gestão de pragas, que envolvem a utilização criteriosa dos pesticidas recomendados e evitam a aplicação excessiva e indiscriminada de fertilizantes e pesticidas sintéticos. Estas abordagens podem contribuir para uma redução global da utilização de produtos químicos e ajudar especificamente a controlar a contaminação por aflatoxinas. Além disso, a investigação demonstrou que a pulverização das folhas com um extrato aquoso a 5% de certas substâncias naturais, como a hena, o neem e a curcuma, reduz a gravidade das infecções fúngicas.

- A melhor maneira prática de evitar o contacto com produtos químicos nas instalações de produção^ é usar luvas e equipamento de proteção pessoal e lavar todo o corpo após as horas de trabalho. Além disso, o período de segurança recomendado antes da colheita das culturas deve ser rigorosamente respeitado e os critérios necessários, incluindo antídotos e medidas preventivas, devem ser observados. É necessário pôr termo à descarga de efluentes nocivos em zonas industriais. O controlo rigoroso das diversas fontes de contaminação, a monitorização de rotina pelas autoridades das normas alimentares específicas e a rotulagem são outras medidas de proteção. Em caso de dúvida, testes químicos básicos podem verificar a presença de poluentes. A Comissão do Codex Alimentarius (CAC), a autoridade suprema da FAO e da OMS, estabeleceu o limite máximo de resíduos (LMR) para cada cultura ou produto alimentar, a fim de proteger os consumidores dos resíduos químicos, tanto a nível local como mundial.

- **Ao nível do consumo:** O consumidor deve adotar algumas medidas de segurança desde a venda dos produtos alimentares até ao seu consumo. Ao empregar técnicas simples em casa, notificar as autoridades necessárias e ser cauteloso na compra de alimentos, os aditivos podem ser evitados. Antes de efetuar uma compra, recomenda-se que se inspeccione a qualidade dos alimentos, devendo preferir-se apenas produtos de marca e designados pelo ISI. No caso dos frutos e legumes, uma lavagem e descasque adequados podem remover a camada de cera que contém contaminantes químicos perigosos depositados sobre eles. Os frutos secos e os grãos alimentares devem ser secos imediatamente após a colheita e mantidos num ambiente limpo, seco e frio para evitar o desenvolvimento de bolores.

- As iniciativas de educação do consumidor são cruciais para educar as pessoas sobre como comprar e consumir alimentos seguros, enviar amostras de alimentos para instalações de teste próximas e apresentar queixas aos governos locais ou às autoridades civis. Ao punir os incumpridores, podemos inspirar outros a evitar a adulteração e a contaminação. Além disso, um sistema de fiscalização robusto, a eficácia das organizações da sociedade civil e uma boa coordenação entre as entidades municipais e estaduais podem facilitar o controlo da aplicação uniforme dos regulamentos alimentares. Isto pode ser melhorado com um movimento nacional de consumidores ativo, nomeadamente de ONGs, grupos de mulheres e cidadãos idosos.

- **A nível administrativo**: O Supremo Tribunal da Índia, no processo "Centre for Public Interest and Litigation Vs. Union of India & Ors", considerou que "os Estados e as suas autoridades têm o dever primordial de assegurar um nível adequado de proteção da vida e da saúde humanas, que é um direito fundamental garantido aos cidadãos nos termos do artigo 21º e do artigo 47º da Constituição da Índia. O direito à vida e à dignidade humana, nos termos do artigo 21º da Constituição, inclui igualmente o direito a produtos alimentares e bebidas isentos de resíduos nocivos, como pesticidas e insecticidas. O Apex Court afirmou que os produtos alimentares que são nocivos e prejudiciais para a saúde pública têm o potencial de afetar o direito fundamental à vida garantido pela Constituição e que é da responsabilidade do governo tomar medidas para proteger a vida e a saúde". As medidas de segurança a nível administrativo incluem:

  - Vigilância regular do mercado e controlo pelas autoridades competentes em matéria de segurança dos alimentos.
  - Inspeção e testes regulares dos alimentos, recolhendo amostras aleatórias de alimentos de todas as fontes, nomeadamente grossistas, fabricantes e retalhistas, e enviando-as para os laboratórios recomendados.
  - Aplicação adequada dos regulamentos e um mecanismo forte para realizar controlos periódicos das actividades maliciosas.
  - Tomar medidas rigorosas contra os infractores ao abrigo das disposições da legislação em vigor.
  - Introdução de programas de segurança alimentar centrados numa abordagem "da exploração agrícola até à mesa/da exploração agrícola até ao garfo" para reduzir as doenças de origem alimentar.

- Preservar o conhecimento sobre o transporte sincronizado de alimentos, a correspondência entre a oferta e a procura, a previsão cooperativa, a gestão do fluxo financeiro e a partilha de informações.
- Estão disponíveis instalações laboratoriais modernas com técnicas de controlo da poluição, monitorização da qualidade dos alimentos, inspeção e gestão (incluindo tratamento, embalagem e conservação) com o objetivo de identificar a contaminação das doenças de origem alimentar causadas por microrganismos.
- Certificação e regulamentação adequadas que estabeleçam as normas de qualidade para todos os bens de consumo.

CONCLUSÃO

A cadeia de abastecimento alimentar global apresenta vários riscos de qualidade e segurança alimentar devido ao aumento da produção, transformação e transporte. As doenças de origem alimentar ocorrem diariamente, muitas vezes causadas por:

- Ambientes de produção não higiénicos
- Falta de conhecimentos sobre higiene
- Água contaminada
- Armazenamento incorreto
- Lavagem inadequada
- Contaminação química

Os alimentos inseguros e adulterados afectam não só a saúde humana, mas também o progresso e o desenvolvimento nacional. Garantir a segurança dos alimentos exige um esforço de colaboração de todos os intervenientes na cadeia de abastecimento alimentar, sendo a indústria alimentar a principal responsável pelo cumprimento das normas regulamentares. A indústria deve implementar sistemas de garantia de qualidade e de segurança alimentar baseados no risco e assentes em conhecimentos científicos. Os governos de todo o mundo devem educar o público sobre práticas alimentares seguras e dar prioridade à prevenção de doenças de origem alimentar, uma preocupação premente tanto para os países desenvolvidos como para os países em desenvolvimento.

REFERÊNCIAS

1. TanushreeKakkar, Role of judiciary in implementation of food adulteration laws, 16 (Dissertação de Mestrado em Direito não publicada), Bharti Vidyapeeth Deemed University, Pune 2. L. R. Chitlange, To study awareness about prevention of food adulteration Act-1954 among working women of washim and their attitude towards seeking legal remedy in case of food adulteration,
2. The International Journal of Science and Technology 68 (2014), disponível em https://www.researchgate.net/publication/267848417_THE_INTERNATI

ONAL_JOU
RNAL_OF_SCIENCE_TECHNOLEDGE_To_Study_Awareness_about_ Prevention_ of_Food_Adulteration_Act 1954_PFA1954_among_Working_Women_of_W ashim_and_their_Attitude_towards _Seeking_Leg al_Remed, Última consulta em 11/12/2022.

3. The Future of Food Safety, Organização das Nações Unidas para a Alimentação e a Agricultura, 6 & 7 (2019), disponível em https://www.fao.org/3/ca4289en/CA4289EN.pdf, última consulta em 12/12/2022.
4. M. Pal, Mahendra& M. Mahinder, Food adulteration: A global public health concern, 1(3) Food & Drink Industry 38, 38(2020) disponível em https://www.researchgate.net/publication/340730788_Food_adulteration_ A_global_p ubli c_health_concern, visto pela última vez em 10/12/2022.
5. Ibid, ponto 39.
6. FoodSafety, Organização Mundial de Saúde, disponível em https://www.who.int/newsroom/fact-sheets/detail/food-safety, última consulta em 10/12/2022.
7. Desenvolvimento da Aquacultura: Good aquaculture feed manufacturing practice, Organização das Nações Unidas para a Alimentação e a Agricultura, (2001).
8. A. Choudhary, N. Gupta, F. Hameed & S. Choton, An overview of food adulteration: Concept, sources, impact, challenges and detection, 8 International Journal of Chemical Studies 2564, em https://www.chemijournal.com/archives/2020/vol8issue1/PartAM/8- 1-257-299.pdf, visto pela última vez em 11/12/2022.
9. A. Afzal A, M.S. Mahmood, I. Hussain, M. Akhtar, Adulteração e controlo microbiológico Quality of Milk (A Review), 10 Pakistan Journal of Nutrition 1195, 1196 (2011), disponível em https://www.researchgate.net/publication/267566928_Adulteration_and_ Microbiologi cal _Quality_of_Milk_A_Review, visto pela última vez em 12/12/2020.
10. A. Asrat, Y. Zelalem, N. Ajebu, Qualidade do leite gordo fresco produzido em Boditti e arredores, Wolaita, Sul da Etiópia, 7 African Journal Animal and Biomedical Sciences, 97 (2012).
11. Supra 8, em 2565-2566.
12. V. Lakshmi, Food adulteration, 1 International Journal of Science Inventions Toady at ijsit.com/admin/ijsit_files/FOOD%20ADULTERATION_1.2.4.pdf, visto pela última vez em 12/12/2022.
13. Supra 8, em 2566.
14. S. Manwani, C.R. Vanisree, V.Jaiman, K. K. Awasthi, C.S.Yadav, M.S. Sankhla, P.P. Pandit & G. Awasth, Heavy Metal Contamination in Vegetables and Their Toxic Effects on Human Health, em Sustainable Crop

Production - Recent Advances, (V.S. Meena, M. Choudhary, M, R.P. Yadav & S.K. Meena, 2022).

15. A. Ayaz & E. Belete, Food Adulteration: Its Challenges and Impacts, 41 Food Science e Gestão da Qualidade 50, 54 (2015), disponível em https://www.academia.edu/78550517/Food_Adulteration_Its_Challenges_and_Impact s, visto pela última vez em 12/12/2022.
16. K. Choudhruy, Food Adulteration in India: Problems and Legal Response, All India Legal Forum, disponível em https://allindialegalforum.com/2021/07/10/food- adulterationin-india-problems-and-legal-response/, visto pela última vez em 12/12/2022.
17. Supra 15.
18. Supra 8, em 2567-2568.
19. Supra 3, ponto 6.
20. R. Menon, Food Adulteration in India is Endangering Health and Boosting Business, The Leaflet (05/12/2020), disponível em https://www.theleaflet.in/food-adulteration- inindia-is-endangering-health-and-boosting-business/, visto pela última vez em 12/12/2022.
21. Dicas simples para identificar alimentos adulterados e falsos, (24/10/2020), disponível em https://indianexpress.com/article/lifestyle/food-wine/simple-tips-how-to- identifyadulterated-fake-food-items-6724742/, visto pela última vez em 12/12/2022.
22. Food Safety and Standards Authority of India (FASSAI), Relatório Anual 2020-21, disponível em https://fssai.gov.in/upload/uploadfiles/files/FSSAI_Annual_Report_2020_21_ Eng_01_08 _2022.pdf, visto pela última vez em 12/12/2022.
23. Ibid.
24. G.D.S. Kumar, M.N. Popat, Farmers' perceptions, knowledge and management of aflatoxins in groundnuts (Arachis hypogaea L.) in India, 29 Crop Protection 1534, (2010), em https://www.sciencedirect.com/science/article/pii/S0261219410002632, visto pela última vez em 12/12/2022.
25. Supra 8, em 2568.
26. R.T. Gahukar,Food adulteration and contamination in India: occurrence, implication and safety measures,3 International Journal of Basic and Applied Sciences 47, 50 (2013), disponível em https://www.researchgate.net/publication/292149293_1727-5751- 1-PB, última consulta em 12/12/2022.
27. Assegurar a segurança e a qualidade dos alimentos: Guidelines for Strengthening National Food Control Systems, FAO, OMS, (2003).
28. Supra 8, em 2569. Petição de Mandado de Segurança (Civil) No. 681 de 2004 Ver estatísticas de publicação

Adulterados na química alimentar

Jasmine Singh
Bispo Westcott, Kanpur

RESUMO

A alimentação é o principal requisito básico da vida. Os adulterantes são substâncias perigosas que são prejudiciais para a saúde. A adulteração de alimentos é a adição intencional de substâncias estranhas ou inferiores aos produtos alimentares originais por uma variedade de razões. Ocorre sob diversas formas, como a mistura, a substituição, a ocultação de má qualidade no material de embalagem, a colocação à venda de alimentos decompostos, a rotulagem incorrecta ou falsa e a adição de substâncias tóxicas. São utilizados vários métodos analíticos (como a cromatografia, a espetroscopia e os sensores electrónicos) para detetar a qualidade dos géneros alimentícios. A adulteração pode ser efectuada principalmente de quatro formas: acidental, intencional, metálica e natural. A adulteração de alimentos ocorre principalmente em produtos lácteos, carne, mel, manteiga, frutas, azeite, etc. Devido à adulteração dos alimentos, surgem vários problemas de saúde, como o risco de provocar doenças de origem hídrica, baixa digestibilidade, náuseas, vómitos, diarreia e também algumas doenças graves como o cancro, a asma e as doenças cardiovasculares, etc. A adulteração dos alimentos causa muitas doenças, como o cancro, as doenças do fígado, as doenças cardiovasculares, as doenças renais e as doenças relacionadas com o sistema nervoso. Por conseguinte, garantir a segurança alimentar é a espinha dorsal da saúde.

Palavras-chave: Adulteração de alimentos, cromatografia, espetroscopia

INTRODUÇÃO

A alimentação é uma das necessidades básicas de todos os organismos vivos que são consumidos para as actividades do dia a dia. Os alimentos contêm uma variedade de minerais e nutrientes essenciais, tais como hidratos de carbono, água, lípidos e proteínas, que os animais, incluindo os seres humanos, podem consumir ou beber para se alimentarem ou para terem prazer. A saúde e a produtividade da população dependem da natureza dos alimentos que consomem e da sua integridade em termos de valor nutritivo. Uma alimentação adequada é essencial para a saúde, mas quando os alimentos são adulterados, os seus efeitos benéficos diminuem. A má qualidade da alimentação está associada a um risco elevado de morbilidade e mortalidade, como as doenças cardiovasculares, a diabetes tipo II e o cancro. Por exemplo, os alimentos que contêm glutão fazem aumentar o nível de glucose da pessoa. Além disso, os produtos alimentares adulterados são responsáveis por impactos ligeiros a graves na saúde, bem como por prejuízos financeiros. Diarreia, náuseas, reacções alérgicas, diabetes, cancro, etc. são doenças frequentemente observadas após o consumo de alimentos adulterados. Alguns alimentos adulterados podem também afetar diretamente os nossos órgãos internos, provocando perturbações e falência do coração, dos rins, do fígado e de muitos outros órgãos. A garantia e a proteção da qualidade dos alimentos sempre foram importantes para o homem. Durante muitos anos, os governos tentaram garantir a segurança e a salubridade dos alimentos através de disposições legais. Apesar destas disposições, a adulteração de alimentos tem aumentado e a deteção destes adulterantes tem-se revelado mais difícil, essencialmente devido aos métodos sofisticados utilizados na adulteração. A adulteração económica dos alimentos assume muitas formas, como a mistura, a substituição, a ocultação da observação de má qualidade do material de embalagem, a colocação à venda de alimentos decompostos, a rotulagem incorrecta ou falsa e a adição de substâncias tóxicas. O desequilíbrio entre o rendimento do consumidor e o preço dos alimentos é um dos principais factores de adulteração dos alimentos. Por exemplo, quando o custo da produção de alimentos excede a disponibilidade do consumidor para pagar, o vendedor é forçado a fornecer um produto alimentar de qualidade inferior. A adulteração é um dos maiores e mais difíceis problemas com que nos deparamos atualmente.

O uso de adulterantes foi investigado pela primeira vez em 1820 pelo químico alemão Frederick Accum, que identificou muitos corantes metálicos tóxicos em alimentos e bebidas. O seu trabalho antagonizou os fornecedores de produtos alimentares e acabou por ser desacreditado por um escândalo relacionado com a alegada mutilação de livros da biblioteca da Royal Institution. O médico Arthur Hill Hassall efectuou estudos exaustivos no início da década de 1850, que foram publicados no The Lancet e conduziram ao Food Adulteration Act de 1860 e a outra legislação. John Postgate liderou uma nova campanha que conduziu a outra lei de 1875, que constitui a base da legislação moderna e de um sistema de analistas públicos que efectuam testes de adulteração.

EM ALIMENTOS E BEBIDAS

Exemplos passados e actuais de alimentos adulterados, alguns perigosos, incluem:

- Geleias de maçã (compotas), como substitutos de geleias de fruta mais caras, com adição de corantes e, por vezes, até partículas de madeira que simulam sementes de framboesa ou morango
- Xarope de milho com elevado teor de frutose ou açúcar de cana, utilizado para adulterar o mel
- Pão castanho embebido em ocre vermelho para dar a aparência de salsicha de carne de vaca para recheio de rolos de salsicha.
- Adulteração do azeite
- Raízes de chicória torradas utilizadas como adulterante do café
- Água, para diluir o leite e as bebidas alcoólicas
- Água ou salmoura injectada em frango, porco ou outras carnes para aumentar o seu peso
- Ureia, melamina e outras fontes de azoto não proteico, adicionadas aos produtos proteicos para inflacionar a medição do teor de proteína bruta.

INCIDENTES

- Em 1981, o óleo de Colza desnaturado foi adicionado ao azeite em Espanha e 600 pessoas morreram.
- Em 1987, a Beech-Nut foi multada por violar a Lei Federal dos Alimentos, Medicamentos e Cosméticos dos EUA ao vender água açucarada aromatizada como sumo de maçã.
- Em 1997, a ConAgra Foods pulverizou ilegalmente água nos cereais armazenados para aumentar o seu peso.
- Em 2007, foram descobertas nos EUA amostras de glúten de trigo misturado com melamina, presumivelmente para produzir resultados inflacionados nos testes de teor proteico. Verificou-se que eram provenientes da China.
- No escândalo do leite chinês de 2008, verificou-se que uma parte significativa do abastecimento de leite da China foi adulterada com melamina. A fórmula infantil produzida com este leite matou pelo menos seis crianças e acredita-se que tenha prejudicado duzentas mil crianças.
- Em 2012, um estudo realizado na Índia em 29 estados e territórios da união descobriu que o leite era adulterado com detergente, gordura e até ureia, e diluído com água. Apenas 31,5% das amostras estavam em conformidade com as normas da FSSAI.
- No escândalo de adulteração de carne ocorrido em 2013 na Europa, a carne de cavalo foi passada por carne de vaca.
- Em 2019, descobriu-se que o cromato de chumbo era amplamente adicionado ao açafrão-da-terra vendido no Bangladesh para realçar a sua cor amarela, o que foi em grande parte responsável pelas taxas consistentemente elevadas de envenenamento por chumbo no país e levou a uma repressão governamental. Em 2021, a prática tinha sido erradicada no país e os níveis de chumbo no sangue tinham diminuído.

CAUSAS DA ADULTERAÇÃO DE ALIMENTOS

Existem diferentes causas para a adulteração de alimentos, tais como a desonestidade dos comerciantes para ganhar dinheiro rápido e fácil. Os produtos alimentares em pó são os mais vulneráveis devido à complexidade da cadeia de abastecimento e à variação da qualidade nutricional e estética ao longo do tempo. Consequentemente, pode ser adicionado material moído com uma textura e cor semelhantes às do pó original para aumentar a quantidade, enquanto outros compostos podem ser adicionados para manter a qualidade. Além disso, para manter a frescura dos alimentos, são normalmente adaptadas algumas actividades pouco éticas para evitar perdas financeiras devidas à deterioração dos alimentos durante o seu transporte e venda. Por exemplo, a adição de adulterantes para aumentar o volume, agentes espessantes para contrariar a diluição e aumentar o teor de sólidos, compensar o teor de gordura, hidratos de carbono ou proteínas, aumentar o prazo de validade, melhorar a natureza cosmética e dar-lhe um aspeto genuíno.

IMPACTO DOS ALIMENTOS ADULTERADOS NA SAÚDE

A adulteração dos alimentos é uma das principais fontes de problemas de saúde. Os adulterantes dos produtos alimentares não só diminuem a qualidade dos alimentos, como também afectam perigosamente a nossa saúde se os consumirmos diariamente. Por exemplo, a adulteração provoca muitas doenças, como o cancro, o catarro, as doenças hepáticas, a insuficiência cardíaca, as doenças renais e as doenças relacionadas com o sistema nervoso. A adulteração motivada por razões económicas é uma das principais causas dos riscos alimentares para a saúde pública. Embora as motivações sejam económicas, a adulteração pode ter consequências graves para a saúde pública quando o adulterante é tóxico ou alergénico. Por exemplo, o peróxido de hidrogénio afecta os antioxidantes no corpo, perturbando a imunidade natural e aumentando assim o envelhecimento, o cloreto no leite perturba o equilíbrio ácido-base no corpo e também o pH do sangue, e o amoníaco no leite desenvolve regressão, perda da fala adquirida e perturbações sensoriais.

SEGURANÇA ALIMENTAR

A segurança alimentar é o marco para a saúde, a satisfação do cliente, a aceitação da indústria pelos consumidores e a diminuição do défice de abastecimento alimentar. Assim, a comprovação da proveniência é um tema importante para a segurança alimentar, a qualidade dos alimentos e a proteção dos consumidores, bem como para o cumprimento da legislação nacional, das normas internacionais e das diretrizes. A proveniência é a identificação e verificação da origem de um produto e, subsequentemente, o local onde foi fabricado. Atualmente, a segurança alimentar é uma questão importante, pelo que muitos consumidores estão preocupados com o que comem. Além disso, a escolha de um produto alimentar em detrimento de outro pode refletir os estilos de vida, as crenças religiosas, as dietas e as preocupações de saúde dos indivíduos. Consequentemente, a rotulagem correta é essencial para ajudar os consumidores a fazerem escolhas conscientes. A composição elementar dos alimentos é um indicador muito importante para compreender a qualidade, o valor nutricional e a autenticidade dos alimentos. Para além disso, é fundamental avaliar a presença dos nutrientes presentes. Por conseguinte, a determinação da composição elementar de um produto alimentar é vital, especialmente para determinados grupos de consumidores, como crianças, mulheres grávidas e pessoas com alergias a elementos específicos.

MÉTODOS ANALÍTICOS

A determinação da autenticidade dos alimentos é uma questão importante tanto para a garantia da qualidade (GQ) como para a segurança alimentar. O teste de autenticidade é um critério de qualidade para alimentos e ingredientes alimentares e é cada vez mais um resultado da proteção legislativa dos alimentos regionais. Assim, existe uma necessidade premente de técnicas de autenticação alimentar precisas e padronizadas. Durante a última década, foram propostos vários procedimentos analíticos para o rastreio rápido ou a confirmação selectiva da qualidade e autenticidade de diferentes produtos alimentares, tais como a cromatografia líquida (LC) e a cromatografia gasosa (GC), especialmente acopladas à espetrometria de massa (MS). Além disso, são utilizados métodos quimiométricos com outras técnicas analíticas para análises qualitativas e quantitativas de alimentos, incluindo leite e azeites virgens extra comestíveis. A análise de componentes principais (PCA) e as redes neuronais (NN) são os dois métodos quimiométricos utilizados na análise de alimentos. A PCA fornece gráficos úteis ao representar os primeiros componentes principais (PCs).

CROMATOGRAFIA

Em análise química, **a cromatografia** é uma técnica laboratorial de separação de uma mistura nos seus componentes. A mistura é dissolvida num solvente fluido (gás ou líquido) designado por *fase móvel,* que a transporta através de um sistema (uma coluna, um tubo capilar, uma placa ou uma folha) no qual é fixado um material designado por *fase estacionária.* Uma vez que os diferentes constituintes da mistura tendem a ter diferentes afinidades com a fase estacionária e são retidos durante diferentes períodos de tempo, dependendo das suas interações com os locais da sua superfície, os constituintes viajam a diferentes velocidades aparentes no fluido móvel, provocando a sua separação. A separação baseia-se na partição diferencial entre a fase móvel e a fase estacionária. Diferenças subtis no coeficiente de partição de um composto resultam numa retenção diferencial na fase estacionária, afectando assim a separação. A cromatografia é um método analítico utilizado para separar compostos químicos e produtos alimentares com base na sua polaridade ou ponto de ebulição. Inclui técnicas que adsorvem ou dividem as substâncias a analisar entre uma fase móvel e uma fase estacionária. São normalmente classificadas de acordo com o carácter das fases estacionária e móvel. A fase estacionária sólida é aplicada numa coluna e a fase móvel é bombeada através da coluna. Um composto com a menor afinidade da fase estacionária, o menor ponto de ebulição e o menor tempo de retenção eluirá primeiro e será detectado pelo detetor. Os métodos cromatográficos podem ser capazes de diferenciar produtos de carne individuais, mas são menos eficazes na deteção de produtos adulterados em misturas de carne ou em carne cozinhada devido à maior complexidade dos padrões cromatográficos. Além disso, são necessários instrumentos dispendiosos e procedimentos laboriosos de preparação de amostras, o que tem restringido a sua utilização para fins regulamentares. As classificações mais comuns de cromatografia são a GC e a LC. A cromatografia gasosa é um tipo de cromatografia que tem sido aplicada a uma vasta gama de alimentos para identificação, autenticação ou previsão de caraterísticas de qualidade. A cromatografia líquida também tem sido aplicada para identificar, classificar e avaliar a qualidade de vários tipos de alimentos. Atualmente, as impressões digitais de HPLC são utilizadas para avaliar a semelhança de vários produtos alimentares. A análise de semelhança é aplicada para calcular alguns parâmetros de correlação, como os coeficientes de correlação. Além disso, muitas classes de soluções alimentares, tanto de solventes polares como não polares, podem ser analisadas direta e facilmente por LC sem derivatização, mas a GC necessita de derivação durante a preparação da amostra devido ao elevado ponto de ebulição e à natureza compacta do produto. Por exemplo, a derivatização é utilizada para transferir os grupos hidroxilo dos tocoferóis para formas de trimetilsilil (TMS), resultando em pontos de ebulição mais baixos. Utilizando HPLC com um detetor de UV ou de fluorescência, cada forma de tocoferol pode ser separada e quantificada separadamente. As interferências são largamente reduzidas após a separação por HPLC. Por conseguinte, este método é mais sensível e específico do que os métodos colorimétricos ou polarimétricos, mas menos do que os métodos GC. Além disso, os sistemas de LC estão atualmente a mudar de HPLC padrão para UHPLC, o que pode aumentar significativamente a resolução, a sensibilidade e a capacidade de pico devido ao tamanho reduzido das partículas, ao mesmo tempo que diminui significativamente os volumes de amostra e as fases móveis.A HPLC associada à PCA diferenciou as gelatinas bovina (colagénio originário de uma vaca) e suína (colagénio originário de um porco) com base nos resultados de aminoácidos individuais. A análise dos aminoácidos foi efectuada utilizando uma cromatografia líquida de alta eficiência em fase reversa (RP-HPLC). O método HPLC/MS é também utilizado para a identificação de péptidos marcadores em gelatinas digeridas. A LC-MS foi utilizada para determinar a adulteração de leite de vaca em água, leite de búfala e mozzarella. Além disso, a HPLC, a LC e a GC são amplamente utilizadas para avaliar a qualidade do mel.

ESPECTROSCOPIA

A espetroscopia é o campo de estudo que mede e interpreta os espectros electromagnéticos. Em contextos mais restritos, a espetroscopia é o estudo preciso da cor, generalizado da luz visível para todas as bandas do espetro eletromagnético. A espetroscopia, principalmente no espetro eletromagnético, é uma ferramenta exploratória fundamental nos domínios da astronomia, química, ciência dos materiais e física, permitindo investigar a composição, a estrutura física e a estrutura eletrónica da matéria à escala atómica, molecular e macroscópica, e a distâncias astronómicas. Historicamente, a espetroscopia teve origem no estudo da dependência do comprimento de onda da absorção, pela matéria em fase gasosa, da luz visível dispersa por um prisma. As aplicações actuais da espetroscopia incluem a espetroscopia biomédica nas áreas da análise de tecidos e da imagiologia médica. As ondas de matéria e as ondas acústicas também podem ser consideradas formas de energia radiativa e, recentemente, as ondas gravitacionais foram associadas a uma assinatura espetral no contexto do Observatório de Ondas Gravitacionais por Interferómetro Laser (LIGO). Uma variedade de espetroscopia tem sido investigada para aplicações de segurança e qualidade alimentar. Tem um papel importante na determinação de adulterantes alimentares através da inspeção subsuperficial de embalagens e da avaliação da qualidade da polpa sob a pele da fruta. O desenvolvimento de métodos de análise rápida não destrutivos é uma área em que o interesse aumentou há alguns anos. Foram apresentados vários métodos baseados em diversos princípios químicos e físicos para efetuar determinações qualitativas e quantitativas em laboratórios e cadeias de processamento. Os métodos que demonstraram uma grande versatilidade e robustez são os baseados na análise simultânea de um grande número de comprimentos de onda de espectros electromagnéticos e em todos os seus modos. Especificamente, o estudo do IV tem sido utilizado para um vasto número de determinações de múltiplas matrizes alimentares e analitos. Utiliza espectros na região NIR e MIR, mas em aplicações alimentares musculares, as gamas de comprimento de onda visíveis são frequentemente incluídas devido à presença de pigmentos na matéria-prima. Na região do NIR, os principais fenómenos registados são a vibração e a combinação de sobretons das ligações fundamentais O-H, C-H e N-H. O espetro MIR de uma amostra de alimento revela mais sobre as moléculas presentes, incluindo muitos dos alongamentos gerais, dobras e movimentos de oscilação de grupos funcionais como C-C, C-H, O-H, C=O e N-H. Espectroscopia UV-vis, NIR e MIR associada a técnicas quimiométricas utilizadas para detetar a adulteração de carne bovina com carne de peru. A espetroscopia de infravermelhos com transformada de Fourier (FTIR) e a espetroscopia Raman passaram a ser utilizadas para métodos baseados na gordura na última década. A capacidade de fornecer informações sobre a estrutura química das moléculas sem criar quaisquer alterações e a utilização de apenas uma pequena quantidade da amostra são as duas principais vantagens desta tecnologia. A NIRS, baseada na absorção de vários comprimentos de onda, e a espetroscopia Raman, baseada na dispersão inelástica da luz, estão a tornar-se ferramentas cada vez mais populares na determinação da adulteração de alimentos. Com base na identificação de adulterantes químicos em alimentos, diferentes artigos afirmam que a espetroscopia Raman tem uma grande contribuição para a determinação da melamina no leite. Para além disso, os métodos NIRS também contribuíram para a determinação da adulteração de melamina em produtos à base de sementes de soja. As espectroscopias Raman e IR têm sido amplamente investigadas para revelar problemas de fraude alimentar com base na sua instrumentação simples, maior acessibilidade e caraterísticas rápidas e não destrutivas. A espetroscopia Raman foi utilizada para determinar adulterantes do mel, como o xarope de milho com elevado teor de frutose (HFCS) e o xarope de maltose. Além disso, a adulteração de manteiga com margarina foi determinada utilizando esta técnica analítica em combinação com métodos quimiométricos. Esta técnica tem um elevado potencial para a avaliação dos sistemas de qualidade alimentar durante o manuseamento, processamento e armazenamento. A combinação da espetroscopia Raman com métodos de análise de dados quimiométricos permite aos investigadores determinar mais rapidamente a adulteração de alimentos. Trata-se de uma nova abordagem utilizada para diferenciar a carne de cavalo da carne de vaca. A ressonância magnética nuclear (RMN) é preferível em estudos analíticos e metabolómicos devido à sua elevada robustez e reprodutibilidade, pelo que é uma escolha preferível para a determinação da adulteração de diferentes produtos alimentares, além de ter um melhor desempenho na identificação de vários produtos químicos, uma vez que a pequena diferença na nuvem eletrónica dos núcleos pode ser registada com precisão pelos espectros de RMN. Assim, é possível identificar produtos químicos que partilham estruturas semelhantes. A intensidade dos sinais espectrais de RMN é apenas influenciada pelo número de cada tipo de núcleos presentes na amostra; assim, a quantificação absoluta de vários produtos químicos específicos pode ser conseguida simultaneamente através da aplicação de apenas um produto químico de referência. Embora a espetroscopia de RMN também não tenha a sensibilidade necessária para determinar a(s) substância(s) química(s) a baixas concentrações com base no seu princípio, a sensibilidade pode ser melhorada aumentando simplesmente o número de varrimentos durante a recolha espetral sem modificar qualquer hardware.

CONTROLO DA QUALIDADE DOS ALIMENTOS

O controlo de qualidade é a norma que mantém a qualidade dos produtos alimentares de acordo com a aceitabilidade do cliente. As propriedades físicas, químicas, microbiológicas, nutricionais e sensoriais são empregues para preservar alimentos saudáveis. Estes factores de qualidade dependem de atributos específicos, tais como as propriedades sensoriais, baseadas no sabor, cor, aroma, gosto, textura e propriedades quantitativas, nomeadamente a percentagem de açúcar, proteínas, fibras, etc., bem como atributos ocultos, tais como peróxidos, ácidos gordos livres, enzimas Nas últimas décadas, tem havido uma procura crescente de alimentos seguros e de alta qualidade. O rápido desenvolvimento económico e as recentes alterações na cadeia de abastecimento alimentar contribuíram para aumentar o interesse pela questão da qualidade no sector alimentar. O conceito de qualidade de um produto alimentar parece estar intimamente ligado à perceção da sua segurança na mente dos consumidores. Um estudo recente sobre a relação entre a qualidade e a segurança dos alimentos revelou que, em geral, os consumidores consideram mais provável que um produto alimentar seja seguro se for de boa qualidade do que o contrário.

CONCLUSÃO

A alimentação autêntica é uma necessidade básica do ser humano que desempenha um papel crucial na manutenção de um estilo de vida saudável. No entanto, atualmente, os comerciantes sem escrúpulos misturam, substituem e ocultam as inspecções de qualidade do material de embalagem, vendem alimentos decompostos, utilizam rótulos falsos e misturam produtos químicos de baixa qualidade e até perigosos com alimentos autênticos. Além disso, os comerciantes e produtores desonestos praticam a adulteração de alimentos para aumentar as suas margens de lucro. A adulteração de alimentos é um grave problema de saúde pública que afecta milhões de pessoas todos os anos. Como resultado, provoca cancro, paratireoidite, doença hepática, insuficiência cardíaca, doença renal e perturbações do sistema nervoso. Os produtores/comerciantes com fins económicos adulteram os géneros alimentícios de forma sofisticada de tempos a tempos. Para ultrapassar esta adulteração sofisticada dos géneros alimentícios, foram utilizadas técnicas analíticas avançadas. No entanto, estas técnicas não foram bem aplicadas nos países de baixo e médio rendimento e não podem garantir facilmente a segurança alimentar. É por isso que a adulteração de alimentos constitui um grande desafio para os consumidores e para os organismos reguladores. Estes problemas incompreensíveis serão resolvidos através da criação de um sistema de regulamentação alimentar inabalável, da formação de pessoal para detetar facilmente os adulterantes, do desenvolvimento de métodos analíticos para os vários adulterantes e de uma cobertura jurídica séria, devendo a lei ser aplicada.

REFERÊNCIAS

1. Hostettmann K, Marston A, Hostettmann M (1998). *Preparative Chromatography Techniques Applications in Natural Product Isolation* (Segunda ed.). Berlim, Heidelberg: Springer Berlin Heidelberg. p. 50. ISBN 9783662036310.
2. Jerry Workman; Art Springsteen, eds. (1998). *Applied Spectroscopy*. Boston:

Academic Press. ISBN 978-0-08-052749-9.
3. John M. Chalmers; Peter Griffiths, eds. (2006). *Handbook of Vibrational Spectroscopy (Manual de Espectroscopia Vibracional)*. New York: Wiley. doi:10.1002/0470027320. ISBN 978-0-471-98847-2.
4. McMurry J (2011). *Química orgânica: com aplicações biológicas* (2ª ed.). Belmont, CA: Brooks/Cole. pp. 395. ISBN 9780495391470.
5. Peter M. Skrabal (2012). *Spectroscopy - An interdisciplinary integral description of spectroscopy from UV to NMR* (e-book). ETH Zurich: vdf Hochschulverlag AG. doi:10.3218/3385-4. ISBN 978-3-7281-3385-4.
6. Everstine K, Spink J, Kennedy S. (2013) Adulteração de alimentos por motivos económicos (EMA): caraterísticas comuns dos incidentes de EMA. *J Food Protect* ; 76(4): 723-735.
7. Ayza A, Belete E.(2015) A adulteração de alimentos: seus desafios e impactos. *Food Sci Qual Manag*
8. Faizunisa H, Priyadarshini I, Chaly P,(2016) et al. Avaliação da adulteração de alimentos entre itens alimentares selecionados - estudo in vitro. *Int JHealth Sci Res;* 6(5): 139-145.

Os perigos ocultos da adulteração de alimentos: Como os alimentos contaminados afectam a saúde humana

Ela Srivastava
researchpub .phd2021 @gmail. com

RESUMO

Uma das causas mais perigosas, tanto nos países industrializados como nos países em desenvolvimento, é a adulteração dos alimentos. O termo "adulterante" refere-se a qualquer substância suscetível de tornar os alimentos pouco saudáveis devido à presença de matérias estranhas. A definição de "adulterante" foi dada como qualquer substância suscetível de tornar os alimentos pouco seguros devido à presença de matérias estranhas. Uma variedade de adulterantes, que são utilizados na produção de alimentos, tais como chumbo, cádmio, formalina, melamina, carboneto de cálcio, óleo rançoso, detergente em pó, corantes alimentares artificiais e edulcorantes artificiais, podem tornar os alimentos contaminados e prejudiciais para a saúde humana, contribuindo para uma série de perturbações graves. A alimentação é um componente vital da existência e uma das necessidades básicas de todos os seres vivos. No entanto, hoje em dia, os alimentos são afectados por vários adulterantes. Quando um adulterante alimentar, como o amarelo metanil, um corante artificial, é utilizado para realçar a tonalidade do açafrão-da-terra em pó, é considerado adulteração. Para competir no mercado, são adicionados adulterantes como o pó de giz, o pó de tijolo e compostos venenosos, com o objetivo de reduzir os custos e aumentar os lucros. Estes adulterantes podem causar cancro, anemia, paralisia, lesões cerebrais, problemas gastrointestinais e outros problemas de saúde. O ambiente em que as especiarias são cultivadas e recolhidas pode estar potencialmente poluído. Há relatos de doenças causadas por alimentos e deteriorações associadas a especiarias contaminadas.

Palavras-chave: adulterantes alimentares, ameaças para a saúde, doenças relacionadas com os alimentos

INTRODUÇÃO

A alimentação é uma preocupação importante em termos de estilo de vida. É uma necessidade fundamental de nutrientes essenciais e ajuda a sustentar e a aumentar o crescimento humano. A alimentação é definida como qualquer substância que pode ser ingerida por pessoas e animais para sustento e é composta por hidratos de carbono, água, gorduras e proteínas (Choudhary et al., 2020). Além disso, a ingestão de alimentos saudáveis é essencial para fornecer ao organismo os nutrientes de que este necessita para continuar a crescer e a desenvolver-se normalmente e para manter uma saúde óptima (Goyal et al., 2022). Uma vez que a saúde é riqueza, as pessoas devem tomar precauções para manter uma saúde excelente. O calibre da refeição, bem como a sua quantidade, de acordo com (Koul et al., 2020), é essencial para viver uma vida saudável. No entanto, a qualidade dos alimentos é comprometida pela adulteração (Choudhary et al., 2020 Rath, 2022). A segurança alimentar é ameaçada pela adulteração dos alimentos, uma fraude alimentar generalizada a nível mundial (Meghwal et al., 2022).

A adulteração de alimentos pode reduzir propositadamente o padrão dos alimentos vendidos, acrescentando ou alterando materiais inferiores ou retirando componentes de valor inestimável derivados de alimentos necessários (Bansal et al., 2017). Estes meios perversos e descuidados de acumular uma enorme fortuna constituem um grave perigo para a vida dos seres humanos (Ghosh et al., 2022). Os alimentos fornecem-nos uma quantidade significativa de nutrição e são essenciais para manter uma boa saúde. A alimentação é uma das nossas necessidades básicas de sobrevivência. No entanto, muitas pessoas praticam a adulteração de produtos alimentares de forma desonesta, a fim de beneficiarem ilegalmente e enganarem os consumidores. Os adulterantes e os poluentes causam problemas de saúde em cerca de 55% dos casos (Choudhary et al., 2020; Pal & Mahinder, 2020; Thangaraju et al., 2021; Islam et al., 2022). Os alimentos contaminados com impurezas podem ter impactos menores ou graves na saúde. O consumo de alimentos contaminados pode frequentemente resultar em diarreia, náuseas, reacções alérgicas, diabetes e doenças cardiovasculares (Momtaz et al., 2023). Devido à frustração e raiva das pessoas em relação à segurança alimentar inadequada, a adulteração de alimentos também pode causar convulsões sociais (Hika, 2020; Solomon, 2015). Além disso, pode levar à escassez de vitaminas, o que pode piorar a imunidade, o crescimento e o desenvolvimento, bem como aumentar o risco de doença (Majed et al., 2016). Atualmente, é difícil encontrar um segmento da indústria alimentar sem adulteração.

Após a introdução do conceito de fast-food, os consumidores começaram a fazer encomendas de alimentos em linha sem terem consciência dos riscos de adulteração. Não se importavam verdadeiramente com o tipo de comida que lhes estava a ser servida e esqueciam-se completamente da sua saúde, concentrando-se apenas em fazer a encomenda para chegar à porta. Muitos restaurantes e estabelecimentos de fast-food aproveitam-se da indolência dos seus clientes, oferecendo uma cozinha de qualidade inferior, sem se preocuparem com a sua qualidade; em vez disso, concentram-se exclusivamente em fornecer aos seus clientes um serviço atempado. O seu principal objetivo não é ter em conta a saúde dos seus clientes. Não se preocupam com a saúde dos clientes; em vez disso, o seu principal objetivo é ganhar dinheiro, oferecendo comida de baixa qualidade. Devido à sua ignorância, os clientes podem ser atraídos por estes produtos, uma vez que estão a enganá-los para aumentar a produção e as vendas e ganhar mais dinheiro com menos investimentos. Também diminuem a qualidade da refeição, retirando nutrientes importantes e substituindo os alimentos por outros não autênticos, num esforço para maximizar os lucros.

ADULTERAÇÃO DE ALIMENTOS

"A adição ou supressão de qualquer substância a um género alimentício ou a partir dele, de modo a afetar a sua composição natural e a sua qualidade" é a definição habitual de adulteração de géneros alimentícios.

A adulteração ocorre quando ingredientes são propositadamente adicionados aos alimentos ou quando as qualidades naturais dos alimentos são propositadamente alteradas. As causas mais comuns de adulteração não intencional incluem a ignorância, a negligência ou a falta de infra-estruturas para preservar a qualidade dos alimentos.

Os adulterantes alimentares são compostos que são adicionados aos produtos alimentares por razões técnicas e comerciais, mas que podem diminuir o teor nutritivo dos alimentos e contaminá-los, tornando-os inseguros para ingestão. Os produtos lácteos, os produtos à base de cereais, a carne e os ovos, os legumes enlatados e engarrafados, as frutas e os produtos à base de frutas, as gorduras e os óleos, as bebidas, etc., podem conter adulterantes alimentares.

Adulteration in food stuffs

Food Stuffs	Adulturants
Cereal	Soil,pieces of stone ,infested cereal
Pulses	Khesari dal
Bengal gram Flour	Starch powder,maize flour
Ghee	Vegetable ghee,Animal fat,sweet potato
Milk	Water
Tea	Used tea leavels
Pepper	Papaya seeds
Clove	Clove after extraction
Dhaneya	Saw dust,horse dung
Red Chelli Powder	Saw dust,Powdered Red Brick
Honey	Sugar,Water
Turmeric	Yellow Soil

TIPOS DE ADULTERAÇÃO DE ALIMENTOS

A adulteração de alimentos é classificada em três tipos: intencional, acidental e metálica (FSSAI, 2012). Embora existam muitas maneiras de adulterar alimentos, há essencialmente três tipos de adulterações.

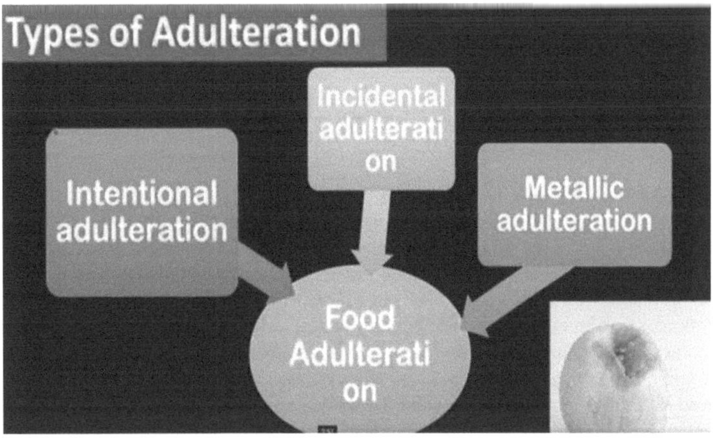

ADULTERAÇÃO INTENCIONAL

Os produtos alimentares que são propositadamente contaminados são considerados como intencionalmente corrompidos. É a adição de componentes inadequados com caraterísticas semelhantes às dos alimentos em que são introduzidos. Como tal, é difícil encontrá-los. O adulterante pode ter um carácter biológico ou físico. Este é efectuado para aumentar a concentração dos seus nutrientes vitais. Para aumentar a sua margem de lucro através de vários produtos químicos, como a ureia e a melamina, e para aumentar o seu volume através da adição de materiais como amido, farinha, açúcar de cana, óleo vegetal, água, leite desnatado, areia, pó de giz, melaço, pedra, pó de tijolo, cravagem, chicória, torrada, pó de cevada, sementes de papaia moídas, etc. em vários alimentos, é feito para promover o nível dos seus nutrientes essenciais após a redução de uma determinada quantidade (El-loly et al., 2013). A quantidade de nutrientes removidos e os compostos desnecessários adicionados aos produtos alimentares, efectuados por indivíduos orientados para o negócio que esqueceram a humanidade em favor de uma mentalidade lucrativa, fazem desta a forma mais mortal de adulteração (Awasthi et al., 2014).

ADULTERAÇÃO ACIDENTAL

O descuido, a ignorância ou a falta de instalações adequadas e de limpeza no processamento de alimentos, da fazenda à mesa, são as principais causas de adulteração acidental de alimentos (Bansal et al., 2017). Como qualquer substância que não seja original do produto é estranha a ele, os processos pelos quais os produtos são feitos, manuseados, passados, processados, armazenados, transportados e comercializados podem ser os locais de adulteração não intencional de alimentos (Ayza & Belete, 2015; Ayza & Yilma, 2014). Os produtores e os comerciantes/retalhistas não estão em condições de adicionar diferentes adulterantes.

Os adulterantes inadvertidos incluem resíduos de pesticidas, excrementos de roedores, larvas de origem alimentar, etc. Também é possível a contaminação acidental com chumbo, mercúrio ou arsénico. Além disso, as pragas, como os ratos e os insectos, que contaminam fortemente os alimentos e libertam impurezas sob a forma de secreções corporais, excrementos e deterioração induzida por microrganismos, são também consideradas adulterantes acidentais. Os adulterantes acidentais mais frequentes são os resíduos encontrados nos produtos vegetais, o DDT e os pesticidas. (Pandit et al., 2002).

ADULTERAÇÃO METÁLICA

Outro tipo de adulteração nos alimentos é a adulteração por metais. Quando materiais metálicos são adicionados, seja de propósito ou por engano, isso acontece (Bansal et al., 2017). Encontram-se nos alimentos quantidades vestigiais de contaminantes metálicos que são introduzidos na cadeia alimentar durante a produção de alimentos ou a poluição ambiental. Alguns exemplos de adulteração metálica são o chumbo na água, o arsénico dos pesticidas e os efluentes da indústria química. Um tipo de contaminação metálica que se pensa ser uma forma inadvertida de adulteração alimentar é o estanho das latas.

A água contaminada por chumbo, as águas residuais contaminadas por mercúrio e outras toxinas conexas são exemplos da adulteração induzida por contaminantes metálicos.

ADULTERAÇÃO DE PRODUTOS ALIMENTARES SELECCIONADOS E SEU IMPACTO NA SAÚDE PÚBLICA

Todos os dias, ouvimos e vemos diretamente na televisão como os produtos alimentares são adulterados e como alimentos perigosos e ilegítimos chegam às nossas casas. Assistimos à utilização de sabão, ureia e outros produtos químicos perigosos na produção de leite e de produtos lácteos. Como toda a gente sabe, os legumes são injectados para crescerem mais depressa e mais rapidamente do que de outra forma. Acabámos de assistir à injeção de esteróides em frangos para os transformar rapidamente em galinhas. Além disso, há provas de que os frutos estão a ser amadurecidos através da utilização de pesticidas perigosos.

A adulteração de alimentos provoca uma série de problemas de saúde nas pessoas. Entre os riscos para a saúde contam-se a anemia, a paralisia, as dores de estômago e de corpo, bem como um aumento da frequência de tumores, lesões patológicas em órgãos importantes e anomalias da pele e dos olhos. A adulteração de alimentos tem um impacto significativo na saúde pública, pelo que é importante abordá-la.

FRUTAS E LEGUMES

São frequentemente utilizadas diferentes cores e produtos químicos para tingir os produtos hortícolas com tonalidades e texturas variadas. As frutas e os legumes são frequentemente contaminados com oxitocina, sacarina, cera, carboneto de cálcio e sulfato de cobre. Frutos verdes como a banana, a manga, a goiaba, a papaia, o tomate e o ananás podem ser amadurecidos artificialmente de forma rápida através da utilização de carboneto de cálcio (Okeke et al., 2022). Segundo Sharma e Paradakar (2010), o carboneto de cálcio contém substâncias nocivas como o fósforo e o arsénio, que podem irritar a pele e provocar cegueira. O arsénico é mais abundante, podendo provocar cancro dos rins, do fígado e dos pulmões (Dongre et al., 2020; Mursalat et al., 2013). As frutas e os legumes vendidos no mercado não estão isentos de adulteração porque são pulverizados e injectados com produtos químicos e pesticidas perigosos (Goyal et al., 2022).

LEITE E PRODUTOS LÁCTEOS

Gawali (2021) afirma que a água é um adulterante predominante no leite que reduz o seu valor nutricional, o que é extremamente preocupante para a saúde humana. A melanina é um adulterante que pode induzir problemas renais e urinários, bem como a morte de recém-nascidos, no leite e no leite em pó. Um adulterante chamado ureia está presente no leite e pode ter efeitos nocivos nas pessoas, incluindo cancro, refluxo ácido, úlceras e indigestão. Além disso, danifica os rins, o fígado e o coração. Adulterantes conhecidos como detergentes são adicionados ao leite para o ajudar a emulsionar, dar-lhe uma tonalidade branca e até induzir distúrbios gastrointestinais nas pessoas. Outro adulterante que pode ser observado no leite é o cloro. Este provoca a obstrução das artérias e o desenvolvimento de problemas cardíacos.

Os conservantes são também utilizados como adulterantes no leite, o que pode provocar vómitos, diarreia, dores de estômago e outros sintomas associados ao envenenamento. Outro adulterante que pode ser encontrado no leite são os pesticidas. Estes representam grandes riscos para a saúde e são cancerígenos por natureza. (Gawali, 2021).

ESPECIARIAS

A parte seca de uma planta, que inclui as folhas, bem como sementes, frutos, raízes, cascas, botões e outra flora, é utilizada para fazer especiarias (Pantola & Agarwa, 2022). As especiarias servem uma variedade de propósitos, incluindo sabor, cor, aroma, conservantes e qualidades terapêuticas, o que as torna extremamente importantes do ponto de vista económico (Negi et al., 2021). As especiarias adulteradas incluem a asafetida, a pimenta preta, a curcuma, a malagueta e os coentros. As sementes de papaia foram descobertas como adulterantes na pimenta preta, segundo Dongre et al. (2020) . As sementes de papaia são descobertas como adulterante na pimenta preta, de acordo com Dongre et al (2020) . O verde de malaquite é o adulterante das malaguetas verdes e das ervilhas. Tem um potencial carcinogénico muito elevado. A malagueta em pó contém um adulterante chamado pó de tijolo. O adulterante é o pó de giz, que provoca problemas gastrointestinais quando o açúcar é consumido. Pode provocar problemas de estômago. O pó de cevada torrada, as sementes de tamarindo e a chicória são exemplos de adulterantes utilizados no café. É a causa de muitas doenças, incluindo fortes dores nas articulações, tonturas, diarreia e perturbações gastrointestinais. O adulterante do trigo é a cravagem, um fungo tóxico. É extremamente tóxico e tem efeitos negativos nas pessoas. O melaço, ou açúcar de cana, é o adulterante encontrado no mel.

GORDURAS E ÓLEOS

O óleo de argentome é um adulterante conhecido nos óleos e gorduras que pode provocar uma série de perturbações prejudiciais à saúde humana, incluindo hidropisia epidémica, glaucoma, cegueira e paragem cardíaca. Um adulterante presente na maioria das variações dos produtos alimentares é o resíduo de pesticidas. Este danifica os nervos e outros órgãos e produz uma variedade de perturbações, incluindo envenenamento agudo ou crónico. Tanto a pimenta preta como os óleos contêm óleo mineral, um adulterante. Tem sido associado ao cancro, aos vómitos e à diarreia. O álcool metílico, um adulterante presente nos licores alcoólicos, pode provocar cegueira, visão turva e até a morte.

Quadro 1: Lista de alguns géneros alimentícios contaminados com adulterantes alimentares, juntamente com os seus efeitos negativos na saúde humana

S.No.	Food group	Adulterant	Harmful effects on health
1.	Cereals, wheat and other food grains	Ergot	Nausea, vomiting, Gastric pain burning sensation in extremities
2.	Pulses and legumes Dhal	Kesari Dhal and toxic dyes	Leads to lathryism.
3.	Milk and milk products Milk, Khoa, Bura cheese	Starch	Diarrhoea and vomiting
4.	Sugar and Jaggery	Washing soda	Diarrhoea, vomiting
	Honey	Invert sugar	Nausea, vomiting
	Jaggery	Washing soda Chalk powder	Diarrhoea, vomiting
5.	Edible oils and fats	Argemone oil Mineral oil Karanja oil Castor oil	Gastric problems, carcinogenic, skin problems
	Ghee & butter	Vanaspati Mashed potatoes and starches	Flatulence, gastric problems
6.	Spices & condiments Turmeric powder	Yellow aniline dyes. Non permitted colorants like metanil yellow	Causes giddiness, weakness, cyanosis, vomiting and are carcinogenic
	Chilli powder	Brick powder	Leads to gastric pain, cholic pain and indigestion

IMPACTO DA ADULTERAÇÃO DE ALIMENTOS NA SAÚDE HUMANA

(Faraz et al. 2013) associaram a adulteração de alimentos a uma série de doenças, incluindo diarreia, dores abdominais, náuseas, vómitos, distúrbios visuais, dores de cabeça, cancro, anemia, insónia, paralisia muscular, lesões cerebrais, distúrbios gástricos, tonturas, dores nas articulações, doenças do fígado, hidropisia, problemas gastrointestinais, dificuldades respiratórias, inchaço, paragem cardíaca, glaucoma e glaucose. O leite é suplementado com melamina, uma substância rica em azoto, para aumentar o nível natural de proteínas. O uso de melamina combinado com produtos alimentares pode resultar em pedras nos rins, infecções do trato urinário e insuficiência renal (Rahman et al., 2015). O mais grave de tudo é que algumas refeições contaminadas podem realmente levar ao cancro, a doença mais mortal (Singh et al., 2021). O organismo reage negativamente ao consumo prolongado de alimentos contaminados, independentemente da forma de adulteração (Everstine et al., 2013; Srivastava, 2015).

CONCLUSÃO

A adulteração de produtos alimentares específicos, os seus efeitos na saúde pública e as técnicas de deteção foram todos abordados neste artigo. A adulteração de alimentos é a redução deliberada da qualidade dos alimentos adquiridos, quer pela adição ou substituição de ingredientes inferiores, quer pela eliminação de alguns componentes importantes dos alimentos necessários. A humanidade tem estado em risco de adulteração de alimentos desde o início da civilização. É um problema global que só está a piorar, com efeitos potencialmente desastrosos em tudo, desde a saúde pública até às perdas financeiras. Todos os alimentos que consumimos regularmente, incluindo legumes, frutas, produtos lácteos, óleos e gorduras, especiarias, molhos e bebidas como o café e o chá, contêm adulterantes. Uma das principais causas do aumento acentuado da adulteração de alimentos é a ausência de legislação adequada e a sua aplicação rigorosa. A adulteração de alimentos é uma questão complicada que exige uma abordagem multi-setorial para ser resolvida.

REFERÊNCIAS

1. Choudhary A, Gupta N, Hameed F, Choton S. (2020). Uma visão geral da adulteração de alimentos: Concept, Sources, Impact, Challenges and Detection, IJCS, 8(1):2564- 2573.
2. Goyal, K., Kumar, P., & Verma, K. (2022). Deteção de adulteração de alimentos utilizando inteligência artificial: A systematic review. Arquivos de Métodos Computacionais em Engenharia, 29(1), 397-426.
3. Koul, M., Bisht, R. R., & Adit, A. (2020). Deteção de adulteração em produtos alimentares diários: Insights sobre procedimentos laboratoriais. Hans Shodh Sudha, 1(1), 20-26
4. Meghwal, M., Mahalakshmi, M., Mahalakshmi, R., Rani, S., de Souza, C. K., Jain, S., Ojha, A., Kumar, N., Katariya, L., Meghwal, K., & Mahalakshmi, S. (2022). Adulteração de alimentos: Um desafio para uma alimentação mais segura. Em Práticas de segurança alimentar na indústria da restauração (pp. 221- 254). IGI Global.
5. Bansal, S., Singh, A., Mangal, M., Mangal, A. K., & Kumar, S. (2017). Adulteração de alimentos: Sources, health risks, and detection methods. Revisões críticas em ciência alimentar e nutrição, 57(6), 1174-1189.
6. Ghosh, D., Gupta, P., & Rath, D. (2022). A critical review on food adulteration and its risk on health. International Journal of Novel Research and Development, 7(3), 2456-4184.
7. Islam, M. S., Jhily, N. J., Parvin, N., Shampad, M. M. H., Hossain, J., Sarkar, S. C., ... Islam, M. A. (2022). Práticas terríveis de adulteração de géneros alimentícios e suas consequências preocupantes para a saúde pública: A review. Jornal de Segurança e Higiene Alimentar, 8(4), 223-236
8. Momtaz, M., Bubli, S. Y., & Khan, M. S. (2023). Mecanismos e aspectos de saúde da adulteração de alimentos: A comprehensive review. Food, 12(1), 199.
9. Hika, J. (2020). Desafios da implementação de políticas sobre adulteração de alimentos na subcidade de Kolfe Keranio, Addis Abeba, Etiópia. (Dissertação de doutoramento, ACIPH).

10. Majed, N., Real, M. I. H., Akter, M., & Azam, H. M. (2016). Adulteração de alimentos e bio-magnificação de contaminantes ambientais: Um quadro de risco abrangente para o Bangladesh. Frontiers in Environmental Science, 4, 4-34.
11. El-Loly, M. M., Mansour, A. I. A., & Ahmed, R. O. (2013). Avaliação do leite cru para aditivos comerciais comuns e tratamentos térmicos. Internet Journal of Food Safety, 15(10), 7-

12. Awasthi, S., Jain, K., Das, A., Alam, R., Surti, G., & Kishan, N. (2014). Análise da qualidade dos alimentos e dos adulterantes alimentares de diferentes mercearias departamentais e locais por análise qualitativa para a segurança alimentar. IOSR Journal of Environmental Science, Toxicology and Food Technology, 8(2), 22-26.
13. Ayza, A., & Belete, E. (2015). Adulteração de alimentos: Seus desafios e impactos. Ciência dos Alimentos e Gestão da Qualidade, 41, 50-56.
14. Pandit, G. G., Sharma, S., Srivastava, P. K., & Sahu, S. K. (2002). Persistent organochlorine pesticide residues in milk and dairy products in India (Resíduos persistentes de pesticidas organoclorados no leite e produtos lácteos na Índia). Food Additives & Contaminants, 19(2), 153-157.
15. Okeke, E. S., Okagu, I. U., Okoye, C. O., & Ezeorba, T. P. C. (2022). A utilização de carboneto de cálcio na alimentação e no amadurecimento de frutos: Potenciais mecanismos de toxicidade para os seres humanos e perspectivas futuras. Toxicologia, 468, 153112.
16. Mursalat, M., Rony, A. H., Rahman, A. H. M. S., Islam, M. N., & Khan, M. S. (2013). Uma análise crítica do amadurecimento artificial de frutas: Aspectos científicos, legislativos e socioeconómicos. Che Thoughts, 3(1), 1-7.
17. Dongre, S., Thorat, V., & Gawde, S. (2020). Revisão sobre a adulteração de alimentos e os seus efeitos na saúde. Revista Internacional de Investigação e Inovação em Multidisciplinar, 4(5), 1-8.
18. Faraz, A., Lateef, M., Mustafa, M. I., Akhtar, P., Yaqoob, M., & Rehman, S. (2013). Deteção de adulteração, composição química e estado higiénico do leite fornecido a várias cantinas de institutos de ensino e locais públicos em Faisalabad. Journal of Animal and Plant Sciences, 23(1), 119-124.
19. Rahman, M. A., Sultan, M. Z., Rahman, M. S., & Rashid, M. A. (2015). Adulteração de alimentos: Um grave problema de saúde pública no Bangladesh. Bangladesh Pharmaceutical Journal, 18(1), 1-7.
20. Singh, Y., Ansari, M. T. I., & Raghuwanshi, S. K. (2021). Projeto e desenvolvimento de sensor eFBG revestido com dióxido de titânio (TiO2) para oSingh, Y., Ansari, M. T. I., & Raghuwanshi, S. K. (2021). Projeto e desenvolvimento de sensor eFBG revestido com dióxido de titânio (TiO2) para a deteção de adulteração de petroquímicos. IEEE Transactions on Instrumentation and Measurement, 70, 1-8.

Contaminantes químicos nos alimentos: Riscos de Adulteração e Técnicas Analíticas

Vibhav Shukla
(Bolseiro de Investigação)
vibhavshukla86@gmail.com
Departamento de Química
Instituto Nacional de Tecnologia,
Raipur-492010; Chhattisgarh, Índia

RESUMO

Os poluentes químicos adicionados aos alimentos são um problema grave que representa uma ameaça para a saúde pública e a segurança alimentar em todo o mundo. Muitos produtos químicos diferentes, como metais pesados, pesticidas, produtos químicos industriais e aditivos ilegais, podem entrar na cadeia de abastecimento alimentar. Esta parte aborda mais pormenorizadamente estes produtos químicos. Estes contaminantes podem ter efeitos graves na saúde, desde envenenamento a curto prazo até doenças a longo prazo como o cancro, desequilíbrios hormonais e problemas neurológicos. Por estas razões, o capítulo fala sobre métodos de teste avançados - como a cromatografia, a espetrometria de massa e a análise quimiométrica - que podem encontrar e medir com precisão os aditivos alimentares. Também analisa as regras que as agências internacionais e nacionais criaram para impedir que os alimentos sejam adulterados. Salienta a importância de normas de controlo rigorosas e de medidas policiais para garantir a segurança dos alimentos. O capítulo mostra problemas da vida real e a eficácia dos métodos actuais para reduzir os riscos de poluição química através de estudos de casos. Este capítulo sublinha a importância de manter normas de segurança alimentar rigorosas na atual cadeia de abastecimento alimentar globalizada, apresentando uma análise aprofundada dos problemas e das possíveis respostas relacionadas com a adulteração de alimentos.

Palavras-chave Contaminantes químicos, aditivos ilegais, alimentos globalizados

INTRODUÇÃO

Ao longo da história, as pessoas sempre se preocuparam com o facto de os alimentos serem adulterados. No entanto, a natureza complicada e internacional dos sistemas alimentares modernos tornou muito mais difícil encontrar e reduzir os contaminantes químicos. Atualmente, a adição de diferentes substâncias aos alimentos, quer seja propositada ou acidental, representa grandes riscos para a saúde pública e prejudica a confiança dos consumidores. Muitos produtos químicos, como pesticidas, metais pesados, produtos químicos industriais e aditivos alimentares ilegais, podem entrar nos alimentos e torná-los inseguros para consumo. Existem vários locais na cadeia de abastecimento alimentar onde estes contaminantes podem entrar: desde o cultivo das culturas até à transformação, embalagem e distribuição dos alimentos. Um dos químicos mais comuns encontrados nos alimentos são os pesticidas, que são muito utilizados na agricultura para manter as culturas a salvo de insectos e outras doenças. Embora estes medicamentos ajudem as culturas a crescer melhor, os seus resíduos podem permanecer nos alimentos, o que pode ser mau para a saúde das pessoas. Vale a pena mencionar que os organofosforados, os carbamatos e os neonicotinóides são muito persistentes e nocivos. A exposição a longo prazo tem sido associada a doenças neurológicas, a perturbações endócrinas e a um maior risco de cancro (Mostafalou e Abdollahi, 2017). Encontrar pesticidas residuais nos alimentos é agora uma parte importante para garantir a sua segurança, e requer métodos de teste complexos para garantir que as normas de segurança são cumpridas. Os metais pesados, como o arsénio, o chumbo, o mercúrio, o cádmio e o mercúrio, são outro grupo importante de poluentes alimentares. Devido às actividades industriais, estes elementos podem acumular-se no ambiente e poluir o solo e as fontes de água, o que, por sua vez, afecta as culturas e os animais. A exposição prolongada a metais pesados pode causar graves problemas de saúde, como a neurotoxicidade, a nefrotoxicidade e o cancro (Jaishankar et al., 2014). Os metais pesados encontrados nos alimentos mostram como são necessárias regras e controlos rigorosos para proteger a saúde pública. Os aditivos alimentares imorais e ilegais e os produtos químicos industriais tornam a adulteração dos alimentos ainda mais complicada. Substâncias químicas como o bisfenol A (BPA), os ftalatos e os hidrocarbonetos aromáticos policíclicos (HAP) podem entrar nos alimentos através da embalagem ou da forma como são processados. Estes produtos químicos têm sido associados a uma série de problemas de saúde, como a desregulação das hormonas e o aumento do risco de cancro (Gibson e Woodside, 2017). Além disso, a adição propositada de substâncias ilegais, como alguns corantes e conservantes, causa grandes problemas de segurança e exige a criação de métodos analíticos rigorosos para a sua deteção.

Para encontrar e medir estes contaminantes químicos, são necessários métodos analíticos avançados que possam encontrar e medir corretamente quantidades vestigiais de substâncias perigosas em alimentos misturados com outras substâncias. A espetrometria de massa de pressão atómica (AP), a espetrometria de massa de plasma indutivamente acoplado (ICP-MS) e a espetroscopia de ressonância magnética nuclear (NMR) são algumas das técnicas mais importantes utilizadas para testar a segurança alimentar (Kaufmann et al., 2014). Estes métodos, que são frequentemente combinados com abordagens estatísticas multivariadas, permitem testar exaustivamente as amostras de alimentos para garantir que são seguras e reais. Devido ao facto de as pessoas estarem cada vez mais preocupadas com a adulteração de alimentos, foram criadas regras em todo o mundo para proteger os clientes e manter elevados os padrões de segurança alimentar. Agências nacionais como a U.S. Food and Drug Administration (FDA) e a European Food Safety Authority (EFSA), bem como grupos internacionais como a Organização Mundial de Saúde (OMS) e a Food and Agriculture Organization (FAO), são muito importantes para garantir que as regras são seguidas e que os alimentos não são adulterados (World Health Organization, 2017; European Food Safety Authority, 2020).

O objetivo deste capítulo é dar uma visão completa dos diferentes tipos de contaminantes químicos que são frequentemente encontrados nos alimentos, incluindo os riscos para a saúde que lhes estão associados e os métodos de análise avançados utilizados para os encontrar. As regras destinadas a impedir que os alimentos sejam adulterados também serão analisadas, trazendo à luz as dificuldades e os esforços necessários para garantir que o abastecimento alimentar mundial seja seguro e puro.

CONTAMINANTES QUÍMICOS NOS ALIMENTOS

Os contaminantes químicos nos alimentos podem ser divididos em várias categorias, cada uma com fontes e implicações para a saúde distintas.

Pesticidas

A proteção das culturas contra pragas, doenças e ervas daninhas é uma parte essencial da agricultura moderna. Este facto ajuda a manter estáveis as cadeias de abastecimento alimentar e garante bons rendimentos. No entanto, a persistência de resíduos de pesticidas em muitos produtos alimentares suscita grandes preocupações em termos de saúde pública, devido à utilização extensiva destes agentes químicos. Diferentes organofosforados, carbamatos e neonicotinóides têm diferentes perfis de toxicidade e encontram-se entre os resíduos de pesticidas mais frequentemente encontrados nos alimentos. Mostafalou e Abdollahi (2017) descobriram que a exposição a longo prazo a estes produtos químicos aumenta o risco de cancro, perturba o sistema endócrino e causa problemas neurológicos.

Um exemplo são os organofosforados, que são conhecidos por causar efeitos neurotóxicos através da inibição da enzima acetilcolinesterase. Devido à sua ligação com a neurotoxicidade do desenvolvimento, em particular nas crianças, o inseticida organofosforado clorpirifos tem sido objeto de intenso escrutínio. A investigação demonstrou que, mesmo em baixas concentrações, o clorpirifos pode prejudicar o desenvolvimento cognitivo e provocar alterações comportamentais a longo prazo (Muñoz-Quezada et al., 2013; Roberts e Karr, 2012). Estas provas levaram as agências reguladoras de diferentes países a reconsiderar e, em certos casos, a limitar ou proibir totalmente a utilização de clorpirifos, a fim de dar resposta a estas preocupações.

Da mesma forma, os carbamatos têm sido associados a problemas de saúde a curto e a longo prazo; também eles visam o sistema neurológico, bloqueando a acetilcolinesterase. Embora os neonicotinóides não sejam tão prejudiciais para as pessoas no imediato, os seus efeitos ambientais, especialmente em polinizadores como as abelhas, e a possibilidade de afectarem o sistema endócrino suscitaram preocupações (Wood e Goulson, 2017).

Os resíduos de pesticidas nos alimentos realçam a necessidade de testes analíticos e de um controlo rigoroso para manter os níveis de resíduos abaixo dos limites aceitáveis. Os resíduos de pesticidas em matrizes alimentares podem ser detectados de forma consistente e precisa utilizando técnicas analíticas de ponta como GC-MS e LC- MS/MS, que apresentam grande sensibilidade e especificidade (Kaufmann et al., 2014). Tendo em conta a utilização persistente de pesticidas na agricultura, estas técnicas são fundamentais para manter os requisitos de saúde pública e de segurança alimentar.

Metais pesados

A capacidade dos metais pesados, como o chumbo, o mercúrio, o cádmio e o arsénio, de se bioacumularem nos produtos alimentares através de diferentes canais ambientais, como o solo, a água e o ar, torna-os contaminantes ambientais persistentes que representam um perigo substancial para a saúde humana. A exposição persistente a determinados metais, que se sabe serem nocivos mesmo em baixas concentrações, pode provocar problemas de saúde graves e frequentemente irreversíveis. Por exemplo, os efeitos neurotóxicos do chumbo foram amplamente estudados e sabe-se que pode prejudicar o desenvolvimento cognitivo das crianças e causar-lhes problemas de comportamento no futuro (Lanphear et al., 2005). Da mesma forma, o metilmercúrio, uma forma muito tóxica de mercúrio encontrada em peixes contaminados, é uma neurotoxina que pode prejudicar as capacidades motoras e cognitivas; os perigos são maiores durante o desenvolvimento fetal e na primeira infância (Rice et al., 2014).

O corpo humano absorve principalmente cádmio, outro metal pesado perigoso, de fontes alimentares contaminadas, como grãos, lentilhas e vegetais. Os rins, os ossos e o cancro são todos afectados negativamente pela exposição prolongada ao cádmio (Godt et al., 2006). As zonas com níveis elevados de arsénio nas águas subterrâneas, como as zonas do Sul da Ásia, estão especialmente preocupadas com a contaminação do arroz e de outros alimentos básicos com este elemento. Smith et al. (2000) enumeraram lesões cutâneas, perturbações cardiovasculares e um risco acrescido de cancros - especificamente cancros da pele, da bexiga e do pulmão - como alguns dos efeitos negativos para a saúde associados à exposição ao arsénio. Estes metais são tão omnipresentes no ambiente e podem ser bioacumulados nas cadeias alimentares que é necessária uma regulamentação e monitorização rigorosas. De acordo com Wuana e Okieimen (2011), para identificar e quantificar quantidades vestigiais destes metais em produtos alimentares, são necessárias técnicas analíticas avançadas, como a espetroscopia de absorção atómica (AAS) e a espetrometria de massa com plasma indutivamente acoplado (ICP-MS). A contaminação dos alimentos com metais pesados representa sérios riscos para a saúde pública, mas as nossas abordagens oferecem a sensibilidade e a exatidão necessárias para fazer cumprir os requisitos de segurança e reduzir esses riscos.

Produtos químicos industriais

Os produtos químicos industriais, como os plastificantes e outros aditivos, podem entrar nos produtos alimentares através dos materiais de embalagem e representar uma grande ameaça para a segurança alimentar. O bisfenol A (BPA) e os ftalatos são dois exemplos bem conhecidos deste tipo de químicos. Os químicos chamados ftalatos e BPA, que são utilizados no fabrico de resinas epoxídicas e plásticos de policarbonato e como plastificantes para tornar os plásticos mais flexíveis, são conhecidos por interferirem com as hormonas. Se a embalagem for aquecida ou entrar em contacto com os alimentos durante muito tempo, estes químicos podem entrar nos alimentos (Rochester, 2013). Os ftalatos e o BPA têm sido associados a uma série de efeitos negativos para a saúde, como danos sexuais e de desenvolvimento, porque interferem com as hormonas. Por exemplo, a exposição ao BPA tem sido associada a problemas de reprodução, problemas metabólicos e maiores probabilidades de cancro da mama e da próstata (Vandenberg et al., 2012). A melamina, um produto químico utilizado no fabrico de plásticos e resinas, foi adulterada num caso bem conhecido de adulteração química industrial. Descobriu-se em 2008 que a melamina tinha sido adicionada ilegalmente a produtos lácteos para aumentar falsamente os níveis de proteína. Esta contaminação provocou uma grande crise de saúde pública. Milhares de bebés nasceram com insuficiência renal e outros problemas de saúde graves, tendo alguns deles morrido (Huang et al., 2009). A crise da melamina mostrou como é mau quando os produtos químicos industriais são contaminados. Mostrou também a importância de regras e métodos de ensaio rigorosos para evitar que isto aconteça.

Para lidar com estas preocupações, são utilizados métodos analíticos de alta tecnologia, como a espetrometria de massa (MS) e a cromatografia líquida de alta eficiência (HPLC), para encontrar e medir quantidades muito pequenas de produtos químicos comerciais nos alimentos. Estes métodos são necessários para garantir que as regras de segurança são cumpridas e que a saúde dos consumidores é protegida dos perigos dos contaminantes químicos (Kaufmann et al., 2014).

Aditivos e Adulterantes Alimentares

Muitas vezes, as pessoas alteram intencionalmente os alimentos, adicionando-lhes ou adulterando-os com coisas que não são permitidas por razões financeiras. Há muitas formas que esta prática desonesta pode assumir, e todas elas são muito más para a saúde das pessoas. A adição de melamina aos produtos lácteos é um caso bem conhecido. A melamina é um químico utilizado nos plásticos que foi ilegalmente adicionado aos produtos lácteos para os tornar, erradamente, mais ricos em proteínas. Este facto provocou um grande escândalo de segurança alimentar em 2008. Muitas pessoas ficaram doentes devido a esta poluição, incluindo bebés que sofreram insuficiência renal, e o caso mostrou quão graves podem ser os efeitos da fraude (Huang et al., 2009).

Os corantes sintéticos, como os corantes Sudan, são frequentemente utilizados para alterar o sabor dos alimentos, apesar de não ser suposto estarem presentes nos alimentos. As pessoas adicionam frequentemente corantes Sudan às especiarias para as tornar mais brilhantes e mais apelativas para os compradores. Mas estes químicos são conhecidos por causarem cancro e podem ser muito prejudiciais para a saúde, chegando mesmo a matar (Patterson et al., 2003). A presença destes corantes nos alimentos é um problema muito grande que mostra como é importante efetuar testes exaustivos e ter regras rigorosas que abranjam tudo.

As pessoas também podem mentir sobre a utilização de produtos mais baratos em vez de mais caros por razões económicas. Um exemplo comum é a utilização de óleo de palma em vez de azeite, o que não só engana as pessoas como também pode alterar o valor nutricional do produto. Este tipo de alterações pode tornar os alimentos menos reais e pode ser prejudicial para a saúde se os novos ingredientes não forem tão bons ou tiverem efeitos diferentes na saúde (Brennan et al., 2016).

Estes casos de adulteração de alimentos mostram a importância de um controlo rigoroso e de métodos analíticos avançados para detetar e impedir a fraude. A cromatografia gasosa-espetrometria de massa (GC-MS) e a cromatografia líquida de alta eficiência (HPLC) são duas técnicas necessárias para encontrar e medir com exatidão os adulterantes nos produtos alimentares, para garantir que são seguros e autênticos (Kaufmann et al., 2014).

RISCOS ASSOCIADOS À ADULTERAÇÃO DE ALIMENTOS

A presença de contaminantes químicos nos alimentos representa riscos significativos para a saúde pública, bem como desafios económicos e sociais.

Riscos para a saúde

Os contaminantes químicos presentes nos alimentos podem causar uma vasta gama de efeitos adversos para a saúde, dependendo da natureza e da concentração do contaminante, bem como da duração da exposição. A toxicidade aguda pode resultar da exposição a curto prazo a níveis elevados de contaminantes, levando a sintomas como náuseas, vómitos e diarreia. A exposição crónica, por outro lado, pode levar a resultados mais graves, incluindo cancro, lesões nos órgãos e perturbações do desenvolvimento. As populações vulneráveis, como as crianças, as mulheres grávidas e os indivíduos com sistemas imunitários comprometidos, estão particularmente em risco.

Impactos económicos e sociais

A adulteração de alimentos tem também impactos económicos e sociais significativos. A deteção de adulterantes pode levar à retirada de produtos, a acções judiciais e a danos na reputação da marca. Nos países em desenvolvimento, onde os regulamentos de segurança alimentar podem ser menos rigorosos, a prevalência de adulteração alimentar pode minar a confiança dos consumidores e exacerbar os desafios de saúde pública. Além disso, os encargos económicos associados às doenças de origem alimentar, incluindo os custos dos cuidados de saúde e a perda de produtividade, são substanciais.

TÉCNICAS ANALÍTICAS PARA A DETECÇÃO DE CONTAMINANTES QUÍMICOS A deteção de contaminantes químicos nos alimentos requer técnicas analíticas robustas que possam identificar e quantificar com precisão estas substâncias a níveis vestigiais. Os avanços na química analítica levaram ao desenvolvimento de métodos sofisticados capazes de detetar uma vasta gama de contaminantes com elevada sensibilidade e especificidade.

Técnicas cromatográficas

As técnicas cromatográficas, como a cromatografia gasosa (GC) e a cromatografia líquida (LC), são amplamente utilizadas para a separação e análise de contaminantes químicos nos alimentos. Estas técnicas são frequentemente associadas à espetrometria de massa (MS) para melhorar as capacidades de deteção e fornecer informações estruturais sobre os contaminantes. A GC-MS e a LC-MS/MS são consideradas os padrões de ouro para a análise de pesticidas, metais pesados e produtos químicos industriais em matrizes alimentares.

Técnicas de espetroscopia

As técnicas espectroscópicas, incluindo a espetroscopia de absorção atómica (AAS), a espetrometria de massa com plasma indutivamente acoplado (ICP-MS) e a espetroscopia de infravermelhos (IR), são utilizadas para a deteção de metais pesados e outros contaminantes inorgânicos. Estes métodos oferecem uma elevada sensibilidade e são capazes de detetar contaminantes em concentrações muito baixas, tornando-os ferramentas essenciais para garantir a segurança alimentar. Por exemplo, o AAS é normalmente utilizado para a determinação de chumbo em amostras de água e alimentos, enquanto o ICP-MS é altamente eficaz para a análise multielementar em matrizes complexas.

Imunoensaios e biossensores

Os imunoensaios e os biossensores estão a emergir como métodos rápidos e económicos para a deteção de contaminantes específicos nos alimentos. Estas técnicas aproveitam a especificidade das interações anticorpo-antigénio ou a sensibilidade dos sensores biológicos para detetar contaminantes como micotoxinas, alergénios e agentes patogénicos. Embora não ofereçam o mesmo nível de quantificação que os métodos cromatográficos, proporcionam ferramentas de rastreio valiosas para análises de elevado rendimento. Por exemplo, os ensaios de imunoabsorção enzimática (ELISA) são amplamente utilizados para a deteção de micotoxinas em cereais e outros produtos alimentares.

Técnicas moleculares avançadas

Os recentes avanços na biologia molecular levaram ao desenvolvimento de técnicas baseadas em ácidos nucleicos, como a reação em cadeia da polimerase (PCR) e a sequenciação de nova geração (NGS), para a deteção de adulterantes a nível genético. Estas técnicas são particularmente úteis para identificar adulterações específicas de espécies em carne, marisco e produtos lácteos, em que a análise química convencional pode ser insuficiente. O código de barras do ADN e o metabarcoding são exemplos de técnicas moleculares que foram aplicadas com êxito para rastrear a origem dos produtos alimentares e detetar substituições fraudulentas.

CONCLUSÃO

A adulteração de alimentos com contaminantes químicos continua a ser um desafio premente para garantir a segurança e a integridade do abastecimento alimentar global. Os avanços nas técnicas analíticas melhoraram significativamente a capacidade de detetar e quantificar estes contaminantes, mas a complexidade dos sistemas alimentares modernos exige uma vigilância e inovação contínuas. Uma regulamentação eficaz, associada à consciencialização do público e à responsabilização da indústria, é crucial para mitigar os riscos associados à adulteração de alimentos. À medida que os sistemas alimentares continuam a evoluir, o desenvolvimento e a implementação de novos métodos de deteção e quadros regulamentares serão essenciais para salvaguardar a saúde pública e manter a confiança dos consumidores.

REFERÊNCIAS

1. L. Kaphalia, M. Kalita, B.S. Kaphalia, W.J. Calhoun, Effects of acute ethanol exposure on cytokine production by primary airway smooth muscle cells, Toxicol. Appl. Pharmacol. 292 (2016) 85-93.

2. M. Jaishankar, T. Tseten, N. Anbalagan, B.B. Mathew, K.N. Beeregowda, Toxicidade, mecanismo e efeitos na saúde de alguns metais pesados, Interdiscip. Toxicol. 7 (2014) 60-72.

3. T.M. Gibson, J.V. Woodside, Endocrine disruptors in food: Is dietary exposure a health risk in Europe, Postgraduate Medical Journal 93 (1106) 487-492.

4. A. Arias-Mendez, C. Vilas, A.A. Alonso, E. Balsa-Canto, Integradores de tempo-temperatura como sensores preditivos de temperatura, Food Control 44 (2014) 258-266.

5. Diretrizes para avaliar o risco de contaminantes químicos nos alimentos, Organização Mundial de Saúde (2017).

6. Orientação sobre a avaliação do risco de contaminantes químicos nos alimentos, Autoridade Europeia para a Segurança dos Alimentos 18 (2020).

7. Comentários sobre Pettyet al.(2011), "A quantitative method for estimating dermal benzene absorption from benzene-containing hydrocarbon liquids," IJOEH, 17:287-300, Int. Occup. Environ. Health 19 (2013) 139-146.

8. COUNCIL ON ENVIRONMENTAL HEALTH, J.R. Roberts, C.J. Karr, J.A. Paulson, A.C. Brock-Utne, H.L. Brumberg, C.C. Campbell, B.P. Lanphear, K.C. Osterhoudt, M.T. Sandel, L. Trasande, R.O. Wright, Pesticide exposure in children, Pediatrics 130 (2012) e1757- e1763.

9. B.P. Lanphear, R. Hornung, J. Khoury, K. Yolton, P. Baghurst, D.C. Bellinger, R.L. Canfield, K.N. Dietrich, R. Bornschein, T. Greene, S.J. Rothenberg, H.L. Needleman, L. Schnaas, G. Wasserman, J. Graziano, R. Roberts, Low-level environmental lead exposure and children's intellectual function: An international pooled analysis, Environ. Health Perspect. 113(2005)894-899.

10. K.M. Rice, E.M. Walker, M. Wu, C. Gillette, E.R. Blough, Environmental mercury and its toxic effects, J. Prev. Med. Public Health 47 (2014) 74-83.

11. J. Godt, F. Scheidig, C. Grosse-Siestrup, V. Esche, P. Brandenburg, A. Reich, D.A. Groneberg, The toxicity of cadmium and resulting hazards for human health, J. Occup. Med. Toxicol. 1 (2006).

12. A.H. Smith, E.O. Lingas, M. Rahman, Contamination of drinking-water by arsenic in Bangladesh: a public health emergency, Bull. World Health Organ. 78 (2000) 1093-1103.

13. R.A. Wuana, F.E. Okieimen, Heavy metals in contaminated soils: Uma revisão das fontes, química, riscos e melhores estratégias disponíveis para remediação, ISRN Ecol. 2011 (2011) 1-20.

14. Y. Tang, F. Wang, C. Jin, H. Liang, X. Zhong, Y. Yang, Lesão mitocondrial induzida por dióxido de titânio nanosizado em células A549 e ratos, Environ. Toxicol. Pharmacol. 36 (2013) 66-72.

15. J. Ramadoss, R.R. Magness, Alcohol-induced alterations in maternal uterine endothelial proteome: A quantitative iTRAQ mass spectrometric approach, Reprod. Toxicol. 34 (2012) 538-544.

16. Y. Huang, S. Zhao, Y. Liu, Z. Wang, Y. Zhang, M. Zheng, Melamine contamination of dairy products in China, The New England Journal of Medicine 361 (2009) 795-797.
17. R.E. Patterson, A. Vassil, M.L. Dourson, The carcinogenicity of Sudan dyes in food: The case of Sudan I, Regulatory Toxicology and Pharmacology 37 (2003) 97-108.
18. J. Tomaszewska-Gras, Determinação quantitativa rápida da adulteração de manteiga com óleo de palma utilizando a técnica DSC, Food Control 60 (2016) 629-635.
19. C. Brown, D. Lee, Avanços nas técnicas espectroscópicas para a deteção de metais pesados nos alimentos, Analytical Chemistry (2019) 155-163.
20. Y. Wang, J. Zhang, Application of Immunoassays for the Detection of Mycotoxins in Food, Food Control 109 (2020) 106-113.
21. H. Kim, S. Park, O uso de código de barras de DNA para a autenticação de produtos Mea, Food Chemistry 239 (2018) 1175-1182.
22. X. Li, Y. Zhang, Abordagens Moleculares para Deteção de Adulteração em Produtos Alimentares: Uma revisão, Métodos Analíticos Alimentares 12 (2019) 1612-1624.
23. H. Jiang, L. Zhou, The Global Challenge of Food Adulteration: An Overview of Current Regulations and Analytical Techniques, Trends in Food Science & Technology 111 (2021) 320-332.
24. Relatório da 42.ª sessão do Comité do Codex para os Contaminantes nos Alimentos, Comissão do Codex Alimentarius (2019).
25. Programa de Dados sobre Pesticidas: Resumo anual do ano civil de 2019, USDA, Washington, DC, 2020.
26. Regulamento (UE) 2021/382 do Parlamento Europeu e do Conselho relativo aos limites máximos de resíduos de pesticidas nos géneros alimentícios e alimentos para animais, União Europeia, Bruxelas, 2021.
27. Handbook of Analytical Techniques for the Detection of Heavy Metals in Food, NIST, Gaithersburg, 2018.
28. Monografias do IARC sobre a avaliação dos riscos carcinogénicos para os seres humanos: Chemical Contaminants in Food, Agência Internacional de Investigação do Cancro (2020).
29. S. Mcdonald, P. Brown, Adulteração e Fraude Alimentar: Uma Perspetiva Regulamentar, Política Alimentar 83 (2018) 167-175.
30. Y. Chen, S. Yang, Aplicação da espetrometria de massa na segurança alimentar: Uma visão geral, Journal of Food Science 84 (2019) 2552-2564.
31. Q. Zhou, L. Wang, The Role of Immunoassays in Ensuring Food Safety (O papel dos imunoensaios na garantia da segurança alimentar): Avanços recentes e perspetivas futuras, Food Science & Nutrition 8 (2020) 5657-5667.
32. X. Lin, Z. Li, Avanços nas técnicas moleculares para a deteção de adulteração de alimentos: From PCR to NGS, Food Analytical Methods 14 (2021) 289-300.
33. T. Nguyen, H. Le, Métodos Espectroscópicos para a Deteção de Produtos Químicos Industriais em Alimentos: Uma revisão, Revisões críticas em ciência e nutrição de alimentos 58 (2018) 794-808.

34. S. Chung, M. Yoon, Challenges in Food Safety: Estudos de caso em adulteração e fraude alimentar, Revisões abrangentes em ciência alimentar e segurança alimentar 18 (2019) 1623-1634.
35. Princípios para a Análise de Risco de Contaminantes e Toxinas em Alimentos para Consumo Humano e Animal (CAC/GL), Comissão do Codex Alimentarius (2018) 77-2011.
36. Integrated Risk Information System (IRIS) Assessments for Chemical Contaminants in Food, EPA, Washington, DC, 2020.

Desafios de ponta na integridade alimentar: Desvendando Ameaças Emergentes de Adulteração

Preeti Sharma
(Bolseiro de Investigação)
preetiprakritisharma@gmail. com
Departamento de Química
Instituto Nacional de Tecnologia,
Raipur-492010; Chhattisgarh, Índia

RESUMO

Novos tipos de poluentes e técnicas de adulteração cada vez mais complexas representam ameaças constantes à cadeia de abastecimento alimentar mundial. Os novos adulterantes e as estratégias de adulteração sofisticadas são os principais tópicos do exame deste capítulo sobre os perigos crescentes da fraude alimentar. As principais áreas de preocupação incluem os compostos alterados biotecnologicamente que podem causar reacções alérgicas imprevistas, os novos aditivos sintéticos que podem não estar regulamentados ou ser perigosos e as nanopartículas sintéticas que podem ser venenosas e bioacumulativas, todos eles susceptíveis de causar problemas de saúde. O capítulo aborda ainda estratégias mais complexas de adulteração, incluindo a manipulação química para evitar a deteção e métodos de substituição complexos. O capítulo prossegue dizendo que estes novos perigos estão a colocar problemas à segurança dos consumidores, aos quadros regulamentares e às técnicas de deteção convencionais. O objetivo deste capítulo é demonstrar como a inovação é crucial para preservar a segurança alimentar, analisando os recentes desenvolvimentos na tecnologia analítica e nos processos regulamentares. Aqui, novas investigações e exemplos de casos apoiam o tópico, dando uma visão completa das dificuldades actuais e futuras do campo relacionado com a adulteração de alimentos.

Palavras-chave: adulteração de alimentos, nanopartículas sintéticas, novos aditivos, métodos de deteção avançados, desafios regulamentares, segurança alimentar.

INTRODUÇÃO

Ao longo dos anos, a fraude alimentar tem sido um grande problema de saúde pública, causando tanto efeitos toxicológicos a curto prazo como complicações de saúde mais graves a longo prazo. Mas o carácter da fraude alimentar está a mudar, produzindo perigos novos e mais complexos, à medida que os sistemas alimentares mundiais se desenvolvem e se tornam mais complexos. Os novos adulterantes, os métodos de adulteração sofisticados e as dificuldades que estes trazem à qualidade e segurança dos alimentos são explorados em profundidade neste capítulo, que se centra nos perigos crescentes da adulteração alimentar. As redes de abastecimento demasiado simplificadas e a globalização abriram novas oportunidades para a fraude alimentar nos complicados sistemas alimentares actuais. A adulteração de alimentos está a evoluir das suas formas mais primitivas, que envolviam a adição de enchimentos baratos ou a utilização de corantes enganadores, para técnicas mais complexas. Por exemplo, as nanopartículas sintéticas entraram no abastecimento alimentar como resultado da nanotecnologia. Estas partículas foram concebidas para melhorar as qualidades dos produtos, como a textura ou o aspeto, mas podem ser prejudiciais devido às suas propriedades físico-químicas únicas (Oberdorster et al., 2005; Tavares et al., 2017).

Outra camada de complicação que a adulteração de alimentos possui atualmente é o surgimento de novos aditivos sintéticos e componentes criados biotecnologicamente. Os potenciais impactos negativos para a saúde dos aditivos recentemente sintetizados, alguns dos quais ainda não foram completamente estudados ou regulamentados, podem ir desde respostas alérgicas a curto prazo até doenças crónicas a longo prazo (Gao et al., 2020). Do mesmo modo, existem preocupações relativamente à alergenicidade e aos efeitos imprevistos para a saúde que podem surgir se os componentes artificiais e os organismos geneticamente modificados (OGM) entrarem no abastecimento alimentar sem serem devidamente rotulados (Tang et al., 2017). Os obstáculos significativos à deteção decorrem da complexidade das tácticas modernas de adulteração. Pode ser difícil distinguir os produtos autênticos dos falsos quando se utilizam técnicas modernas como a modificação química e métodos de substituição complexos. Para dificultar os esforços de deteção, os óleos de alta qualidade podem ser misturados com óleos inferiores e alterados quimicamente para terem o mesmo aspeto (Miller et al., 2019). Os modernos agentes químicos de mascaramento podem representar uma ameaça para os procedimentos de teste convencionais, tornando os adulterantes menos óbvios (Lee et al., 2020). São necessárias adaptações às abordagens analíticas padrão para acompanhar a natureza evolutiva destes perigos emergentes. Novas tecnologias de biossensores, métodos espectroscópicos melhorados e novas abordagens cromatográficas fazem parte do panorama da tecnologia de deteção que este capítulo examinará. Estes desenvolvimentos são fundamentais para a identificação e quantificação de novos adulterantes. A importância dos quadros regulamentares para lidar com estes novos perigos também será abordada, salientando a necessidade de revisões contínuas das regras e métodos de aplicação para garantir a segurança dos alimentos (Smith et al., 2022).

Este capítulo analisa os últimos desenvolvimentos e tendências na adulteração de alimentos, a fim de destacar a importância de permanecer vigilante e de encontrar novas formas de a detetar. Para o bem da saúde pública e da sustentabilidade do abastecimento alimentar mundial, é imperativo que respondamos a estes novos perigos combinando o melhor da investigação, da tecnologia e das políticas regulamentares.

NOVOS ADULTERANTES NA CADEIA ALIMENTAR

Nanopartículas sintéticas

A incorporação de nanopartículas artificiais na cadeia alimentar é um tipo novo e em desenvolvimento de contaminação alimentar que tem atraído muito interesse nos últimos tempos. As nanopartículas, como o dióxido de titânio (TiO2) e a sílica (SiO2), são normalmente utilizadas para melhorar as caraterísticas visuais e físicas dos produtos alimentares. Isto inclui melhorar a cor, a textura e o prazo de validade. No entanto, a utilização destas nanopartículas carece frequentemente de regulamentação e pode ocorrer sem uma rotulagem adequada, dando origem a preocupações relativamente ao conhecimento e segurança dos consumidores (Chen et al., 2006). As nanopartículas possuem caraterísticas distintas, incluindo o seu tamanho diminuto, área de superfície expansiva e elevada reatividade, o que lhes permite interagir com sistemas biológicos de formas que permanecem incompletamente compreendidas.

Estudos demonstraram que estas partículas têm a capacidade de atravessar barreiras biológicas e de se acumularem em diferentes tecidos, o que pode ter consequências negativas para a saúde. As nanopartículas de dióxido de titânio, frequentemente utilizadas como ingrediente branqueador em produtos de confeitaria, molhos e produtos lácteos, têm sido associadas a reacções inflamatórias, stress oxidativo e efeitos potencialmente nocivos no trato gastrointestinal (Bettini et al., 2017). Foram levantadas preocupações sobre a capacidade das nanopartículas de sílica, que são utilizadas como agentes antiaglomerantes, de entrar no epitélio intestinal e causar citotoxicidade e respostas imunológicas (Lohse et al., 2014). A possibilidade de estas partículas se acumularem no corpo e causarem danos é motivo de preocupação. A exposição a longo prazo pode resultar em efeitos sistémicos, como danos no sistema nervoso e o desenvolvimento de cancro (Peters et al., 2012).

A ausência de uma supervisão regulamentar rigorosa intensifica estas preocupações, uma vez que as regras de segurança alimentar existentes não obrigam frequentemente a uma rotulagem específica ou a avaliações de risco exaustivas para as nanopartículas. A ausência de regulamentação não só restringe a consciencialização dos consumidores, como também impede a capacidade dos cientistas e dos responsáveis pela saúde pública de avaliarem exaustivamente a segurança prolongada destas substâncias na cadeia alimentar (Chaudhry et al., 2008). Devido ao rápido progresso da nanotecnologia e à sua crescente implementação no sector alimentar, é crucial fornecer técnicas analíticas fiáveis para detetar e medir nanopartículas em produtos alimentares. Além disso, é importante estabelecer quadros regulamentares bem definidos para supervisionar a sua utilização. A implementação destas medidas é crucial para reduzir os possíveis riscos para a saúde associados à ingestão de nanopartículas e para garantir a segurança e fiabilidade da cadeia alimentar.

Novos aditivos sintéticos

O aparecimento de novos aditivos sintéticos, incluindo intensificadores de sabor e corantes artificiais, representa uma preocupação crescente na adulteração de alimentos. Estes aditivos são frequentemente introduzidos nos produtos alimentares para melhorar os atributos sensoriais, como o sabor, a cor e o aroma, tornando-os mais apelativos para os consumidores. No entanto, a utilização não regulamentada de tais aditivos, particularmente os não aprovados para uso alimentar, apresenta riscos significativos para a saúde. Por exemplo, a adulteração de alimentos com corantes sintéticos não aprovados, como os corantes Sudan, que são usados ilegalmente para intensificar a cor de especiarias e molhos, tem sido associada a efeitos toxicológicos graves, incluindo carcinogenicidade (Hajeb & Jinap, 2012). Do mesmo modo, os intensificadores de sabor artificiais, como os glutamatos e os edulcorantes sintéticos, foram encontrados em vários alimentos transformados, suscitando preocupações devido ao seu potencial para causar reacções adversas em indivíduos sensíveis (Sears et al., 2017).

A falta de transparência e de regulamentação na utilização destes novos aditivos agrava estes riscos. Muitas destas substâncias não são submetidas a testes de segurança rigorosos ou a um controlo, o que resulta na sua inclusão dissimulada nos produtos alimentares. Isto pode levar a reacções alérgicas inesperadas, intolerâncias ou problemas de saúde a longo prazo, como a desregulação endócrina e distúrbios metabólicos (Gao et al., 2020). Para além disso, a utilização generalizada de aditivos sintéticos não regulamentados mina a confiança dos consumidores na rotulagem e segurança dos alimentos, uma vez que estas substâncias podem não ser divulgadas nos rótulos dos produtos, deixando os consumidores inconscientes dos riscos potenciais.

A crescente sofisticação dos métodos de adulteração de alimentos, impulsionada por incentivos económicos e pela procura de produtos visualmente e sensorialmente apelativos, exige uma melhor deteção e quadros regulamentares. Os avanços nas técnicas analíticas, como a cromatografia líquida de alta eficiência (HPLC) e a espetrometria de massa, são cruciais para identificar e quantificar esses novos aditivos em produtos alimentícios (Zhang et al., 2019). Além disso, os órgãos reguladores internacionais precisam estabelecer e aplicar diretrizes rigorosas para evitar o uso não autorizado de aditivos sintéticos, garantindo que apenas substâncias comprovadamente seguras sejam permitidas no suprimento de alimentos. Esta abordagem é essencial para proteger a saúde pública e manter a integridade dos sistemas alimentares num mercado cada vez mais globalizado.

Ingredientes biotecnologicamente modificados

O advento da biotecnologia trouxe avanços significativos na produção de alimentos, particularmente através do uso de organismos geneticamente modificados (OGMs) e ingredientes modificados. Estes ingredientes biotecnologicamente modificados foram concebidos para aumentar o rendimento das culturas, melhorar a resistência às pragas e introduzir caraterísticas desejáveis, tais como um melhor conteúdo nutricional ou um prazo de validade alargado. No entanto, embora os benefícios dos OGM estejam bem documentados, a utilização não regulamentada, a rotulagem incorrecta ou a introdução de OGM não autorizados no abastecimento alimentar suscita preocupações substanciais relativamente à segurança alimentar e à saúde dos consumidores. Um dos principais riscos associados a estes ingredientes biotecnologicamente modificados é o seu potencial para causar alergenicidade. Os OGM podem introduzir novas proteínas nos produtos alimentares, o que pode desencadear reacções alérgicas em indivíduos sensíveis. Por exemplo, a transferência de um gene de uma castanha do Brasil para a soja, destinada a aumentar o teor de metionina, foi interrompida quando se descobriu que o produto do gene era um alergénio (Nordlee et al., 1996).

Além disso, existe a preocupação com as implicações para a saúde a longo prazo do consumo de OGM, particularmente quando as modificações envolvem alterações genéticas complexas que podem não ser completamente compreendidas. Estudos têm sugerido potenciais ligações entre os OGM e problemas de saúde como a desregulação imunitária, que poderia predispor os consumidores a doenças auto-imunes ou outras condições crónicas (Tang et al., 2017). A questão é ainda mais complicada pelo desafio de detetar OGM não autorizados, especialmente em alimentos altamente processados, onde os marcadores de DNA ou proteína podem ser degradados. Esta dificuldade de deteção sublinha a necessidade de métodos analíticos avançados, como a reação em cadeia da polimerase (PCR) e a sequenciação de nova geração (NGS), para garantir a integridade do abastecimento alimentar e evitar o consumo não intencional de OGM não autorizados ou mal rotulados (Lipp et al., 2005).

Para além das preocupações com a saúde, a presença de OGM não autorizados no abastecimento alimentar levanta questões éticas e regulamentares. Os consumidores podem ser expostos a OGM sem o saberem, o que entra em conflito com as suas crenças pessoais ou culturais, particularmente em regiões onde a rotulagem dos OGM é inadequada ou não é aplicada. Este cenário não só prejudica a escolha do consumidor, como também realça as insuficiências dos actuais quadros regulamentares destinados a supervisionar a utilização de OGM na produção alimentar (Gruère & Rao, 2007). Para enfrentar estas ameaças emergentes, é essencial implementar práticas robustas de monitorização e rotulagem, juntamente com avaliações de risco rigorosas para avaliar a segurança dos ingredientes biotecnologicamente modificados antes de entrarem no mercado. Essas medidas são fundamentais para proteger a saúde pública e manter a confiança do consumidor no suprimento global de alimentos.

MÉTODOS SOFISTICADOS DE ADULTERAÇÃO

Técnicas de substituição sofisticadas

Os métodos de adulteração dos géneros alimentícios tornaram-se cada vez mais sofisticados, sobretudo no que se refere à substituição de ingredientes de alta qualidade por alternativas mais baratas. Um exemplo comum é a adulteração de óleos de primeira qualidade, como o azeite, com óleos menos dispendiosos, como o óleo de soja ou de palma. Para disfarçar esta situação, os adulterantes são tratados quimicamente para imitar as propriedades sensoriais e químicas do azeite autêntico, dificultando a deteção através de testes padrão (Miller et al., 2019). Técnicas analíticas avançadas, como a cromatografia gasosa-espetrometria de massa (GC-MS) e a espetroscopia de ressonância magnética nuclear (RMN), são agora essenciais para detetar estas adulterações subtis, identificando diferenças mínimas na composição molecular do azeite (Koidis & Osorio, 2016). Os incentivos económicos para tal adulteração são significativos, dadas as disparidades de preços, mas esta prática apresenta sérios riscos, tanto para a saúde dos consumidores como para a integridade do mercado. Por conseguinte, as agências reguladoras devem continuar a melhorar os métodos de deteção e a aplicar controlos rigorosos para salvaguardar a qualidade e a segurança dos alimentos (Valli & Giacometti, 2020).

Manipulação química avançada

Em resposta aos métodos cada vez mais sofisticados de controlo dos alimentos, alguns adulteradores de alimentos recorreram à manipulação química avançada para alterar a composição dos alimentos de forma a evitar a sua deteção. Isto inclui a modificação da estrutura química de sabores e cores naturais para imitar ingredientes autênticos, mascarando a presença de adulterantes. Por exemplo, os adulteradores podem usar agentes químicos de mascaramento que interagem com reagentes de teste de rotina para obscurecer a deteção de substâncias nocivas ou não permitidas (Lee et al., 2020). A deteção destas manipulações pode ser particularmente difícil, uma vez que requerem técnicas analíticas altamente sensíveis e específicas, capazes de identificar diferenças químicas subtis. Técnicas como a espetrometria de massa de alta resolução (HRMS) e a espetroscopia de ressonância magnética nuclear (NMR) são cada vez mais utilizadas para detetar tais alterações, oferecendo uma visão detalhada da composição molecular das amostras de alimentos (Sharma et al., 2019). O desenvolvimento destas técnicas avançadas de manipulação química sublinha a necessidade de um avanço contínuo nas metodologias analíticas para acompanhar a evolução das tácticas dos adulteradores de alimentos. Os organismos reguladores e os laboratórios de segurança alimentar devem permanecer vigilantes, empregando tecnologias de ponta e métodos de rastreio abrangentes para garantir a autenticidade e a segurança dos produtos alimentares (Silva & Freitas, 2021).

Contaminantes biológicos e agentes patogénicos

O aparecimento de novos agentes patogénicos e contaminantes biológicos no fornecimento de alimentos, especialmente através da engenharia genética, apresenta riscos significativos para a saúde pública. As bactérias e os vírus geneticamente modificados podem ser introduzidos nos produtos alimentares de forma deliberada ou inadvertida, dando origem a preocupações sobre a deterioração dos alimentos e as doenças de origem alimentar. Estes agentes patogénicos geneticamente modificados podem ser utilizados para prolongar o prazo de validade ou alterar a textura dos alimentos, mas também apresentam sérias preocupações de segurança, especialmente se escaparem aos métodos de deteção convencionais (Parvez et al., 2018). O uso de microrganismos geneticamente modificados para melhorar as propriedades dos alimentos, sem regulamentação adequada, levanta preocupações éticas e de saúde, especialmente se os seus efeitos a longo prazo não forem totalmente compreendidos (Miller & Scholthof, 2016). Técnicas avançadas de deteção, como PCR e sequenciamento de próxima geração (NGS), são essenciais para identificar esses contaminantes, mas o potencial de transferência de genes dentro da cadeia alimentar ou para a microbiota humana ressalta a necessidade de medidas de controle rigorosas e pesquisa contínua (Weller et al., 2020).

DESAFIOS NA DETECÇÃO E PREVENÇÃO

Complexidade dos métodos de deteção

À medida que as técnicas de adulteração se tornam mais sofisticadas, os métodos de deteção tradicionais são cada vez mais desafiados, tornando-os frequentemente menos eficazes na identificação de estratégias de adulteração complexas. Por exemplo, as técnicas avançadas de manipulação química envolvem a alteração da estrutura molecular das substâncias para imitar as propriedades físicas e químicas dos ingredientes genuínos, tornando difícil para os métodos analíticos padrão detetar tais adulterações (Hsu et al., 2021). Do mesmo modo, técnicas de substituição sofisticadas envolvem a mistura ou o tratamento químico de ingredientes de qualidade inferior ou falsificados para se assemelharem a produtos de maior valor, complicando ainda mais os esforços de deteção. Estes desenvolvimentos realçam a necessidade de métodos de deteção altamente sensíveis e específicos, capazes de distinguir entre produtos alimentares autênticos e adulterados a nível molecular. Para enfrentar estes desafios, o desenvolvimento e a integração de novas tecnologias analíticas, como a espetrometria de massa de alta resolução (HRMS), a espetroscopia de ressonância magnética nuclear (RMN) e as técnicas cromatográficas avançadas, são essenciais (Azzouz et al., 2020). Estes métodos oferecem a precisão necessária para detetar alterações subtis na composição dos alimentos, assegurando que os adulterantes são identificados mesmo quando imitam de perto as propriedades do artigo genuíno. Além disso, a incorporação de análises estatísticas multivariadas e algoritmos de aprendizagem automática nestes métodos de deteção pode aumentar a sua capacidade de analisar conjuntos de dados complexos, melhorando a precisão e a fiabilidade das avaliações da autenticidade dos alimentos (Riedl et al., 2019). À medida que o panorama da adulteração de alimentos continua a evoluir, é imperativo que os métodos de deteção avancem em paralelo, adaptando-se a novas ameaças e garantindo a proteção contínua da saúde pública.

Dificuldades de regulamentação e de aplicação

As agências reguladoras são cada vez mais desafiadas pela rápida evolução das técnicas de adulteração de alimentos e pelo surgimento de novos adulterantes que podem não ser adequadamente abordados pelos regulamentos existentes. À medida que os novos métodos de adulteração, como as manipulações químicas avançadas e os contaminantes geneticamente modificados, se tornam mais sofisticados, os quadros regulamentares tradicionais ficam muitas vezes para trás, criando lacunas significativas na supervisão da segurança alimentar (Smith et al., 2022). Estas lacunas surgem porque os regulamentos actuais podem ser concebidos para lidar com ameaças conhecidas e práticas estabelecidas, deixando pouco espaço para a rápida adaptação necessária para lidar com tácticas de adulteração inovadoras e clandestinas. Por exemplo, as normas regulamentares e as práticas de aplicação da lei podem ainda não abranger os mais recentes desenvolvimentos no domínio da nanotecnologia ou da biologia sintética, o que pode levar a que ingredientes não regulamentados ou deturpados entrem no abastecimento alimentar (Brown et al., 2021). Além disso, a complexidade de detetar e abordar estas ameaças emergentes exige uma abordagem regulamentar dinâmica que possa integrar novos avanços científicos e tecnologias analíticas. Para colmatar estas lacunas, são necessárias actualizações contínuas da regulamentação em matéria de segurança alimentar e uma abordagem proactiva da aplicação que inclua a colaboração entre organismos reguladores, partes interessadas da indústria e instituições de investigação (Jones et al., 2020). Melhorar os sistemas de vigilância, desenvolver diretrizes abrangentes para as tecnologias emergentes e investir na formação do pessoal regulador são passos essenciais para garantir que as medidas de segurança alimentar acompanham a evolução das práticas de adulteração. A capacidade de adaptar os quadros regulamentares de forma rápida e eficaz é crucial para manter a confiança do público e garantir a segurança e integridade do abastecimento alimentar.

Sensibilização e educação dos consumidores

Aumentar a consciencialização dos consumidores sobre a adulteração de alimentos e os riscos associados é fundamental para mitigar o impacto dos adulterantes emergentes. À medida que os sistemas alimentares se tornam mais complexos e os métodos sofisticados de adulteração evoluem, educar o público sobre ameaças potenciais é crucial para melhorar a segurança alimentar (Johnson et al., 2019). Os programas de educação do consumidor podem capacitar os indivíduos a fazer escolhas informadas e reconhecer sinais de adulteração, reduzindo assim a probabilidade de consumir produtos contaminados ou fraudulentos. Esses programas devem abranger uma ampla gama de tópicos, incluindo a identificação de adulterantes comuns, a compreensão dos rótulos dos alimentos e o reconhecimento de práticas de marketing enganosas. Além disso, os requisitos de rotulagem desempenham um papel significativo na garantia da transparência e permitem que os consumidores façam escolhas mais seguras. Uma rotulagem completa e clara pode ajudar os consumidores a identificar potenciais adulterantes e a tomar decisões informadas sobre os produtos que compram. A implementação da divulgação obrigatória de ingredientes, incluindo potenciais alergénios e aditivos, e a utilização de símbolos ou avisos padronizados para contaminantes conhecidos podem aumentar significativamente a proteção do consumidor (Williams et al., 2020). Além disso, as campanhas de sensibilização do público que aproveitam várias plataformas mediáticas, como as redes sociais, workshops educativos e sensibilização da comunidade, podem alargar o alcance destes esforços educativos. Ao promover a vigilância e fornecer aos consumidores o conhecimento e as ferramentas necessárias para identificar potenciais ameaças, estas iniciativas podem contribuir para uma abordagem mais informada e proactiva da segurança alimentar, reduzindo, em última análise, o risco de exposição a adulterantes emergentes.

AVANÇOS NAS TECNOLOGIAS DE DETEÇÃO

Técnicas espectroscópicas melhoradas

Os recentes avanços nas técnicas espectroscópicas, em particular a espetrometria de massa de alta resolução (HRMS) e a espetroscopia avançada de ressonância magnética nuclear (NMR), aumentaram significativamente a sensibilidade e a especificidade da deteção de adulterantes em produtos alimentares. Estes métodos de ponta oferecem capacidades analíticas superiores para identificar níveis vestigiais de nanopartículas sintéticas e de novos aditivos químicos, que são cada vez mais utilizados em práticas de adulteração sofisticadas (Zhang et al., 2020). A HRMS, com a sua elevada precisão e resolução de massa, permite a deteção precisa de compostos de baixa abundância e pode diferenciar entre substâncias estruturalmente semelhantes, tornando-a altamente eficaz na identificação de adulterantes que imitam de perto os ingredientes genuínos. Da mesma forma, a espetroscopia avançada de RMN fornece informações detalhadas sobre a estrutura molecular dos compostos, permitindo a deteção de alterações subtis e a identificação de adulterantes complexos que podem estar presentes em quantidades mínimas (Kim et al., 2019). Estas técnicas também facilitam a análise de matrizes alimentares complexas, onde os métodos tradicionais podem falhar devido à interferência de outros componentes. A integração de HRMS e NMR com ferramentas quimiométricas, como a análise de componentes principais (PCA) e o agrupamento hierárquico, aumenta ainda mais a capacidade de detetar e caraterizar adulterantes, analisando padrões em grandes conjuntos de dados e distinguindo entre produtos autênticos e fraudulentos (Wang et al., 2021). À medida que os métodos de adulteração evoluem, o desenvolvimento contínuo e a aplicação destas técnicas espectroscópicas avançadas são cruciais para manter a segurança alimentar e garantir a integridade do abastecimento alimentar.

Métodos cromatográficos inovadores

Os métodos cromatográficos inovadores, em particular a cromatografia líquida de desempenho ultra-elevado (UHPLC) e a cromatografia gasosa bidimensional abrangente (GCxGC), estão a dar passos significativos na deteção e análise da adulteração de alimentos. A UHPLC, uma forma avançada de cromatografia líquida de alta eficiência (HPLC), oferece uma resolução melhorada, tempos de análise mais rápidos e maior sensibilidade, permitindo a separação e quantificação de misturas complexas com maior precisão. Isto é particularmente valioso para identificar adulterações subtis que podem envolver baixas concentrações de contaminantes ou misturas sofisticadas de aditivos (Hernandez et al., 2021). A capacidade da UHPLC para funcionar a pressões mais elevadas e utilizar tamanhos de partículas mais pequenos nas suas colunas permite uma separação mais eficiente de compostos que são difíceis de distinguir utilizando métodos convencionais. Por outro lado, a cromatografia gasosa bidimensional abrangente (GCxGC) melhora ainda mais as capacidades analíticas ao combinar duas dimensões cromatográficas diferentes, resultando numa separação superior de compostos voláteis complexos. Esta técnica implica a utilização de duas colunas diferentes com fases estacionárias distintas, o que permite uma resolução mais pormenorizada dos componentes da amostra e uma melhor identificação dos adulterantes que podem estar presentes em quantidades vestigiais ou incorporados em matrizes complexas (Liu et al., 2020). A integração destas técnicas cromatográficas avançadas com ferramentas sofisticadas de análise de dados, tais como métodos quimiométricos e software automatizado, melhora a precisão e a fiabilidade da deteção e quantificação de adulterantes. Estas inovações não só facilitam a deteção de técnicas de adulteração emergentes e sofisticadas, como também contribuem para processos de controlo de qualidade mais robustos nas avaliações de segurança alimentar (Yao et al., 2022). Como as técnicas de adulteração de alimentos continuam a evoluir, o desenvolvimento e a aplicação contínuos de UHPLC e GCxGC são essenciais para manter a integridade e a segurança do abastecimento alimentar.

Tecnologias emergentes de biossensores

Os biossensores, particularmente aqueles que alavancam os avanços em nanotecnologia e polímeros com impressão molecular (MIPs), estão a emergir como ferramentas altamente eficazes para detetar adulteração de alimentos com maior sensibilidade e capacidades de monitorização em tempo real. Esses biossensores inovadores oferecem vantagens significativas em relação aos métodos analíticos tradicionais, fornecendo testes rápidos e no local e alta especificidade para uma ampla gama de adulterantes (Liu et al., 2018). Os biossensores baseados na nanotecnologia utilizam materiais à escala nanométrica, como nanopartículas de ouro, nanotubos de carbono e pontos quânticos, para amplificar as respostas dos sinais e aumentar os limites de deteção dos analitos. A incorporação destes nanomateriais melhora o desempenho dos biossensores, aumentando a sua área de superfície, o que, por sua vez, aumenta a sua interação com as moléculas alvo e melhora a sensibilidade de deteção (Jiang et al., 2020). Os polímeros com impressão molecular, por outro lado, são concebidos para reconhecer e ligar moléculas específicas com elevada seletividade, imitando as propriedades naturais de ligação dos anticorpos, mas de uma forma mais estável e rentável. Estes sensores baseados em MIP podem ser adaptados para detetar contaminantes ou adulterantes específicos em matrizes alimentares complexas, oferecendo resultados precisos e fiáveis (Wang et al., 2019). A combinação de nanotecnologia e MIPs em biossensores permite o desenvolvimento de dispositivos portáteis e fáceis de usar que podem realizar análises em tempo real, o que é particularmente valioso para testes de campo e deteção imediata de adulteração de alimentos. A integração destas tecnologias avançadas de biossensores nos protocolos de segurança alimentar representa um avanço significativo na garantia da qualidade dos alimentos e na proteção da saúde dos consumidores, proporcionando uma abordagem promissora para enfrentar os desafios colocados por técnicas sofisticadas de adulteração.

CONCLUSÃO

A segurança e a qualidade dos alimentos estão a enfrentar desafios consideráveis em resultado dos perigos emergentes no domínio da adulteração de alimentos. É vital continuar a desenvolver tecnologias de deteção avançadas e a atualizar os quadros regulamentares, a fim de acompanhar a crescente sofisticação das técnicas de adulteração e a entrada de novos adulterantes no abastecimento alimentar. É possível proteger melhor a saúde pública e manter a integridade do abastecimento alimentar global se nos esforçarmos por nos mantermos à frente dos novos perigos e investirmos em tecnologias inovadoras.

REFERÊNCIAS

1. Bernardo, J., Ferreres, F., Gil-Izquierdo, Á., Valentão, P., & Andrade, P. B. (2017). Espécies medicinais como MTDLs: Turnera diffusa Willd. Ex Schult inibe enzimas do SNC e retarda a excitotoxicidade do glutamato em células SH-SY5Y

via dano oxidativo. Food and Chemical Toxicology: An International Journal Published for the British Industrial Biological Research Association, 106, 466-476.

2. Bettini, S., Boutet-Robinet, E., Cartier, C., Coméra, C., Gaultier, E., Dupuy, J., Houdeau, E. (2017). O TiO2 de qualidade alimentar prejudica a homeostase imunológica intestinal e sistêmica, inicia lesões pré-neoplásicas e promove o desenvolvimento de criptas aberrantes no cólon do rato. Relatórios Científicos, 7(1).
3. Chaudhry, Q., Scotter, M., Blackburn, J., Ross, B., Boxall, A., Castle, L., Watkins, R. (2008). Aplicações e implicações das nanotecnologias para o sector alimentar. Food Additives & Contaminants. Parte A, Química, Análise, Controlo, Exposição e Avaliação de Riscos, 25(3), 241-258.
4. Chen, H., Weiss, J., & Shahidi, F. (2006). Nanotecnologia em nutracêuticos e alimentos funcionais. Food Technology, 60(3), 30-36.
5. Hajeb, P., & Jinap, S. (2012). Segurança alimentar: corantes alimentares e seus riscos toxicológicos. Jornal Iraniano de Saúde Pública, 41(3), 4-11.
6. Lei, S., Shi, P., Wu, W., Xia, B., Fu, X., Wan, Y., & Zhou, Y. (2020). Triagem extensiva de toxinas ciclopeptídicas em cogumelos por cromatografia líquida de ultra alto desempenho acoplada à espetrometria de massa quadrupolo-Orbitrap. Food Chemistry, 329(127146), 127146.
7. Li, Y., Zhong, M., Xie, F., Sun, Y., Zhang, S., & Qi, B. (2020). O efeito do pH na estabilização e caraterísticas digestivas das emulsões de óleo em água de proteína lipofílica de soja com Hypromellose. Química Alimentar, 309(125579), 125579.
8. Lohse, S. E., & Murphy, C. J. (2014). A busca pelo controle da forma: A history of gold nanorod synthesis. Química dos Materiais, 25(8), 1250-1261.
9. Miller, M., Roberts, P., & Davis, L. (2019). Deteção de técnicas sofisticadas de adulteração de alimentos: Uma revisão. Food Analytical Methods, 12(7), 1625-1642.
10. Peters, R., Kramer, E., Oomen, A. G., Herrera Rivera, Z. E., Oegema, G., Tromp, P. C., Bouwmeester, H. (2012). Presença de sílica nanométrica durante a digestão in vitro de alimentos que contêm sílica como aditivo alimentar. ACS Nano, 6(3), 2441-2451.
11. Schisterman, E. F., Whitcomb, B. W., Buck Louis, G. M., & Louis, T. A. (2005). Ajuste lipídico na análise de contaminantes ambientais e riscos para a saúde humana. Environmental Health Perspectives, 113(7), 853-857.
12. Sears, L. I., Miller, M. A., & Robinson, J. (2017). Perigos ocultos de aromas artificiais e aditivos alimentares. Nutritional Neuroscience, 20(7), 345-353.
13. Smith, R. F., Williams, J., & Thompson, C. (2022). Desafios regulatórios na gestão de ameaças emergentes de adulteração de alimentos. Toxicologia e Farmacologia Regulamentares, 130.
14. Tavares, A. P. M., Oliveira, R. M., & Almeida, M. A. (2017). Riscos associados às nanopartículas sintéticas na oferta alimentar. Critical Reviews in Food Science and Nutrition, 57(5), 943-960.
15. Wall, G. L., Clements, D. P., Fisk, C. L., Stoeckel, D. M., Woods, K. L., & Bihn, E. A.

(2019) . Relatório da reunião: Key outcomes from a collaborative summit on Agricultural Water standards for fresh produce. Comprehensive Reviews in Food Science and Food Safety, 18(3), 723-737.
16. Zhou, T. T., Wei, C. H., Lan, W. Q., Zhao, Y., Pan, Y. J., Sun, X. H., & Wu, V. C. H.
(2020) . O efeito das fracções de mirtilo selvagem chinês no crescimento e na integridade da membrana de vários agentes patogénicos de origem alimentar. Journal of Food Science, 85(5), 1513-1522.
17. Gruère, G. P., & Rao, S. R. (2007). A review of international labelling policies of genetically modified food to evaluate India's proposed rule (Uma revisão das políticas internacionais de rotulagem de alimentos geneticamente modificados para avaliar a regra proposta pela Índia).
18. Burgeon, C., Debliquy, M., Lahem, D., Rodriguez, J., Ly, A., & Fauconnier, M.-L.
(2021) . Tendências passadas, presentes e futuras na deteção do odor a javali. Trends in Food Science & Technology, 112, 283-297.
19. Fernandez-Poza, S., Padros, A., Thompson, R., Butler, L., Islam, M., Mosely, J. A., Akram, M. S. (2021). Lectinas procarióticas recombinantes feitas sob medida para caraterização de glicoproteínas. Analytica Chemical Ata, 1155(338352), 338352.
20. Huang, L., Huang, W., Shen, R., & Shuai, Q. (2020). Compósito de estrutura metal-orgânica funcionalizado com quitosana/tiol para a determinação simultânea de iões de chumbo e cádmio em amostras de alimentos. Química Alimentar, 330(127212), 127212.
21. Johnson, M. C., Li, X., & Gupta, R. (2019). Aumentando a conscientização do consumidor sobre a adulteração de alimentos: Uma revisão das estratégias de educação pública e rotulagem. Journal of Food Science and Technology, 56(8), 3794-3803.
22. Jon, C. S., Meng, L. Y., & Li, D. (2019). Revisão recente sobre nanomateriais de carbono funcionalizados com líquidos iônicos na aplicação de pré-tratamento de amostras. Tendências em Química Analítica: TRAC, 120(115641), 115641.
23. Jones, J. B., Rogers, T., & Wilson, D. (2020). Adaptação dos regulamentos de segurança alimentar a ameaças novas e emergentes: Uma revisão dos desenvolvimentos recentes. Toxicologia e Farmacologia Regulamentares, 114.
24. Koidis, A., & Osorio, J. M. (2016). Avanços na análise de óleos e gorduras. Journal of Agricultural and Food Chemistry, 64(2), 220-231.
25. Limoges, M. A., Neher, D. A., Weicht, T. R., Millner, P. D., Sharma, M., & Donnelly, C. (2022). Differential survival of Escherichia coli and listeria spp. In northeastern U.s. soils amended with dairy manure compost, poultry litter compost, and heat-treated poultry pellets and fate in raw edible radish crops. Journal of Food Protection, 85(12), 1708-1715.
26. Lipp, M., Brodmann, P., Pietsch, K., Pauwels, J., Anklam, E., Colaboradores:, Wurtz, A. (1999). Estudo experimental colaborativo IUPAC de um método para detetar soja e milho geneticamente modificados em pó seco. Journal of AOAC International, 82(4), 923-928.

27. Liu, Z., Lu, X., & Yang, P. (2020). Cromatografia gasosa bidimensional abrangente (GCxGC) para a análise de adulterantes alimentares: Desenvolvimentos e aplicações recentes. Química Alimentar, 327.
28. Miller, J. D., Angelucci, F., & Pietri, A. (2019). Detectando fraudes alimentares e problemas de qualidade com testes de adulteração de alimentos. Tendências em Ciência e Tecnologia Alimentar, 94, 72-78.
29. Nordlee, J. A., Taylor, S. L., Townsend, J. A., Thomas, L. A., & Bush, R. K. (1996). Identificação de um alergénio da castanha-do-Brasil em soja transgénica. The New England Journal of Medicine, 334(11), 688-692.
30. Nunes, L., & Tavares, G. M. (2019). Tratamentos térmicos e tecnologias emergentes: Impactos na estrutura e propriedades tecno-funcionais das proteínas do leite. Tendências em Ciência e Tecnologia Alimentar, 90, 88-99.
31. Parvez, S., Kang, M., & Kang, C. (2018). Bactérias geneticamente modificadas: Avanços atuais e desafios futuros em aplicações. Jornal de Microbiologia e Biotecnologia, 28(8), 1233-1240.
32. Raheja, S., Girdhar, A., Lather, V., & Pandita, D. (2018). Biochanina A: Um fitoestrogênio com potencial terapêutico. Tendências em Ciência e Tecnologia de Alimentos, 79, 55-66.
33. Ribeiro, D. A., Camilo, C. J., de Fátima Alves Nonato, C., Rodrigues, F. F. G., Menezes, I. R. A., Ribeiro-Filho, J., da Costa, J. G. M. (2020). Influência da variação sazonal no teor fenólico e na atividade antioxidante in vitro de Secondatia floribunda A. DC. (Apocynaceae). Química Alimentar, 315(126277), 126277.
34. Sharma, A., & Gupta, M. (2019). Métodos analíticos avançados para a deteção de autenticidade e adulteração de alimentos. Journal of Food Science and Technology, 56(12), 5309-5318.
35. Smyth, S. J., Phillips, P. W. B., & Kerr, W. A. (2016). UE falha no desafio da FAO para melhorar a segurança alimentar global. Tendências em Biotecnologia, 34(7), 521-523.
36. Tang, X., He, J., Liu, C., & Xi, Y. (2017). Riscos para a saúde dos organismos geneticamente modificados e sua deteção. Revisões Críticas em Biotecnologia, 37(6), 744-759.
37. Tian, F., Fu, R., Zhou, J., Cui, Y., Zhang, Y., Jiao, B., & He, Y. (2020). Gravura mediada por nanofolhas de dióxido de manganês de nanobastões de ouro para um ensaio colorimétrico multicolorido da capacidade antioxidante total. Sensores e Actuadores. B, Chemical, 321(128604), 128604.
38. Valli, E., & Giacometti, J. (2020). Adulteração de óleos de alta qualidade: Métodos de deteção e aspectos regulamentares. Química Alimentar, 320.
39. Velez-Zuazo, X., Alfaro-Shigueto, J., Rosas-Puchuri, U., Guidino, C., Pasara-Polack, A., Riveros, J. C., & Mangel, J. C. (2021). Alta incidência de rotulagem incorreta e uma sugestão de fraude no negócio de ceviche e sushi. Food Control, 129(108224), 108224.
40. Wang, H., Wang, J., & Li, X. (2019). Sensores baseados em polímeros impressos molecularmente para aplicações de segurança alimentar: Uma revisão. Journal of Agricultural and Food Chemistry, 67(24), 68276842.
41. Wang, Y., Li, W., & Liu, Y. (2021). Espectrometria de massa de alta resolução para a deteção de novos adulterantes alimentares: Avanços e desafios.

Química Alimentar, 348.
42. Weller, D. L., Kovac, J., & Kent, D. J. (2020). Métodos avançados de deteção de organismos geneticamente modificados em alimentos. Food Analytical Methods, 13(9), 1744-1755. doi:10.1007/s 12161 -020-01826-4
43. Williams, C., Benning, C., & Clarke, A. (2020). O papel da rotulagem dos alimentos na proteção do consumidor e na saúde pública. Qualidade e Segurança Alimentar, 4(1), 25-35.
44. Xiao, P.-T., Kuang, Y.-J., Liu, S.-Y., Xie, Z.-S., Hao, J.-H., & Liu, E.-H. (2022). Os componentes combinatórios equivalentes anti-hiperlipidémicos da casca de Citrus reticulata 'Chachi'. Journal of Food and Drug Analysis, 30(1), 77-87.
45. Yao, L., Chen, L., & Liu, C. (1656). Técnicas cromatográficas inovadoras na análise da segurança alimentar: A review of recent advancements. Journal of Chromatography A.
46. Zhang, X., Wang, C., & Liu, S. (2020). Aplicação da espetrometria de massa de alta resolução na deteção de contaminantes alimentares emergentes. Jornal de Química Agrícola e Alimentar, 68(12), 3701-3709.

Aspectos bioquímicos e sanitários da adulteração de alimentos

Ranjana Singh
Professor
Departamento de Bioquímica,
K.G.M.U., Lucknow

RESUMO

A adulteração de alimentos causa muitos efeitos nocivos para a saúde, principalmente ao diminuir os valores nutricionais, levando a perturbações por deficiência de nutrientes. Tem sido implicada na iniciação e promoção de vários tipos de doenças, desde a diabetes, perturbações hepáticas e artrite até à malignidade, doenças cardíacas e infertilidade. Para além disso, alguns adulterantes causam abortos em mulheres grávidas devido ao fraco crescimento do feto e, por vezes, pode também ocorrer o aborto. Os alimentos adulterados podem causar tumores, anemia e asma, doenças de pele, lesões renais, tumores e anomalias nos olhos.

Palavras chave: Adulteração de alimentos, tumores, anemia e asma, anomalias nos olhos.

INTRODUÇÃO

Os alimentos são substâncias orgânicas constituídas principalmente por hidratos de carbono, proteínas e lípidos, consumidos para obter energia, crescimento e desenvolvimento. Também necessita de vitaminas, minerais e água para produzir energia e realizar todas estas actividades. Os alimentos são definidos como qualquer substância consumida como nutrição essencial para o sustento da vida (Choudhary et al., 2020). Inclui todos os nutrientes vitais e contribui para o crescimento humano, o desenvolvimento e a manutenção de uma boa saúde (Goyal et al., 2022, Tomar et al., 2022). Uma dieta pura, fresca e saudável é a chave para uma boa saúde e não só a quantidade, mas também a qualidade dos alimentos, desempenha um papel fundamental na manutenção de uma vida normal e saudável (Koul et al., 2020). No entanto, a adulteração compromete a qualidade dos alimentos, diminuindo o seu valor nutricional (Rath et al., 2022).

A adulteração de alimentos refere-se à degradação intencional da qualidade dos alimentos através da adição ou substituição das substâncias alimentares por componentes alternativos não declarados ou pela remoção de alguns componentes valiosos (Popoola et al., 2022). Em termos gerais, a adulteração de alimentos é uma categoria de fraude alimentar generalizada a nível mundial e realizada deliberadamente por seres humanos para obter ganhos financeiros que põem em risco a qualidade e a segurança dos alimentos. Os produtos alimentares adulterados representam vários riscos para a saúde, incluindo o aparecimento de doenças, uma vez que enfraquecem o sistema imunitário. A natureza perecível, a heterogeneidade e a enorme produção de certas matérias-primas alimentares sempre foram tentadoras para alguns fornecedores desonestos; a semelhança e a diversidade das espécies animais, a limitação das existências e a pressão dos preços de mercado também os incentivam a realizar adulterações intencionais (Fiorino et al., 2018).

Alguns géneros alimentícios têm sido muito propensos à adulteração devido ao seu elevado valor dietético e à sua grande popularidade. Existem vários tipos de adulteração, incluindo a rotulagem incorrecta do produto, a diluição com componentes abaixo do padrão e a adição de compostos perigosos. Entre outras adulterações, a falsificação da origem é também um tipo de adulteração, uma vez que inclui uma falsa alegação de origem superior.

As bebidas e outros alimentos líquidos têm atraído especial atenção, com uma grande variação na composição química, alta qualidade, longo tempo de envelhecimento e, devido ao alto custo de produção, também não estão livres de adulterantes (Fiorino et al., 2018, Ríos-Reina et al., 2017). Até mesmo as frutas foram adulteradas com produtos químicos para amadurecimento artificial, conservantes, corantes e adoçantes artificiais. A adulteração de alimentos é praticada há muito tempo, mas devido ao seu baixo impacto e uso em pequena escala, passou despercebida, e é um dos principais problemas em países subdesenvolvidos e emergentes (He et al., 2021, Pastor et al., 2019, Fiorino et al., 2018).
Os estudos de metabolómica nutricional desempenham um papel importante que inclui as correlações e os impactos dos alimentos, da dieta, dos nutrientes, dos componentes bioactivos e dos microrganismos nos sistemas biológicos associados ao metabolismo dos organismos. Atualmente, tem sido aplicada na segurança alimentar, no controlo da qualidade dos alimentos, na rastreabilidade dos alimentos, no processamento de alimentos, na nutrição alimentar, na saúde e noutras áreas (Collins et al., 2019, Li et al., 2021, Utpott et al., 2022). O grande objetivo da avaliação nutricional é avaliar os efeitos de alguns componentes no organismo, a sinergia entre compostos distintos e biomarcadores para avaliar a relação com a saúde. Estas moléculas podem atuar como indicadores do estado nutricional do organismo. A falta de moléculas como determinados aminoácidos, ácidos graxos, carotenoides e vitaminas pode gerar desregulação na deposição de gordura, nos níveis de colesterol e na atividade da insulina, relacionando-se com o aparecimento de doenças metabólicas crônicas (Regan et al.,2020, Wu et al., 2020, Arneth et al., 2019, Wang et al., 2018, Li et al.,2018, Onuh et al., 2020).

A oferta de alimentos era maior do que a procura nos tempos antigos e as pessoas costumavam consumir alimentos frescos e cozinhados em casa para manter uma boa saúde. A era atual afectou a indústria alimentar devido à alteração do estilo de vida, com a melhoria dos rendimentos, a urbanização e o crescimento excessivo da população. Além disso, devido a razões como a limitação das matérias-primas, o fosso entre a oferta e a procura, a tendência para a redução dos custos e a maximização dos lucros criaram mais oportunidades e interesse para os comerciantes desleais (Elliott et al., 2014, Fox et al., 2018).

É necessário estabelecer uma abordagem para compreender o aspeto bioquímico dos alimentos, a sua formulação, processamento e estabilidade de armazenamento, de modo a que os factos derivados do estudo de um tipo de material alimentar possam melhorar a nossa compreensão de outros tipos. Deve haver uma compreensão dos componentes que fornecem valor nutricional aos alimentos e das propriedades salientes que são caraterísticas importantes de alimentos seguros e de alta qualidade. Além disso, o conhecimento da determinação das principais reacções químicas e bioquímicas que têm uma influência importante na perda de qualidade e/ou salubridade dos alimentos é um dos aspectos fundamentais a considerar. Durante a formulação, transformação e armazenamento dos alimentos, o conhecimento dos constituintes e das reacções bioquímicas importantes que podem resultar na perda de qualidade dos alimentos deve permitir enfrentar diferentes situações. Este capítulo fornece uma visão geral sobre a adulteração e o seu efeito na saúde e nos valores nutricionais dos alimentos; a segurança alimentar deve ser o primeiro requisito e os alimentos devem estar livres de qualquer contaminante químico ou microbiano nocivo no momento do seu consumo.

PRINCIPAIS CONSTITUINTES DOS GÉNEROS ALIMENTÍCIOS: ASPECTOS BIOQUÍMICOS E ADULTERAÇÃO

A adulteração afecta os principais constituintes dos alimentos, os hidratos de carbono, os lípidos e as proteínas, que são importantes para o crescimento e desenvolvimento adequados. Para além de serem adulterados, estes constituintes bioquímicos são também utilizados como conservantes, estabilizadores e agentes antimicrobianos, para melhorar o prazo de validade dos alimentos, podendo também causar adulteração. A adulteração dos alimentos não só altera o equilíbrio, mas também as propriedades e funções destes constituintes. O conhecimento básico sobre a química e as propriedades destes constituintes é essencial para compreender o efeito da adulteração alimentar.

Papel dos hidratos de carbono (açúcar) na indústria alimentar e seus adulterantes

O tipo e o conteúdo de hidratos de carbono afectam a qualidade e o valor nutricional dos alimentos numa dieta saudável. No corpo humano, os hidratos de carbono participam em várias funções fisiológicas: produção de energia, armazenamento de energia, manutenção dos níveis de açúcar no sangue, construção de macromoléculas, preservação de proteínas e assistência no metabolismo dos lípidos. As fontes mais saudáveis de hidratos de carbono de alta qualidade provêm quase exclusivamente de plantas, incluindo cereais, legumes, leguminosas, frutos e feijões minimamente processados. O leite também é uma fonte valiosa.

Os hidratos de carbono são as substâncias orgânicas mais abundantes na natureza, compostas por carbono, hidrogénio e oxigénio. Os quatro principais hidratos de carbono são os monossacáridos, os dissacáridos, os oligo e os polissacáridos e podem também ser classificados como açúcares e não-açúcares. Os polissacáridos são também classificados em polissacáridos à base de amido e polissacáridos sem amido (NSP). Os PNA incluem o milho, o trigo e o arroz, que são insolúveis e têm um efeito laxante. Em função do seu papel fisiológico e nutricional, os hidratos de carbono podem ser classificados em "hidratos de carbono disponíveis" (hidratos de carbono que são hidrolisados em monossacáridos) e "hidratos de carbono indisponíveis" (não hidrolisados por enzimas humanas endógenas e fermentados no intestino grosso). Além disso, o termo "açúcares" refere-se a monossacáridos e dissacáridos, enquanto os "açúcares adicionados" incluem sacarose, frutose, glucose, hidrolisados de amido, tais como xarope de glucose e xarope rico em frutose, e outras preparações de açúcar utilizadas como tal ou adicionadas durante o fabrico de alimentos EFSA (EFSA, 2013).

Para além de ocorrerem como componentes naturais dos alimentos, os hidratos de carbono podem ser adicionados a vários produtos alimentares para melhorar a sua textura e qualidade, conferindo-lhes várias propriedades peculiares. Os hidratos de carbono têm muitas funções a desempenhar, uma vez que são responsáveis pelo sabor doce dos alimentos e pela geração de sabores e aromas dos produtos de panificação; conferem estabilidade às emulsões e espumas e à congelação e descongelação; têm propriedades gelificantes e proporcionam texturas desejáveis, tais como crocância ou suavidade, etc. Além disso, devido à sua atividade de redução da água, melhoram o tempo de conservação dos alimentos (Livesey et al., 1995, Labuza et al., 1998).

Quando o açúcar é adicionado a alimentos frescos, como frutas e vegetais, cria um efeito osmótico que resulta na redução da atividade da água (aw) e limita a sobrevivência e o crescimento microbiano nos alimentos (Maier et al., 1993, Manners et al., 1985). O açúcar ajuda a dar um certo corpo ou espessura em muitos tipos de bebidas e alimentos semi-líquidos como xaropes, chutneys e molhos doces. Além disso, após o aquecimento, o açúcar atrasa a coagulação das proteínas (ou a mudança para um estado mais semi-sólido), o que é útil para produtos como cremes cozinhados e outras sobremesas (McCain et al., 2018).

Outro exemplo de utilização do açúcar como conservante é a prática da "açucaragem", utilizada no caso de um líquido açucarado de elevada densidade, como o mel ou o melaço. Como novidade, foram utilizados xaropes de açúcar mais baratos como adulterante, obtidos a partir de uma grande variedade de fontes vegetais, como o agave, o milho, o ácer, o arroz e a cana-de-açúcar; alguns deles contendo aromas de mel foram utilizados como adulterantes do mel (Egido et al., 2024).

O açúcar também facilita a produção de outras substâncias que actuam como conservantes, como o álcool e os ácidos (ácido lático) em alguns alimentos, como o vinho, a cerveja e outras bebidas fermentadas, chucrute, kimchi, pickles, pão de massa fermentada, etc. A lactose é o principal hidrato de carbono utilizado nas fórmulas para lactentes e a adulteração pode também afetar o crescimento e o desenvolvimento dos lactentes.

O edulcorante artificial sacarina é um substituto do açúcar com poucas calorias que se encontra em muitos alimentos e bebidas transformados, incluindo pastilhas elásticas, fruta enlatada, produtos de pastelaria e refrigerantes, sendo também utilizado como edulcorante de mesa. Alguns medicamentos e multivitaminas também contêm sacarina, mas com um rótulo de aviso que diz que é conhecida por causar cancro em animais de laboratório. Da mesma forma, a estévia, um substituto vegetal do açúcar sem calorias, encontra-se em muitos alimentos e bebidas processados, como sobremesas, pastilhas elásticas, produtos de pastelaria, doces e iogurtes, e como adoçante de mesa. Pode também ter alguns efeitos adversos (Chattopadhyay et al., 2014). Estes edulcorantes artificiais são também álcoois de açúcar em combinação com outros substitutos do açúcar encontrados em muitos alimentos processados, incluindo rebuçados, gelados, pastilhas elásticas, pasta de dentes, elixir bucal, pudins, produtos de pastelaria e chocolate e devem ser consumidos moderadamente, uma vez que não são completamente absorvidos pelo nosso organismo.

O açúcar e os produtos de confeitaria são adulterados com microplástico, pó de giz, soda, areia branca e xaropes de açúcar mais baratos, especialmente durante os aumentos de preços. O açúcar é um alimento importante em quase todos os lares e é também utilizado na produção industrial de muitos géneros alimentícios. Para satisfazer a procura de consumidores cada vez mais numerosos, a sua adulteração também aumenta.

Papel dos lípidos (gorduras e óleos) na indústria alimentar e seus adulterantes

Os lípidos desempenham muitas funções no nosso corpo, algumas das quais são: fazer parte das membranas celulares, ajudar a movimentar e armazenar energia, absorver vitaminas e produzir hormonas. Os lípidos, como as gorduras e os óleos, são constituídos por glicerol e três moléculas de ácidos gordos. Os ácidos gordos são constituídos por uma cadeia alquílica reta e um grupo carboxilo. O tipo de ácidos gordos depende do tipo de ligações e do número de átomos de carbono na cadeia, como os ácidos gordos saturados que não têm ligações duplas e os ácidos gordos insaturados que têm uma ou mais ligações duplas. Os ácidos gordos insaturados foram ainda agrupados em ácidos gordos monoinsaturados com uma ligação dupla por molécula e ácidos gordos polinsaturados (PUFAs) com mais de uma ligação dupla por molécula. Alguns lípidos são caracterizados pela presença de outras moléculas na sua estrutura, por exemplo, os fosfolípidos têm um grupo fosfato, os glicolípidos têm hidratos de carbono, as lipoproteínas têm proteínas, etc. Na indústria alimentar, os lípidos são componentes essenciais que contribuem para a textura, estrutura, sabor, cor e outras qualidades desejáveis. Dependendo do contexto, os processos químicos que envolvem gorduras podem melhorar a qualidade dos produtos alimentares, por exemplo, a cristalização de gorduras nos alimentos contribui para a sensação na boca e a detetabilidade dos chocolates, manteiga, margarina e gelados, controlando a capacidade de espalhamento, a textura e a suavidade dos produtos alimentares.

As gorduras e os óleos desempenham um papel na degradabilidade dos alimentos, conduzindo a uma perda de qualidade e a um prazo de validade limitado (Montesano et al., 2024). Os processos oxidativos destes nos alimentos contribuem para os seus processos de degradação. A oxidação dos lípidos, seja por autoxidação, oxidação catalisada por enzimas ou foto-oxidação, resulta na produção de radicais livres, seguida da propagação de compostos reactivos e, finalmente, da degradação e de outras reacções de compostos reactivos para produzir compostos não reactivos. Tem início uma reação em cadeia contínua de radicais livres que resulta na deterioração oxidativa da carne e de outros produtos à base de carne. Estes lípidos degradados são por vezes misturados com produtos comestíveis, causando adulteração.

Os ácidos gordos insaturados são menos estáveis devido às ligações duplas do que os saturados. As ligações duplas permitem o acesso de espécies mais reactivas às moléculas de ácidos gordos, resultando em ranço ou oxidação das gorduras. Isto cria um odor e um sabor invulgares nos alimentos. A qualidade e a aceitabilidade dos produtos não vegetarianos são altamente afectadas pelos danos oxidativos nos lípidos e pela formação de espécies reactivas de oxigénio (ROS). Estas ERO são prejudiciais para os seres humanos.

As gorduras e os óleos comestíveis são importantes do ponto de vista económico e nutricional (Huq et al., 2022). As gorduras e os óleos são normalmente utilizados como recursos para cozinhar, fritar e preparar alimentos no nosso quotidiano (Azadmard-Damirchi et al., 2015), e a autenticidade tem sido um grande problema desde a antiguidade. A adulteração é uma prática comum que consiste em misturar óleo de elevado preço com óleo de baixo preço devido à sua maior procura nos mercados nacionais e internacionais (Tan et al., 2021, Yadav et al., 2018). As duas principais adulterações nos óleos e gorduras comestíveis são a mistura de óleo de prensagem a frio com óleo refinado e a substituição de óleos e gorduras mais caros por óleos mais baratos (Montesano et al. 2024, Haji et al., 2023). Durante o processo de refinação, formam-se ácidos gordos trans e esteradienes, que estão geralmente ausentes no óleo de prensagem a frio. Os ácidos gordos trans não são ácidos gordos naturais e não promovem a saúde. O consumo de ácidos gordos trans aumenta o risco de doença coronária. Geralmente, o azeite é adulterado com óleos vegetais de canola, colza, soja, algodão, milho, noz, sésamo e mostarda para obter lucros adicionais, o que se tornou um problema grave (Azadmard-Damirchi et al., 2015, Christopoulou et al., 2004). O ghee é maioritariamente adulterado com óleos vegetais, gorduras animais e corantes e aromas sintéticos (Ahmed et al., 2020, Choudhary et al., 2020).

A indústria alimentar está a enfrentar desafios devido à contaminação dos produtos alimentares com diferentes micróbios, tais como bactérias, vírus, parasitas, etc. Os óleos essenciais (OE) podem ser utilizados como conservantes alimentares devido às suas propriedades antimicrobianas, antifúngicas, antimictoxigénicas e antioxidantes. Em geral, existem muitos desafios na utilização de OEs em aplicações alimentares, por exemplo, a atividade antimicrobiana dos OEs pode diminuir, devido a vários factores (Gutierrez et al., 2020) e as suas utilizações têm limitações, tais como menor solubilidade em água, volatilidade e baixa estabilidade. São frequentemente adulterados com óleos vegetais, óleos essenciais mais baratos e materiais sintéticos (Akash Maurya et al., 2021).

Papel das proteínas e dos aminoácidos na indústria alimentar e seus adulterantes

Os aminoácidos formam péptidos e, eventualmente, proteínas. Vários aminoácidos são componentes essenciais da dieta, uma vez que não podem ser sintetizados metabolicamente pelo corpo humano. Estes incluem a fenilalanina, a valina, o triptofano, a treonina, a isoleucina, a metionina, a histidina, a leucina e a lisina. Como tal, as pessoas consomem proteínas como fonte destes aminoácidos essenciais. Ao mesmo tempo, nem todos os aminoácidos são os blocos de construção das proteínas. Aminoácidos específicos são necessários para o crescimento ou para o equilíbrio do azoto, uma proteína completa inclui todos os aminoácidos essenciais. No entanto, algumas pessoas não podem consumir certos tipos de proteínas, uma vez que estimulam, principalmente, a produção de imunoglobulinas específicas de alergénios. Estas são moléculas estáveis que permanecem inalteradas mesmo com a cozedura, o processamento dos alimentos e a digestão.

A substituição de proteínas é o tipo mais comum de adulteração intencional de alimentos, incluindo a alteração direta dos componentes proteicos ou dos alimentos ou a adição externa de outros produtos proteicos de qualidade inferior. As proteínas animais, como o ovo, o glúten e as gelatinas de suíno, são frequentemente adicionadas aos produtos à base de carne para aumentar o teor proteico aparente (Nakyinsige et al., 2012). Muitas vezes, as proteínas de soja e as farinhas de cereais são utilizadas na preparação de salsichas para manter as propriedades desejadas de toda a carne, como a capacidade emulsionante, a estabilidade da emulsão e a capacidade de ligação à água. A indústria alimentar utiliza uma mistura de proteínas plasmáticas constituída por albumina sérica, globulinas e fibrinogénio para controlar a textura e a estrutura desejada dos produtos de carne processados (Herrero et al., 2009, Saguer et al., 2007). O colagénio e a sua forma desnaturada, a tripa de gelatina, oferecem uma excelente uniformidade de aspeto e resistência e são normalmente utilizados para fixar o tamanho e a forma dos produtos de carne transformados (Gómez-Guillén et al., 2011). A adição de compostos orgânicos, como a melamina, o leite e a ureia, também é registada (Barai et al., 1992).

A proteína do leite, que é considerada precursora de muitos péptidos bioactivos com muitas propriedades e nutrientes, é normalmente adulterada com vários compostos azotados, como a melamina, a ureia e o soro de leite, para aumentar o teor aparente de proteína (Domingo et al., 2014, Hau et al., 2009). A quantidade de ureia encontrada é geralmente maior do que o limite permitido de 10-16 mg/dL, indicando uma adição externa (Abdallah et al., 1992).O soro de leite, sendo produzido em grande volume como um subproduto barato da fabricação de queijos e caseinatos, é adicionado ao leite líquido como proteína de soro de leite para aumentar tanto o teor de proteína quanto o volume total (Nascimento et al., As proteínas vegetais, como a soja em pó de baixa qualidade, a ervilha e o trigo, também contribuem para aumentar o teor de proteína do leite e são opções convenientes devido à sua disponibilidade e baixo preço. As proteínas do arroz e da amêndoa são vendidas como suplementos lácteos para consumidores com intolerância à lactose (Azad et al., 2016, Scholl et al., 2014).

Os ovos e os alimentos derivados de ovos correm o risco de serem contaminados com melamina, utilizada para aumentar o teor aparente de proteínas com o objetivo de aumentar o seu valor de mercado (Rodriguez Mondal et al., 2010). Os alimentos básicos sofrem vários tipos de substituição que envolvem discriminação de

qualidade. Um dos casos mais comuns de substituição é a mistura de cereais que contêm glúten em produtos sem glúten. O glúten induz reações alergénicas em muitos indivíduos para os quais os alimentos sem glúten ganharam muita popularidade (Pastor et al., 2019, Delwiche et al., 2016). Os amendoins são também outro alergénio misturado em cereais a granel, leguminosas, oleaginosas e amostras a granel (Colgrave et al., 2016). Além disso, a farinha de trigo, o glúten e os grãos de soja são frequentemente adulterados com melamina para aumentar o seu teor aparente de proteínas.
Outros componentes, como as vitaminas e os minerais, também fazem parte dos alimentos, especialmente nas frutas e nos legumes. Estes componentes são necessários para manter o corpo saudável, funcional e, até certo ponto, resistente a doenças. As vitaminas são sintetizadas por outras substâncias orgânicas e os seres humanos precisam de as consumir para obterem benefícios para a saúde. Os minerais são elementos inorgânicos que o ser humano absorve do ambiente ou de alimentos não vegetarianos. Para adotar uma dieta mais saudável com vitaminas e minerais, as pessoas devem comer quantidades adequadas de frutas, legumes, cereais integrais, feijões, leguminosas, produtos lácteos e proteínas com baixo teor de gordura. Em alguns casos, os produtores de alimentos utilizam aditivos alimentares para manter ou melhorar a frescura, o aspeto, a textura e a segurança dos produtos alimentares. No entanto, estes aditivos alimentares devem ser verificados quanto aos seus efeitos potencialmente nocivos antes de serem utilizados.

As vitaminas e os minerais são uma forma de micronutrientes que são necessários em pequenas quantidades e estão envolvidos nos processos metabólicos que nos permitem obter energia a partir de hidratos de carbono, proteínas e gorduras, que também são conhecidos como macronutrientes. Muitas vitaminas actuam como antioxidantes, importantes para o desenvolvimento dos ossos e dos dentes. As frutas e os legumes são uma fonte importante de vitaminas e minerais, e frutas e legumes adulterados podem levar ao desenvolvimento de diferentes tipos de doenças. Os produtos hortícolas são frequentemente tingidos com diferentes cores e substâncias, na sua maioria adulterados com verde malaquite, um corante químico conhecido por causar cancro. Os adulterantes mais comuns nos frutos e legumes incluem a oxitocina, a sacarina, a cera, o carboneto de cálcio e o sulfato de cobre. O carboneto de cálcio é utilizado para amadurecer artificialmente e de forma rápida frutos verdes, como bananas, mangas, goiabas, papaias, tomates e ananás (Okeke et al., 2022, Sharma et al., 2010).

ASPECTOS SANITÁRIOS DA ADULTERAÇÃO DE ALIMENTOS

Os adulterantes alimentares nem sempre contribuem para a degradação da saúde; alguns apenas afectam os parâmetros nutricionais e reduzem a qualidade dos alimentos, mas há provas dos perigos para a saúde resultantes da adulteração dos alimentos. O açúcar (hidrato de carbono) é um alimento importante em quase todas as casas e é também utilizado pelas indústrias da panificação, da confeitaria e das bebidas. Devido ao aumento da necessidade de açúcar para satisfazer a procura crescente da população, a sua adulteração aumenta. Verificou-se que os adulterantes do açúcar, tais como microplásticos, giz, ureia, soda, substitutos do açúcar e outros produtos à base de açúcar, são utilizados para aumentar o peso da embalagem, melhorar a cor e o sabor, ajudar na absorção da humidade, aumentar o lucro e, por conseguinte, reduzir o custo de produção. Todos estes adulterantes têm efeitos nocivos para a saúde humana.

Entre os adulterantes do açúcar e do leite, a adulteração da ureia tem uma prevalência mais elevada. A ureia (carbamida) é um composto rico em azoto, produzido no organismo como produto do metabolismo das proteínas. A ureia é geralmente considerada um composto pouco tóxico para a saúde humana, mas o seu consumo acima do limite permitido demonstrou ter efeitos degenerativos e necróticos no fígado e nos rins, mesmo em exposições de curta duração. Além disso, a ingestão de ureia pode provocar perturbações gastrointestinais, como indigestão e úlceras. Existe também a possibilidade de o consumo de ureia poder ser carcinogénico, o que necessita de mais investigação e pesquisa para ser confirmado (Verma et al., 2003, Ramesh et al., 2015).

A figura 1 apresenta as principais formas de adulteração de alimentos açucarados e os seus efeitos nocivos.

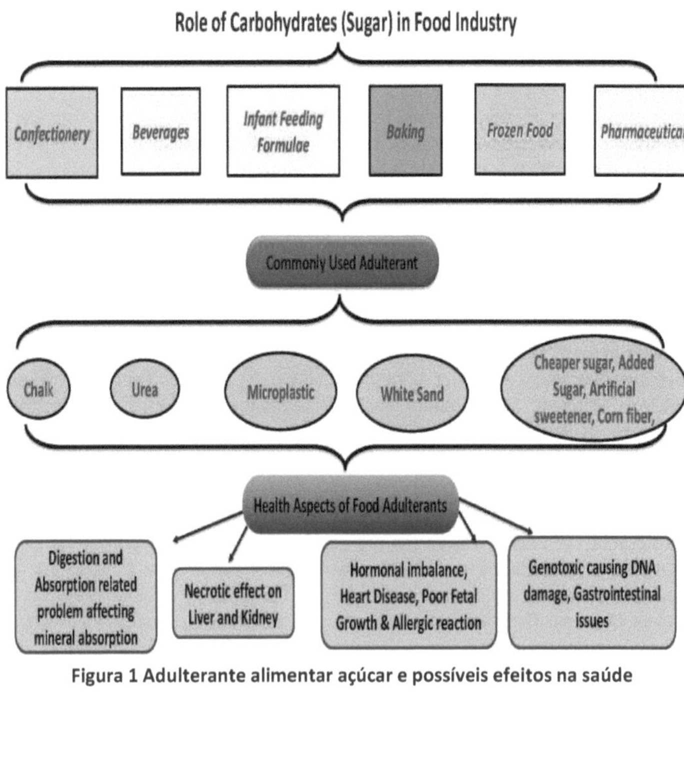

Figura 1 Adulterante alimentar açúcar e possíveis efeitos na saúde

O pó de giz utilizado como adulterante pode causar problemas relacionados com a digestão nas crianças, tais como dores de estômago, obstipação ou mesmo bloqueios intestinais, se consumido em grandes quantidades. O pó de giz pode interferir com a absorção de nutrientes pela criança e pode causar cãibras musculares, uma vez que pode perturbar a absorção de minerais importantes, como o cálcio e o magnésio, que são essenciais para o bom funcionamento muscular (Goyal et al., 2022, Advani et al., 2014).

O teor de humidade do mel influencia fortemente a conservação, a viscosidade, o peso específico, a cristalização e o sabor, contribuindo para o desenvolvimento de microrganismos fermentadores (Singh et al., 2023). Todos os parâmetros, especialmente os longos períodos de armazenamento, causam a degradação de diferentes polímeros e podem potencialmente afetar a migração de plásticos das embalagens de plástico, o que representa sérios problemas de saúde (Mühlschlegel et al., 2017, Ananias et al., 2013, Diaz-Basantes et al., 2020). Num estudo, foi detectada a presença de microplásticos no açúcar disponível comercialmente (Afrin et al.,2022, Makhdoumi et al., 2023).

O impacto da ingestão de plásticos na saúde humana ainda não é totalmente conhecido, mas alguma literatura sugere que pode ser prejudicial. Estudos mostram que os produtos químicos adicionados durante a produção de plásticos podem perturbar o sistema endócrino e as hormonas que regulam o nosso crescimento e desenvolvimento. As substâncias químicas presentes no plástico têm sido associadas a uma série de outros problemas de saúde, incluindo cancro, doenças cardíacas e desenvolvimento fetal deficiente. Além disso, foi referido que níveis elevados de microplásticos ingeridos podem também provocar danos nas células, o que pode levar a inflamações e reacções alérgicas. Verifica-se que as quantidades ingeridas podem desencadear a morte celular, mas também podem causar respostas imunitárias, incluindo reacções alérgicas, danos nas paredes celulares, ansiedade e stress oxidativo. A inflamação a longo prazo está associada a diversos problemas de saúde, que incluem doenças cardiovasculares e tipos específicos de cancro.

Os edulcorantes artificiais estão presentes em muitos alimentos consumidos em todo o mundo, uma vez que proporcionam doçura e aumentam a palatabilidade dos alimentos sem adicionar calorias, um importante complemento para a gestão da perda de peso e regimes de dieta. A maioria deles não é metabolizada pelo organismo e, por isso, é considerada segura, mas se consumida para além da dose diária aceitável (DDA) tem efeitos negativos na saúde humana. Podem ser clastogénicos, genotóxicos, podem causar dor de cabeça, boca seca, náuseas, vómitos, tonturas, danos no ADN e cancro (Gallus et al., 2007, Chattopadhyay et al., 2014, Whitehouse et al., 2008, Sedova et al., 2008). A utilização de adoçantes artificiais durante a gravidez deve ser restringida, uma vez que existem cada vez mais evidências que sugerem que os ambientes fetais e do início da vida são determinantes de doenças na idade adulta, incluindo dislipidemia, resistência à insulina, obesidade e hipertensão (Choudhary et al., 2020). Se a quantidade de açúcar adicionada a qualquer género alimentício não for tida em consideração, isso resultará na adulteração dos alimentos e poderá ter consequências perigosas, especialmente no caso de uma pessoa doente.

O teor de proteínas é um dos principais índices de qualidade dos produtos à base de proteínas (Andrade et al., 2019, Ingle et al., 2016). Os adulterantes comuns no soro de leite e noutras proteínas em pó são a mistura de aminoácidos baratos e seus derivados, como a creatina, a glutamina, a taurina e a proteína de soja em pó barata, ou substâncias ricas em azoto, como a ureia e a melamina. O consumo prolongado destes suplementos proteicos prejudiciais à saúde pode provocar desequilíbrios hormonais, insuficiência renal, acidentes vasculares cerebrais, lesões hepáticas agudas, problemas pulmonares, aumento dos movimentos intestinais, acne, náuseas, sede, inchaço, redução do apetite, cansaço, dores de cabeça e até a morte.

A importância nutricional e funcional das proteínas do leite sempre foi levada em consideração. O leite bovino contém cerca de 80% de caseína e 20% de proteínas do soro de alto valor biológico e vários factores, incluindo a adulteração, afectam a composição e a distribuição das fracções proteicas (de Freitas Filho et al., 2009). O leite é entregue ao mercado com adição de água, o que altera a sua composição e reduz a sua qualidade nutricional e os produtores sem ética também adicionam compostos ricos em nitrogénio para corrigir o teor aparente de proteínas do leite. Esta prática não só é prejudicial para a saúde dos consumidores, como também prejudica a economia de um país. A melamina é um composto orgânico azotado sintetizado a partir da ureia e utilizado na produção de plásticos, corantes, fertilizantes e tecidos. O consumo de melamina tem sido associado a nefrolitíase, inflamação crónica dos rins e carcinoma da bexiga (Braekevelt et al., 2011, Gossner et al., 2009, Hau et al., 2009). Também forma cristais com ácido úrico e leva à formação de cálculos urinários.

Os aminoácidos, como a glicina e a taurina, estão entre os que foram recentemente alvo de adulteração de suplementos proteicos, porque são geralmente fontes de proteínas mais baratas em comparação com outros adulterantes. A glicina é considerada um adulterante ideal nas proteínas em pó, pois é um composto naturalmente doce, mas em doses elevadas tem efeitos secundários negativos, pois é um exemplo de neurotransmissor inibitório e participa numa variedade de funções motoras e sensoriais. A taurina, em excesso, pode atuar como irritante dos olhos e da pele e causar diarreia ligeira e obstipação. Os produtos da pesca substituídos por proteínas podem resultar no consumo de espécies de peixe venenosas ilegais que podem mesmo causar a morte e os produtos de carne substituídos podem causar reacções alérgicas, diabetes e doenças cardiovasculares (Fox et al., 2018, Ali et al., 2014).

A figura 2 resume o papel das proteínas na indústria alimentar, os seus adulterantes e possíveis efeitos na saúde.

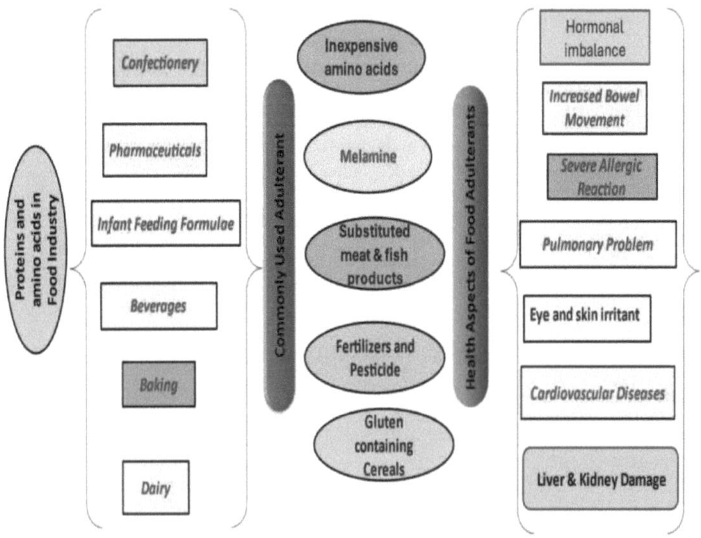

Figura 2 Adulterantes alimentares de proteínas e aminoácidos e possíveis efeitos na saúde

No subcontinente indiano, o consumo de óleo comestível difere drasticamente, incluindo o óleo de amendoim no oeste e o óleo de coco no sul, sendo o óleo de mostarda o óleo comestível preferido nas regiões norte e leste da Índia. Vários dados clínicos sugerem que este produto é frequentemente adulterado com óleo de semente de argemona e que o consumo deste óleo, mesmo durante um curto período de tempo, conduz a uma condição clínica coletivamente designada por Dropsia Epidémica (Khan et al., 2001, Chopra et al., 1939). Os efeitos tóxicos do óleo de argemona (AO) foram atribuídos à presença de alcalóides de benzofenantridina, sanguinarina e dihidrosanguinarina (Sarkar et al., 1948). A AO provoca a dilatação das arteríolas e capilares mais pequenos, levando à fuga de albumina sérica com um aumento concomitante da globulina, resultando num aumento da permeabilidade capilar (Das et al., 1998). Estudos experimentais e clínicos sugerem que a pele, o fígado, os pulmões, os rins e o coração são os locais-alvo da intoxicação por óleo de argemona (Babu et al., 2010). Os óleos mais baratos que contêm corantes sintéticos amarelo-pálidos claros, como o amarelo-manteiga (BY ; 3 '-metil-4-dimetil- aminoazobenzeno), juntamente com a adição do fator de pungência da mostarda, o isotiocianato de alilo, são por vezes frequentemente vendidos sob o pretexto de que o óleo de mostarda contém um composto químico que interage com macromoléculas como o ADN, provocando assim respostas genotóxicas e mutagénicas (Das et al., 2007, Ashby et al., 1983). Verificou-se que produz tumores hepáticos e cutâneos, bem como cancro no trato respiratório (Nunes et al., 2014). Devido às suas propriedades altamente reactivas e tóxicas, este corante foi banido da utilização alimentar.

Alguns estudos referem que o azeite virgem extra e o óleo de coco, o óleo de sésamo puro são adulterados com vários óleos mais baratos, como o óleo de soja, o óleo de milho, o óleo de colza, e que o consumo de óleo de palma resulta num aumento da mortalidade por doença cardíaca isquémica, num aumento do colesterol de lipoproteínas de baixa densidade, num aumento do risco de doenças cardiovasculares e noutros efeitos adversos (Sun et al., 2015, Mukherjee et al., 2009, Chen et al., 2011).

A figura 3 resume as principais formas de adulteração de alimentos lipídicos e o seu impacto na saúde.

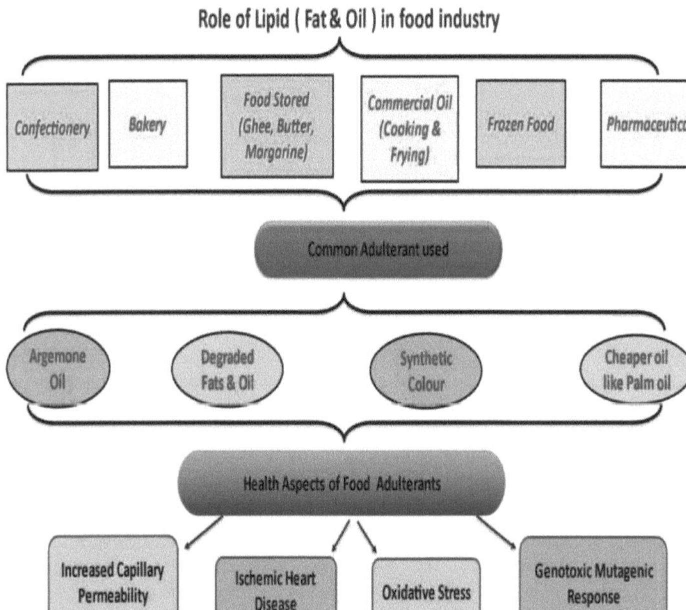

Figura 3 Adulterantes alimentares gorduras e óleos e possíveis efeitos na saúde

As frutas e os produtos hortícolas são fonte de vitaminas e minerais essenciais para várias reacções metabólicas no nosso corpo e o consumo de frutas adulteradas com agentes de amadurecimento provou ser cancerígeno para o corpo humano. O etileno, o etanol, o metanol, o propileno, o etilenoglicol, o ethephon e o carboneto de cálcio são utilizados para amadurecer artificialmente os frutos e os produtos hortícolas. Podem ser cancerígenos, provocar dores de cabeça, tonturas, perturbações do humor, sonolência, confusão mental, vómitos, diarreia, lesões cutâneas permanentes, insuficiência renal, etc. (Goonatilake et al., 2008, Ur-Rahman et al., 2008).

O carboneto de cálcio contém materiais tóxicos, como o arsénio e o fósforo, que causam cegueira e irritação da pele. Tinha uma maior concentração de arsénio, que pode causar cancro do pulmão, do fígado e dos rins (Fattah et al., 2010). O formaldeído é o conservante mais utilizado em frutas e legumes. A formalina inibe o crescimento de micróbios ao interagir com os grupos amino da adenina, citosina e guanina, desnaturando-os. Também penetra no interior dos esporos bacterianos, o que a torna capaz de prevenir a contaminação microbiana e prolongar o prazo de validade dos alimentos (Panghal et al.,2018, Nowshad et al., 2018).

CONCLUSÃO

Educar os produtores de alimentos, retalhistas e consumidores sobre os componentes bioquímicos dos alimentos e as suas propriedades é uma necessidade urgente, uma vez que os impactos negativos na saúde de vários adulterantes alimentares não podem ser exagerados. Para além do limite de segurança, os constituintes essenciais dos alimentos podem também atuar como adulterantes e causar graves riscos para a saúde. Deve ser adoptada uma estratégia multifacetada

para combater a crise da adulteração, incluindo políticas pró-activas, envolvimento das empresas e, acima de tudo, a mais importante sensibilização dos consumidores. As medidas de segurança alimentar são enfatizadas com o objetivo de prevenir os riscos para a saúde e reforçar o sistema regulamentar. Os organismos locais podem organizar programas de sensibilização dos consumidores para a adulteração e a contaminação dos alimentos através de campos/campanhas/nukkad natak, devendo a alimentação segura ser o objetivo de todos os interessados.

REFERÊNCIAS

1. Choudhary, A., Gupta, N., Hameed, F., &Choton, S. (2020). Uma visão geral da adulteração de alimentos: Conceito, fontes, impacto, desafios e deteção. Revista Internacional de Estudos Químicos, 8(1), 2564-2573.
2. Goyal, K., Kumar, P., & Verma, K. (2022). Deteção de adulteração de alimentos utilizando inteligência artificial: A systematic review. Arquivos de Métodos Computacionais em Engenharia, 29(1), 397-426.
3. Tomar, P., & Alka, G. (2022). Food adulteration and its impact on health (adulteração de alimentos e seu impacto na saúde). Jornal Internacional de Ciências Domésticas, 8(2), 164-168.
4. Koul, M., Bisht, R. R., &Adit, A. (2020). Deteção de adulteração em produtos alimentares diários: Insights sobre procedimentos laboratoriais. Hans Shodh Sudha, 1(1), 20-26.
5. Rath, D. (2022). Uma revisão crítica sobre adulteração de alimentos e seu risco para a saúde. IJNRD, 7, 353-356.
6. Popoola, I. O., Soladoye, P. O., Gaudette, N. J., & Wismer, W. V. (2022).

Uma revisão dos factores sensoriais e relacionados com o consumidor que influenciam a aceitação de carnes vermelhas de espécies animais alternativas. Food Reviews International, 38(sup1), 266-285.

7. Fiorino, G. M., Garino, C., Arlorio, M., Logrieco, A. F., Losito, I., & Monaci, L. (2018). Visão geral sobre métodos não direcionados para combater fraudes alimentares: um foco em produtos da pesca. Jornal de qualidade alimentar, 2018(1), 1581746.

8. Rinke, P. (2016). A tradição encontra a alta tecnologia para o teste de autenticidade de sumos de fruta. Em Advances in food authenticity testing (Avanços nos testes de autenticidade de alimentos) (pp. 625-665). Woodhead Publishing.

9. Ríos-Reina, R., Callejón, R. M., Oliver-Pozo, C., Amigo, J. M., & García-González, D. L. (2017). ATR-FTIR como uma ferramenta potencial para controlar categorias de vinagre de alta qualidade. Food Control, 78, 230-237.

10. He, Y., Bai, X., Xiao, Q., Liu, F., Zhou, L., & Zhang, C. (2021). Deteção de adulteração em alimentos com base em técnicas de análise não destrutiva: Uma revisão. Revisões críticas em ciência alimentar e nutrição, 61(14), 2351-2371

11. Pastor, K., Acanski, M., Vujic, D., & Kojic, P. (2019). Uma dicriminação rápida de amostras de farinha de trigo, nozes e avelãs usando algoritmos quimiométricos em dados GC / MS. Journal of Food Measurement and Characterization, 13, 2961-2969.

12. Fiorino, G. M., Garino, C., Arlorio, M., Logrieco, A. F., Losito, I., & Monaci, L. (2018). Visão geral sobre métodos não direcionados para combater fraudes alimentares: um foco em produtos da pesca. Jornal de qualidade alimentar, 2018(1), 1581746.

13. Collins, C., McNamara, A. E., & Brennan, L. (2019). Papel da metabolómica na identificação de biomarcadores relacionados com a ingestão de alimentos. Actas da Sociedade de Nutrição, 78(2), 189-196.

14. Li, S., Tian, Y., Jiang, P., Lin, Y., Liu, X., & Yang, H. (2021). Avanços recentes na aplicação da metabolômica para controle de segurança alimentar e análises de qualidade alimentar. Revisões críticas em ciência e nutrição de alimentos, 61 (9), 1448-1469.

15. Utpott, M., Rodrigues, E., de Oliveira Rios, A., Mercali, G. D., &Flôres, S. H. (2022). Metabolómica: Uma técnica analítica para avaliação do processamento de alimentos. Food Chemistry, 366, 130685.

16. Regan, J. A., & Shah, S. H. (2020). Genômica e metabolômica da obesidade: um nexo de risco cardiometabólico. Relatórios actuais de cardiologia, 22, 1-19.

17. Wu, Y., Perng, W., & Peterson, K. E. (2020). Nutrição de precisão e obesidade infantil: uma revisão do escopo. Metabolitos, 10(6), 235.

18. Arneth, B., Arneth, R., & Shams, M. (2019). Metabolômica do diabetes tipo 1 e tipo 2. Revista internacional de ciências moleculares, 20(10), 2467.

19. Wang, N., Zhu, F., Chen, L., & Chen, K. (2018). Proteômica, metabolômica e metagenômica para diabetes tipo 2 e suas complicações. Ciências da Vida, 212, 194-202.

20. Li, X. S., Wang, Z., Cajka, T., Buffa, J. A., Nemet, I., Hurd, A. G., ... & Hazen, S. L. (2018). A metabolômica não direcionada identifica a trimetillysine, um precursor de nutrientes produtores de TMAO, como um preditor do risco de doença cardiovascular incidente. JCI insight, 3(6).
21. Onuh, J. O., & Aliani, M. (2020). Perfil metabolómico na hipertensão e regulação da pressão arterial: uma revisão. Hipertensão clínica, 26(1), 23.
22. Elliott, C. (2014). Elliott Review into the integrity and assurance of food supply networks - Relatório final: Um quadro nacional de prevenção da criminalidade alimentar.
23. Fox, M., Mitchell, M., Dean, M., Elliott, C., & Campbell, K. (2018). A cadeia de abastecimento de frutos do mar de uma perspetiva fraudulenta. Segurança Alimentar, 10, 939-963.
24. Autoridade Europeia para a Segurança dos Alimentos. (2013). O relatório de 2010 da União Europeia sobre resíduos de pesticidas nos alimentos. EFSA Journal, 11(3), 3130.
25. Livesey, G., Kritchevsky, D., & Bonefield, C. (1995). Fibra como energia no homem. Dietary Fiber in Health and Disease. D. Kritchevsky e C. Bonfield, eds. Eagan Press: St. Paul, MN, 46-57.
26. Labuza, T. P., Monnier, V., Baynes, J., & O'Brien, J. (Eds.). (1998). Maillard reactions in chemistry, food and health. Elsevier.
27. Maier, H., Anderson, M., Karl, C., Magnuson, K., & Whistler, R. L. (1993). Gomas de guar, alfarroba, tara e feno-grego. Em Industrial gums (pp. 181-226). Academic Press.
28. Manners, D. J. (1985). Alguns aspectos da estrutura do amido.
29. McCain, H. R., Kaliappan, S., & Drake, M. A. (2018). Revisão convidada: Redução de açúcar em produtos lácteos. Journal of Dairy Science, 101(10), 8619-8640.
30. Egido, C., Saurina, J., Sentellas, S., & Núñez, O. (2024). Deteção de fraude de mel com base em adulterações de xarope de açúcar por impressão digital HPLC-UV e quimiometria. Food Chemistry, 436, 137758.
31. Chattopadhyay, S., Raychaudhuri, U., & Chakraborty, R. (2014). Adoçantes artificiais - uma revisão. Journal of food science and technology, 51, 611-621.
32. Montesano, D., Albrizio, S., Lucini, L., Barba, F. J., & Gallo, M. (2018). Lípidos e qualidade alimentar. Jornal da Qualidade Alimentar, 2018.
33. Huq, A. K. O., Uddin, I., Ahmed, E., Siddique, M. A. B., Zaher, M. A., & Nigar, S. (2022). Adulteração de gorduras e óleos: cenário atual e técnicas de deteção rápida. Food Research, 6(1), 5-11.
34. Azadmard-Damirchi, S., & Torbati, M. (2015). Adulterações em alguns óleos e gorduras comestíveis e seus métodos de deteção. Journal of Food Quality & Hazards Control, 2(2).
35. Tan, C. H., Kong, I., Irfan, U., Solihin, M. I., &Pui, L. P. (2021). Adulteração de óleos comestíveis: Uma revisão sobre a conformidade regulamentar e suas tecnologias de deteção. Journal of Oleo Science, 70(10), 1343-1356.
36. Yadav, S. (2018). Adulterações de óleo comestível: Questões atuais, técnicas de deteção e riscos para a saúde. Revista Internacional de Estudos Químicos, 6(2), 1393-1397.

37. Haji, A., Desalegn, K., & Hassen, H. (2023). Adulteração de produtos alimentares selecionados, seus impactos na saúde pública e métodos de deteção: A review. Ciência Alimentar e Nutrição, 11(12), 7534-7545.
38. Christopoulou, E., Lazaraki, M., Komaitis, M., &Kaselimis, K. (2004). Eficácia das determinações de ácidos gordos e triglicéridos na deteção de adulteração de azeites com óleos vegetais. Food chemistry, 84(3), 463-474.
39. Ahmed, S., Hamid, M. A., & Rahman, M. M. (2020). Avaliação do ghee adulterado com óleos e gorduras no Bangladesh. Jornal de Investigação Veterinária e Animal Avançada, 7(4), 678.
40. Choudhary, A., Gupta, N., Hameed, F., &Choton, S. (2020). Uma visão geral da adulteração de alimentos: Conceito, fontes, impacto, desafios e deteção. Revista Internacional de Estudos Químicos, 8(1), 2564-2573.
41. Gutierrez, J., Barry-Ryan, C., & Bourke, P. (2009). Antimicrobial activity of plant essential oils using food model media: efficacy, synergistic potential, and interactions with food components. Microbiologia alimentar, 26(2), 142-150.
42. Maurya, A., Prasad, J., Das, S., &Dwivedy, A. K. (2021). Óleos essenciais e sua aplicação na segurança alimentar. Fronteiras em Sistemas Alimentares Sustentáveis, 5, 653420.
43. Nakyinsige, K., Man, Y. B. C., &Sazili, A. Q. (2012). Questões de autenticidade Halal em carne e produtos à base de carne. Meat science, 91(3), 207-214.
44. Herrero, A. M., Cambero, M. I., Ordóñez, J. A., De la Hoz, L., & Carmona, P. (2009). Pó de plasma como agente de ligação a frio para o sistema de carne: Estudo reológico e de espetroscopia Raman. Química Alimentar, 113(2), 493-499.
45. Saguer, E., Dàvila, E., Toldrà, M., Fort, N., Baixas, S., Carretero, C., &Parés, D. (2007). Eficácia do processamento a alta pressão na qualidade higiénica e tecnológica do plasma suíno proveniente de sangue biopreservado. Meat science, 76(1), 189-193.
46. Gómez-Guillén, M. C., Giménez, B., López-Caballero, M. A., & Montero, M. P. (2011). Propriedades funcionais e bioactivas do colagénio e da gelatina de fontes alternativas: A review. Food hydrocolloids, 25(8), 1813-1827.
47. Barai, B. K., Nayak, R. R., Singhal, R. S., & Kulkarni, P. R. (1992). Approaches to the detection of meat adulteration. Trends in Food Science & Technology, 3, 69-72.
48. Domingo, E., Tirelli, A. A., Nunes, C. A., Guerreiro, M. C., & Pinto, S. M. (2014). Deteção de melamina no leite usando espetroscopia vibracional e análise quimiométrica: Uma revisão. Food Research International, 60, 131-139.
49. Hau, A. K. C., Kwan, T. H., & Li, P. K. T. (2009). Toxicidade da melamina e o rim. Journal of the American Society of Nephrology, 20(2), 245-250.
50. Abdallah, M. I. M., Marouf, H. A., Bazalou, M. S., & Dawoud, A. S. (2008). determinação da ureia no leite de vaca vendido em damietta GOVERNORATE. J. Egypt Vet. Med. Assoc, 68(2), 1-7.
51. Nascimento, C. F., Santos, P. M., Pereira-Filho, E. R., & Rocha, F. R. (2017). Avanços recentes na determinação de adulterantes de leite. Química dos alimentos, 221, 1232-1244.
52. Poonia, A., Jha, A., Sharma, R., Singh, H. B., Rai, A. K., & Sharma, N.

(2017). Deteção de adulteração no leite: A review. Revista internacional de tecnologia de laticínios, 70(1), 23-42.
53. Azad, T., & Ahmed, S. (2016). Adulteração comum do leite e suas técnicas de deteção. Revista Internacional de Contaminação Alimentar, 3, 1-9.
54. Scholl, P. F., Farris, S. M., &Mossoba, M. M. (2014). Deteção turbidimétrica rápida de adulteração de leite em pó com proteínas vegetais. Jornal de química agrícola e alimentar, 62(7), 1498-1505.
55. Rodriguez Mondal, A. M., Desmarchelier, A., Konings, E., Acheson-Shalom, R., & Delatour, T. (2010). Extensão do método de cromatografia líquida-espetrometria de massa em tandem (LC- MS/MS) para quantificar simultaneamente melamina e ácido cianúrico em ovo em pó e proteína de soja, para além de produtos lácteos. Journal of agricultural and food chemistry, 58(22), 11574-11579.
56. Pastor, K., Acanski, M., & Vujic, D. (2019). Uma revisão da adulteração versus autenticação da farinha. Farinha e pães e sua fortificação na saúde e prevenção de doenças, 21-35.
57. Delwiche, S. R. (2016). Avanços na identificação de cereais e produtos derivados de cereais adulterados. Em Advances in food authenticity testing (Avanços nos testes de autenticidade de alimentos) (pp. 491-518). Woodhead Publishing.
58. Colgrave, M. L., Byrne, K., Blundell, M., & Howitt, C. A. (2016). Identificação de marcadores peptídicos específicos da cevada que persistem em alimentos processados e são capazes de detetar a contaminação da cevada por LC-MS / MS. Journal of proteomics, 147, 169-176.
59. Okeke, E. S., Okagu, I. U., Okoye, C. O., &Ezeorba, T. P. C. (2022). A utilização de carboneto de cálcio na alimentação e no amadurecimento de frutos: Potenciais mecanismos de toxicidade para os seres humanos e perspectivas futuras. Toxicologia, 468, 153112.
60. Sharma, K., &Paradakar, M. (2010). The melamine adulteration scandal (O escândalo da adulteração da melamina). Food Security, 2(1), 97-107.
61. Goyal, K., Kumar, P., & Verma, K. (2022). Deteção de adulteração de alimentos utilizando inteligência artificial: A systematic review. Arquivos de Métodos Computacionais em Engenharia, 29(1), 397-426.
62. Advani, S., Kochhar, G., Chachra, S., & Dhawan, P. (2014). Comendo tudo, exceto comida (PICA): Um relato de caso raro e revisão. Jornal da Sociedade Internacional de Odontologia Preventiva e Comunitária, 4(1), 1-4.
63. Verma, N., & Singh, M. (2003). Um biossensor descartável de base microbiana para o controlo da qualidade do leite. Biosensors and bioelectronics, 18(10), 1219-1224.
64. Ramesh, R., Puhazhendi, P., Kumar, J., Gowthaman, M. K., D'Souza, S. F., & Kamini, N. R. (2015). Biossensor potenciométrico para determinação de ureia no leite utilizando urease imobilizada de Arthrobacter creatinolyticus. Ciência e Engenharia de Materiais: C, 49, 786-792.
65. Afrin, S., Rahman, M. M., Hossain, M. N., Uddin, M. K., & Malafaia, G. (2022). Existem partículas de plástico no meu açúcar? Um estudo pioneiro sobre a caraterização de microplásticos em açúcares comerciais e avaliação de risco. Science of The Total Environment, 837, 155849.

66. Makhdoumi, P., Pirsaheb, M., Amin, A. A., Kianpour, S., & Hossini, H. (2023). Poluição microplástica em sal de mesa e açúcar: Ocorrência, qualificação e quantificação e avaliação de risco. Jornal de Composição e Análise de Alimentos, 119, 105261.
67. Singh, I., & Singh, S. (2018). Redução da humidade do mel e sua qualidade. Jornal de ciência e tecnologia alimentar, 55, 3861-3871.
68. Mühlschlegel, P., Hauk, A., Walter, U., & Sieber, R. (2017). Falta de evidências de contaminação por microplásticos no mel. Aditivos e contaminantes alimentares: Parte A, 34(11), 19821989.
69. Ananias, K. R., Melo, A. A. M. D., & Moura, C. J. D. (2013). Análise do teor de umidade, acidez e contaminação por leveduras e bolores em mel de Apis mellifera L. do Brasil central. Revista Brasileira de Microbiologia, 44, 679-683.
70. Diaz-Basantes, M. F., Conesa, J. A., & Fullana, A. (2020). Microplásticos em mel, cerveja, leite e refrescos no Equador como contaminantes emergentes. Sustentabilidade, 12(14), 5514.
71. Gallus, S., Scotti, L., Negri, E., Talamini, R., Franceschi, S., Montella, M., ... & La Vecchia, C. (2007). Adoçantes artificiais e risco de cancro numa rede de estudos de caso-controlo. Annals of Oncology, 18(1), 40-44.
72. Chattopadhyay, S., Raychaudhuri, U., & Chakraborty, R. (2014). Adoçantes artificiais - uma revisão. Journal of food science and technology, 51, 611-621.
73. Whitehouse, C. R., Boullata, J., & McCauley, L. A. (2008). The potential toxicity of artificial sweeteners (A toxicidade potencial dos adoçantes artificiais). Aaohn Journal, 56(6), 251-259.
74. Sedova, L., Seda, O., Kazdová, L., Chylíková, B., Hamet, P., Tremblay, J., ... &Krenova, D. (2007). A alimentação com sacarose durante a gravidez e a lactação provoca uma resposta metabólica distinta na descendência de um modelo genético consanguíneo de síndrome metabólica. American Journal of Physiology-Endocrinology and Metabolism, 292(5), E1318-E1324.
75. Choudhary, A., Gupta, N., Hameed, F., &Choton, S. (2020). Uma visão geral da adulteração de alimentos: Conceito, fontes, impacto, desafios e deteção. Revista Internacional de Estudos Químicos, 8(1), 2564-2573.
76. Andrade, J., Pereira, C. G., de Almeida Junior, J. C., Viana, C. C. R., de Oliveira Neves, L. N., da Silva, P. H. F., ... & dos Anjos, V. D. C. (2019). Determinação FTIR-ATR do teor de proteína para avaliar a adulteração do concentrado proteico de soro de leite. Lwt, 99, 166-172.
77. Ingle, P. D., Christian, R., Purohit, P., Zarraga, V., Handley, E., Freel, K., & Abdo, S. (2016). Determinação do teor de proteína por espetroscopia NIR em produtos de mistura de proteína em pó. Jornal da AOAC International, 99(2), 360-363.
78. Braekevelt, E., Lau, B. Y., Feng, S., Ménard, C., &Tittlemier, S. A. (2011). Determinação de melamina, amelina, ammelida e ácido cianúrico em fórmulas para lactentes adquiridas no Canadá por cromatografia líquida-espetrometria de massa em tandem. Food Additives and Contaminants, 28(6), 698-704.
79. Gossner, C. M. E., Schlundt, J., Ben Embarek, P., Hird, S., Lo-Fo-Wong, D., Beltran,
J . J. O., ... &Tritscher, A. (2009). O incidente da melamina: implicações para a

segurança internacional dos géneros alimentícios e dos alimentos para animais. Environmental health perspectives, 117(12), 1803-1808.
80. de Freitas Filho, J. R., Freitas, W. R., da Silva Lima, R., da Silva, M. S. J., Lima, R. T., Souza, H. B., & Lima, V. A. M. (2009). Avaliação do teor de caseína e albumina no leite de vacas da raça Girolanda. Revista Brasileira de TecnologiaAgroindustrial, 3(1).
81. Hau, A. K. C., Kwan, T. H., & Li, P. K. T. (2009). Toxicidade da melamina e o rim. Journal of the American Society of Nephrology, 20(2), 245-250.
82. Fox, M., Mitchell, M., Dean, M., Elliott, C., & Campbell, K. (2018). A cadeia de abastecimento de frutos do mar de uma perspetiva fraudulenta. Segurança Alimentar, 10, 939-963.
83. Ali, M. E., Hashim, U., Mustafa, S., Che Man, Y. B., Adam, T., & Humayun, Q. (2014). Nanobiossensor para a deteção e quantificação da adulteração de carne de porco na formulação de almôndegas. Journal of Experimental Nanoscience, 9(2), 152-160.
84. Khan, J. S. (2001). Blended mustard oil for health benefits (Óleo de mostarda misturado para benefícios para a saúde). Health and dietary aspects of mustard oil. Nova Deli: Mustard Research and Promotion Consortium, 132-8.
85. Chopra, R. N., Pasricha, C. L., Goyal, R. K., Lal, S., & Sen, A. K. (1939). The experimental production of syndrome of epidemic dropsy in man. The Indian Medical Gazette, 74(4), 193.
86. Sarkar, S. N. (1948). Isolamento de dihidrosanguinarina e sanguinarina a partir do óleo de argemona: toxicidade da sanguinarina. Nature, 162(4111), 265-266.
87. Das, M., & Khanna, S. K. (1998). Epidemic dropsy. The National medical journal of India, 11(5), 207-208.
88. Babu, C. K., Ansari, K. M., Mehrotra, S., Patel, S., Dikshit, M., & Das, M. (2010). Ativação da resposta inflamatória e apoptose de leucócitos polimorfonucleares em doentes com envenenamento por óleo de argemona. Chemico-biological interactions, 183(1), 154-164.
89. Das, M. (2007). Contaminação e adulteração de alimentos.
90. Ashby, J., Elliott, B. M., Lefevre, P. A., Styles, J., & Longstaff, E. (1983). Iniciação/promoção versus carcinogenicidade completa no fígado de roedores. Environmental Health Perspectives, 50, 339-346.
91. Nunes, C. A. (2014). Espectroscopia vibracional e quimiometria para avaliar a autenticidade, adulteração e parâmetros de qualidade intrínseca de óleos e gorduras comestíveis. Food Research International, 60, 255-261.
92. Sun, Y., Neelakantan, N., Wu, Y., Lote-Oke, R., Pan, A., & van Dam, R. M. (2015). O consumo de óleo de palma aumenta o colesterol LDL em comparação com óleos vegetais com baixo teor de gordura saturada em uma meta-análise de ensaios clínicos. The Journal of nutrition, 145(7), 1549-1558.
93. Mukherjee, S., & Mitra, A. (2009). Health effects of palm oil (Efeitos do óleo de palma na saúde). Jornal de Ecologia Humana, 26(3), 197-203.
94. Chen, B. K., Seligman, B., Farquhar, J. W., & Goldhaber-Fiebert, J. D. (2011). MultiCountry analysis of palm oil consumption and cardiovascular disease mortality for countries at different stages of economic development: 1980-1997.

Globalização e saúde, 7, 1-10.
95. Goonatilake, R. (2008). Efeitos do etilenoglicol diluído como agente de amadurecimento de frutos. Global Journal of Biotechnology & Biochemistry, 3(1), 8-13.
96. Ur-Rahman, A., Chowdhury, F. R., &Alam, M. B. (2008). Amadurecimento artificial: o que estamos a comer. Journal of Medicine, 9(1), 42.
97. Fattah, S. A., & Ali, M. Y. (2010). Frutas amadurecidas com carboneto - um perigo recente para a saúde. Faridpur Medical College Journal, 5(2), 37-37.
98. Panghal, A., Yadav, D. N., Khatkar, B. S., Sharma, H., Kumar, V., &Chhikara, N. (2018). Práticas ilícitas pós-colheita em frutas e legumes frescos: questões de segurança alimentar e saúde na Índia. Nutrition & Food Science, 48(4), 561-578.
99. Nowshad, F., Islam, M. N., & Khan, M. S. (2018). Concentração e comportamento de formação de formaldeído de ocorrência natural em alimentos. Agricultura e Segurança Alimentar, 7, 1-8.

Estudo para determinar o teor de metais pesados no óleo de palma comestível adulterado com corante vegetal

Jyoti Singh[1] , Shikha Mishra[2] , Amit Jaisawal[3]

[1,2] Professor Assistente, Departamento de Química,

A.N.D.N.N.M.Mahavidyalaya, Harsh Nagar, Kanpur

[3]Bolseiro de investigação, Departamento de Química,

C.M.P.Degree College, Prayagraj

Número de contacto: 9129118481

Correio eletrónico: jyotisingh912911@gmail.com

RESUMO

No presente estudo, os investigadores avaliaram o impacto de vários óleos alimentares nas enzimas hepáticas e o efeito hipolipidémico em ratos Wistar obesos. Dividiram 36 ratos Wistar, com um peso médio de 70 g às 5 semanas de idade, em dois grupos: 28 ratos receberam uma dieta rica em gordura (HFD), enquanto os restantes 8 ratos receberam uma dieta de controlo. Após um período de alimentação de 5 semanas, foram eutanasiados quatro ratos obesos com dieta HFD e quatro ratos com dieta de controlo. Os restantes 24 ratos obesos foram então divididos em seis grupos: um grupo continuou com uma dieta rica em gordura (CHF), outro grupo seguiu uma dieta de óleo de farelo de arroz (RBO), um grupo usou óleo de girassol (SFO), um grupo usou azeite (OO), um grupo usou óleo de soja (SO), um grupo usou óleo de fígado de bacalhau (CLO) e um grupo de dieta de controlo (n = 4). De acordo com os resultados, os ratos obesos que seguiram as terapias de RBO, CLO e SFO não diferiram significativamente na redução do peso corporal em comparação com o CHF. Além disso, observou-se que RBO, OO, SO e CLO causaram uma diminuição não significativa no peso do coração, AAT e EAT, enquanto SFO diminuiu consideravelmente o nível de AAT ($p < 0{,}05$). Além disso, RBO, OO, SO, CLO e SFO reduziram consideravelmente a gordura do fígado e o IBAT em comparação com CHF. Além disso, SO e CLO reduziram significativamente os níveis de ALT em comparação com RBO. A GGT não foi significativamente reduzida pelos outros óleos em comparação com o RBO ($p < 0{,}05$). De acordo com estes resultados, certos óleos alimentares podem controlar os perfis lipídicos, melhorar a obesidade e alterar as enzimas hepáticas.

Palavras-chave: Óleos comestíveis, Enzimas hepáticas, Efeito hipolipidémico, Obesidade.

INTRODUÇÃO

A obesidade é o problema de saúde pública mais perigoso do mundo moderno e uma das principais causas de mortalidade. Vários cancros, a diabetes (em especial a diabetes de tipo 2), as doenças cardiovasculares (DCV) e a mortalidade geral são significativamente afectados pela obesidade. Nos Estados Unidos, os indivíduos com um índice de massa corporal (IMC) superior a 30 kg/m2 são responsáveis por mais de 80% das mortes esperadas devido à obesidade. Em contrapartida, as taxas de obesidade (IMC >30 kg/m2) na Europa variam entre 4,0% e 28,3% para os homens e 6,2% e 36,5% para as mulheres. Aproximadamente 17% da população adulta do Bangladesh luta contra o excesso de peso ou a obesidade. Em comparação, em 1980, apenas 3% das crianças e 7% dos adultos tinham excesso de peso ou eram obesos. Um indivíduo com um índice de massa corporal (IMC)[1] de 30-35 kg/m2 sofre normalmente uma redução da longevidade de 2-4 anos; no entanto, uma obesidade significativa (IMC >40 kg/m2) está associada a uma redução da esperança de vida de 8-10 anos. A Organização Mundial de Saúde prevê que as preocupações relacionadas com o excesso de peso e a obesidade, que afectam 34,3% dos americanos com mais de 20 anos e custaram 503,2 mil milhões de dólares em tratamento e produtividade em 2010, podem ultrapassar as relacionadas com a subnutrição e as doenças infecciosas. Contrariamente ao aumento de três vezes do risco de esteatose na ecografia, a obesidade pode aumentar a probabilidade de elevação das enzimas hepáticas em duas a três vezes[2] .Os ácidos gordos ómega 3 e ómega 6 são considerados mais saudáveis devido à sua capacidade de prevenir o cancro, as doenças inflamatórias relacionadas com o coração e de diminuir o tamanho da gordura abdominal [3-4] . A administração de alimentos desempenha um papel crucial num plano de tratamento da obesidade, uma vez que normaliza ou até melhora a obesidade e as condições relacionadas [5]. Recomenda-se uma dieta saudável ou um programa alimentar que se concentre em evitar o aumento de peso, a obesidade, os distúrbios metabólicos e a diabetes tipo 2 [6]. A troca de ácidos gordos insaturados por ácidos gordos saturados demonstrou ser benéfica no controlo dos perfis lipídicos e dos distúrbios associados à obesidade [7]. Os ácidos gordos polinsaturados (PUFA) alteram principalmente o marcador hepático, contribuindo para a diminuição da gordura no fígado[8] . A dieta e o exercício são atualmente o tratamento mais popular para a doença hepática gorda não alcoólica (NAFLD), demonstrando aumentar as enzimas hepáticas[9-11] e diminuir os triglicéridos plasmáticos[12] . O controlo prolongado do peso corporal, a manutenção de um perfil lipídico favorável durante um longo período de tempo e a redução do armazenamento de gordura em vários depósitos de gordura conduzem a resultados benéficos na prevenção da obesidade e na redução das suas consequências[1] 3. O óleo nutricional serve como fonte primária de gordura na dieta humana. Inclui uma variedade de óleos como o óleo de coco, mostarda, palma, sésamo, soja, colza, girassol, azeite e óleo de fígado de bacalhau. A composição em ácidos gordos destes óleos varia muito devido à elevada quantidade de gorduras polinsaturadas que contêm. Os ácidos gordos poli-insaturados (PUFA) diminuem o colesterol das lipoproteínas de baixa densidade (LDL-C) e alteram o marcador hepático, melhorando os níveis de HDL-C e reduzindo os depósitos de gordura, o que pode reduzir a gordura hepática[14] . Os perfis de ácidos gordos insaturados do óleo de farelo de arroz (RBO), do azeite (OO), do óleo de soja (SO), do óleo de fígado de bacalhau (CLO) e do óleo de girassol (SFO) podem indicar o potencial para reduzir a deposição aberrante de gordura e a doença hepática gorda não alcoólica (NAFLD). O azeite virgem e outros óleos podem também ajudar a reduzir a obesidade e outros problemas cardiovasculares devido ao seu elevado teor de AGPI[15] . As enzimas hepáticas desempenham um papel fundamental na indicação do potencial de desenvolvimento de doenças hepáticas em situações graves, como a diabetes e a cirrose hepática. Embora tenha sido feita uma investigação considerável sobre os efeitos de vários óleos alimentares na hiperlipidemia e na doença hepática gorda não alcoólica (NAFLD), diferentes tipos de óleos podem reduzir as enzimas hepáticas e a obesidade. Vários estudos analisaram os efeitos de alimentos de diferentes composições sobre a obesidade e a NAFLD, mas ainda há poucas comparações entre alimentos diferentes. A investigação sobre como evitar a obesidade e os seus problemas através da modificação dietética das fontes de gordura é um assunto importante. Neste sentido, os autores tiveram como objetivo esclarecer como vários óleos alimentares afectaram os níveis de enzimas hepáticas e o impacto hipolipidémico em ratos Wistar obesos.

MATERIAL E MÉTODOS

Percursos para animais e ambientes de laboratório

36 ratos Wistar machos, com um peso médio de 70 g, foram obtidos com 4-5 semanas de idade no Biotério, Departamento de Farmácia, Universidade de Jahangirnagar, Bangladesh. Os animais tiveram uma semana para se adaptarem ao ambiente do laboratório antes de serem incluídos na experiência. Os ratos foram alojados num ambiente de investigação clínica com temperatura controlada, com um ciclo de luz-escuridão de 12:12 h a 23 ± 5 °C. Esta investigação foi aprovada pelo Comité de Cuidados dos Animais e os ratos foram alojados em conformidade com os regulamentos relativos aos cuidados e tratamento dos animais.

Conceção da investigação

O estudo foi realizado em duas fases (Fig. 1). No primeiro período, dividimos os ratos em dois grupos aleatoriamente: o grupo HFD (n = 28) recebeu HFD, enquanto o grupo de controlo (n = 8) foi alimentado com uma dieta de controlo. Após cinco semanas de alimentação, sacrificámos quatro ratos do grupo de controlo e quatro do grupo HFD. A dieta rica em gordura (CHF), as refeições RBO, OO, SO, CLO e SFO foram os seis grupos que incluíram os 24 ratos obesos restantes após a experiência. Após mais cinco semanas de alimentação, matámos os ratos e separámos os órgãos, o soro e o tecido adiposo, tal como na primeira fase. Após o sacrifício, efectuámos os testes analíticos necessários. Os ratos receberam água e dieta como de costume.

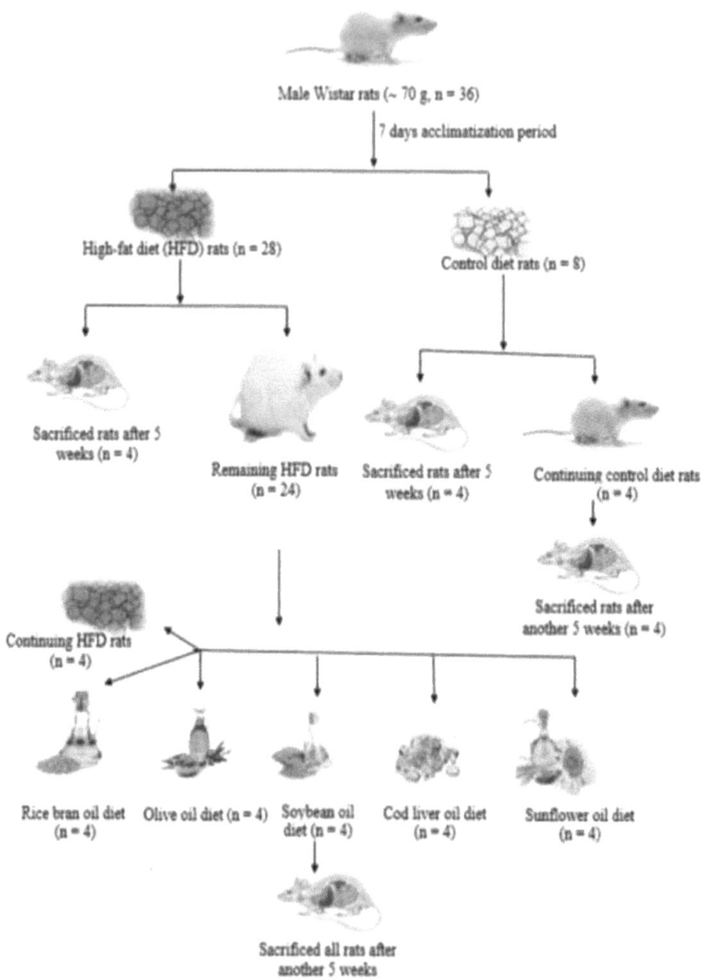

Fig. 1: O calendário do procedimento de investigação

DESENVOLVIMENTO DE REGIMES ALIMENTARES

Na Tabela 1 estão listados todos os materiais utilizados na primeira e segunda fases da experiência, bem como os preparados para a dieta de controlo. Os ingredientes para a dieta foram adquiridos num mercado local e elaborados segundo um processo tradicional[16] ' O quadro 2 apresenta o conteúdo aproximado da dieta concebida à base de óleo, da DHL e da dieta de controlo.

Tabela 1. Ingredientes da dieta de controlo e experimental (g/100 g) para a primeira e segunda fases.

Ingredients	First Phase diet (g)			Second Phase diet (g)			
Control	HFD	RBO	OO	SO	CLO	SFO	
Wheat 42	42	42	42	42	42	42	
Wheat bran	20	20	20	20	20	20	20
Rice polish	5	0	1	1	1	1	1
Ghee 0	10	0	0	0	0	0	
Egg yolk	0	5	0	0	0	0	0
Respective oil	0	0	15	15	15	15	15
Fish meal	10	5	5	5	5	5	5
Till cake	10	5	5	5	5	5	5
Vitamin GS	1	1	1	1	1	1	1
Oil 1	1	0	0	0	0	0	
Salt 0.5	0.5	0.5	0.5	0.5	0.5	0.5	
Molasses	0.5	0.5	0.5	0.5	0.5	0.5	0.5
SMP 4	4	4	4	4	4	4	
MCD diet	6	6	6	6	6	6	6

SMP = Skimmed Milk Powder, MCD = Methionine- and Choline-Deficient.

Tabela 2. Composição aproximada da dieta de controlo, HFD e dieta formulada à base de óleo por 100 g

Parameter	Control diet	HFD	Oil-based formulated diet
Moisture (g)	8.26 ± 0.44a	7.98 ± 0.39b	9.41 ± 0.45c
Ash (g)	7.29 ± 0.39d	4.12 ± 0.55e	5.73 ± 0.38f
Carbohydrate (g)	66.49 ± 1.68g	62.21 ± 0.43h	61.09 ± 1.11i
Protein (g)	10.27 ± 0.23j	6.59 ± 0.46k	8.91 ± 0.38l
Fat (g)	6.28 ± 1.09m	17.97 ± 0.59n	12.88 ± 0.49°
Fiber (g)	1.41 ± 0.31p	1.13 ± 0.29q	1.98 ± 0.42r

São apresentados dados médios ± DP. Os valores em cada barra de uma linha com sobrescritos separados mostram significância estatística entre si ($p < 0,05$) em diferentes dietas, conforme determinado pelo teste de intervalo múltiplo de Duncan (DMRT) da ANOVA unidirecional.

Composição em ácidos gordos de óleos selecionados

Os investigadores avaliaram os perfis de ácidos gordos dos óleos escolhidos (RBO, OO, SO, CLO e SFO) utilizando o método convencional descrito no Quadro 3. As amostras de óleo foram fornecidas por lojas de retalho em Tangail e Dhaka, no Bangladesh.

Tabela 3. Composição em ácidos gordos dos óleos selecionados.

Fatty acid composition	Results				
	RBO	OO	SO	CLO	SFO
A) Saturated fatty acids %	22.6010	9.8067	15.5368	16.7858	9.6953
a) Myristic acid (C14:0)	0.1930	–	0.0546	5.0937	0.0403
b) Pentadecyclic acid (C15:0)	–	–	–	0.2332	–
c) Palmitic acid (C16:0)	19.4083	8.3715	11.3950	9.1802	6.1967
d) Margaric acid (C17:0)	–	–	–	0.3497	–
e) Stearic acid (C18:0)	2.3733	1.1469	3.7900	1.9290	2.8113
f) Arachidic acid (C20:0)	0.4994	0.2883	0.1649	–	0.1400
g) Behenic acid (C22:0)	0.1270	–	0.1323	–	0.5070
B) Unsaturated fatty acids %	77.3990	90.1933	84.4632	83.2142	90.3047
i) Monounsaturated fatty acids (MUFA) %	43.0626	86.3620	22.1584	46.2061	27.5735
a) Myristoleic acid (C14:1)	–	–	–	0.0692	–
b) Palmitoleic acid (C16:1)	0.0412	0.5061	–	7.4242	0.0455
c) Oleic acid (C18:1)	42.6623	85.6769	22.0759	13.6534	27.4385
d) Vaccenic acid (C18:1)	–	–	–	2.3365	–
e) Eicosenoic acid (C20:1)	0.3591	0.1790	0.0825	12.1603	0.0895
f) Erucic acid (C22:1)	–	–	–	10.5625	–
ii) Polyunsaturated fatty acids (PUFA) %	34.3364	3.8313	62.3048	37.0081	62.7312
a) Tetradecadienoic acid (C14:2)	–	–	–	0.1439	–
b) Hexadecadienoic acid (C16:2)	–	–	–	0.7299	–
c) Hexadecatrienoic acid (HTA) (C16:3)	–	–	–	0.1581	–
d) Hexadecatetraenoic acid (C16:4)	–	–	–	0.2676	–
e) Linoleic acid (C18:2)	33.4521	3.2177	55.5454	1.5492	62.6910
f) Linolenic acid (C18:3)	0.8843	0.6136	6.7594	4.1662	0.0402
g) Eicosadienoic acid (C20:2)	–	–	–	2.0004	–
h) Eicosatrienoic acid (C20:3)	–	–	–	0.2846	–
i) Arachidonic acid (C20:4)	–	–	–	0.8903	–
j) Eicosapentaenoic acid (EPA) (C20:5)	–	–	–	10.2287	–

k) Docosadienoic acid (C22:2)	–	–	–	0.5955	–
l) Docosatrienoic acid (C22:3)	–	–	–	0.2059	–
m) Adrenic acid (C22:4)	–	–	–	0.1095	–
n) Docosapentanoic acid (DPA) (C22:5)	–	–	–	0.0711	–
o) Docosahexanoic acid (DHA) (C22:6)	–	–	–	15.6072	–

MEDIÇÃO DO PESO CORPORAL E SEPARAÇÃO DO SORO

No que diz respeito aos níveis de enzimas hepáticas, alguns óleos podiam reduzir significativamente os níveis de ALT, enquanto o SFO não tinha qualquer impacto. As caraterísticas hipolipidémicas dos vários óleos alimentares melhoraram os perfis lipídicos das pessoas, diminuíram os níveis de colesterol e apoiaram a função hepática. Os investigadores precisam de realizar mais estudos para determinar de que forma este óleo afecta o metabolismo do colesterol e a função hepática nas pessoas.

SEPARAÇÃO DE TECIDOS

Nesta investigação clínica, dividimos cuidadosamente o tecido adiposo de ratos Wistar em três áreas. Separámos o tecido adiposo castanho (BAT) do tecido adiposo castanho interescapular (IBAT), o tecido adiposo abdominal (AAT) dos depósitos subcutâneos posteriores dorsolombares, inguinais e glúteos e o tecido adiposo epididimal (EAT) dos depósitos viscerais mediastínicos, retroperitoneais, gonadais e perirrenais.

SEPARAÇÃO DO FÍGADO E DO CORAÇÃO

O cirurgião efectuou a remoção do fígado e do coração, bem como do AAT, EAT e BAT, do corpo. De seguida, abriram a parede abdominal e dissecaram cuidadosamente o fígado e o coração com uma mão. De seguida, o cirurgião extraiu o fígado e o coração com soro fisiológico aquecido, secou-os e pesou-os até ao miligrama 18 mais próximo.

DETERMINAÇÃO DA GORDURA HEPÁTICA

Depois de matarmos os animais, determinámos as percentagens de gordura total do fígado em cada animal. Retirámos o estômago e os intestinos do cadáver para evitar a interferência de detritos não digeridos. Em seguida, extraímos aproximadamente 9 g de fígado de cada rato. Calculámos a quantidade de água no fígado, pesando os fígados mais uma vez e calculando a diferença entre o primeiro e o último peso. Por fim, colocámos os fígados desidratados em dedais de celulose previamente pesados. Após secagem da amostra de fígado numa estufa de ar durante 24 horas a 105 °C, verificámos o seu teor de água. Em seguida, extraímos os lípidos dos fígados secos, utilizando um aparelho Soxhlet com n-hexano como solvente, durante quatro horas. Calculámos o teor de lípidos recuperado. Este processo foi repetido três vezes em cada animal .[19]

CONCLUSÃO

Resumindo, a investigação atual indica que a alimentação de ratos Wistar obesos com diferentes óleos alimentares melhorou os perfis de gordura no soro sanguíneo (redução do CT, TAG, LDL-C e VLDL-C, e aumento do HDL-C) e reduziu o estado hiperlipidémico. Todos os óleos tiveram resultados favoráveis na redução da hiperlipidemia. Quando comparada com o grupo CHF, a administração de vários óleos alimentares a ratos obesos diminuiu todas as enzimas hepáticas, e os óleos foram escolhidos para reduzir o risco de problemas cardiovasculares. O impacto da redução drástica de todas as outras enzimas hepáticas, quer por RBO ou não, não revelou quaisquer óleos capazes de causar uma alteração no nível de AST. Certos óleos podiam baixar consideravelmente os níveis de ALT, enquanto o SFO não tinha qualquer efeito percetível nos níveis das enzimas hepáticas. As propriedades hipolipidémicas de diferentes óleos alimentares permitiram gerir o perfil lipídico das pessoas, baixar os níveis de colesterol e melhorar a função hepática. São necessárias mais investigações para determinar de que forma este óleo afecta a função hepática e o metabolismo do colesterol nos seres humanos.

Referências

1. Md Abdul Alim ,Tarana Jannat Mamu,Ummay Salma Tamanna,Md Nannur Rahman ,Rokeya Begam, Utpal Kumar Prodhan.,Hypolipihemic effect and modulation of hepatic enzymes by different edible oils in obese Wistar rats, Heliyon (2024);Vol.10:E25880.
2. Marchesini G.,Moscatiello S., Di Domizio S.,Forlani G., Obesity-associated liver disease.MJ.Clin. Endocrinol.Metabol.2008;93:S74-S80.
3. Garaulet M.,Hernandez-Morante J.J.,Lujan J.,Tebar F.J.,Zamora S.,Relação entre o tamanho e o número de células adiposas e a composição de ácidos gordos no tecido adiposo de diferentes depósitos de gordura em humanos com excesso de peso/obesidade.Int. J. Obes.2006;30(2005):899-905.
4. Simopoulos A.P.,Um aumento do rácio de ácidos gordos ómega 6/ómega 3 aumenta o risco de obesidade.Nutrientes 2016;8:128.
5. Johnson V.R., Washington T.B., Chhabria S., Wang E.H., Czepiel K., Reyes
K .J.C.,Stanford F.C.,Food as medicine for obesity treatment and management.Clin.Therapeut.2022;44:671-681.
6. Asrup A., Dietary management of obesity (Controlo dietético da obesidade). JPEN-J.Parenter. Enter.Nutr.2008;32:575- 577.
7. Hannon B.A.,Thompson S.V., An R.,Teran-Garcia M.,Clinical outcomes of dietary replacement of saturated fatty acids with unsaturated fat sources in adults with overweight and obesity:a systematic Review and Meta-Analysis of Randomized Control Trials.Ann. Nutr. Metabol.2017;71:107-117.
8. Parker H.M.,Johnson N.A.,Burdon C.A.,Cohn J.S.,O'Connor H.T.,George J.,Omega-3 supplementation and non-alcoholic fatty liver disease:a systematic review and meta- analysis.J.Hepatol.2012;56:944-951.
9. Dixon J.B.,Bhathal P.S.,Hughes N.R..,O'Brien P.E.,Doença hepática gorda não alcoólica:melhoria da análise histológica do fígado com perda de peso.Hepatology(Baltimore,Md.)2004;39:1647-1654.
10. Dixon J.B.,Bhathal P.S.,O'Brien P.E.,Weight loss and nonalcoholic fatty liver disease:falts in gamma-glutamyl transferase concentrations are associated

with histologic improvement.Obes.Surg.2006;16:1278-1286.

11. St George A.,Bauman A.,Johnston A.,Farrell G.,Chey T.,George J.,Efeito de uma intervenção no estilo de vida em pacientes com enzimas hepáticas anormais e factores de risco metabólicos.J.Gastroenterol. Hepatol.2009;24:399-407.

12. Mattar S.G., Velcu L.M., Rabinovitz M., Demetris A.J., Krasinskas A.M., Barinas-Mitchel E., Eid G.M., Ramanathan R., Taylor D.S., Schauer P.R., Surgically-induced weight loss significantly improves nonalcoholic fatty liver disease and the metabolic syndrome.Ann.Surg.2005;242:610-620.

13. Gadde K.M., Martin C.K., Berthoud H.R., Heymsfield S.B., Obesidade: fisiopatologia e gestão.J.Am.Coll.Cardiol.2018;71:69-84.

14. Boateng L., Ansong R., Owusu W.B., Steiner-Asiedu M., Coconut oil and palm oils role in nutrition, health and national development:a review.Ghana Med.J.2016;50:189-196.

15. Sayon-Orea C.,Carlos S., Martinez-Gonzalez M.A.,Será que cozinhar com óleos vegetais aumenta o risco de doenças crónicas:uma revisão sistemática.Br. J. Nutr.2015;113(S36-S48).

16. Mridha M.O.F.,Noor P.,Khaton R.,Islam D.,Hossain M.,Effect of Spirulina platensis on lipid profile of long evans rats.Bangladesh J.Sci.Ind.Res.2010;45:249-254.

17. Barison A.,da Silva C.W.,Campos F.R.,Simonelli F.,Lenz C.A.,Ferreira A.G.,Uma metodologia simples para a determinação da composição de ácidos graxos em óleos comestíveis através da espetroscopia de 1H NMR.Magn. Reson. Chem.:MRC.2010;48:642-650.

18. Novelli E.L.,Diniz Y.S.,Galhardi C.M., Ebaid G.M., Rodringues H.G.,Mani F., Fernandes A.A.,Cicogna A.C., Novelli Filho J.L.Parâmetros antropométricos e marcadores de obesidade em ratos.Lab. Anim.2007;41:111-119.

19. Dominguez-Avila J.A.,Alvarez-Parrilla E.,L6pez-Diaz J.A., Maldonado-Mendoza I.E., Gómez-García M. delC.,de la Rosa L.A.,The pecan nut (Carya illinoinensis) and its oil and polyphenolic fractions differentially modulate lipid metabolism and the antioxidant enzyme activities in rats fed high-fat diet. Food Chem. 2015; 168: 529-537.

Adulteração de alimentos: método de deteção de adulterantes e suas consequências

Shikha Mishra[1] , Jyoti Singh[2]
[1,2]Professor Assistente, Departamento de Química,
A.N.D.N.N.M.Mahavidyalaya,Harsh Nagar, Kanpur
Correio eletrónico : mishrashikha2323@gmail.com

RESUMO

Os géneros alimentícios são todas as substâncias compostas por açúcares, água, gorduras e proteínas, que podem ser consumidas ou ingeridas por animais ou seres humanos como alimento ou como uma parte muito importante da vida. Os produtos alimentares são muitas vezes objeto de adulteração no contexto das cadeias de abastecimento, que normalmente lidam com bens perecíveis que podem ser prejudiciais para os compradores se não forem devidamente controlados. A contaminação financeira é uma questão que se arrasta e que influencia a indústria alimentar. A degradação dos alimentos tem sido uma preocupação desde o início da civilização, uma vez que não só reduz a qualidade dos produtos alimentares como também tem uma série de efeitos negativos para a saúde. Os alimentos que consumimos diariamente não são seguros devido a problemas de adulteração e não são higiénicos para utilização devido a um tratamento infeliz.

Palavras-chave questões de adulteração, efeitos negativos para a saúde, contaminação financeira

INTRODUÇÃO

Um componente que diminui o valor crítico dos alimentos é a adulteração. O açafrão-da-terra em pó é colorido com mais brilho com adulterantes como o corante artificial amarelo metanil. Para competir no mercado, são também adicionados adulterantes como o pó de giz, o pó de tijolo e compostos venenosos, a fim de aumentar o lucro e diminuir os custos. Estes adulterantes podem causar danos neurológicos, anemia, paralisia e problemas gástricos

HISTÓRIA

O cientista alemão Frederick Accum conduziu a primeira investigação sobre o uso de adulteração em 1820, depois de ter encontrado várias matérias perigosas em bebidas e alimentos. Os fornecedores de alimentos ficaram descontentes com o seu trabalho e uma controvérsia envolvendo a sua suposta mutilação do livro "The Royal Institution Library" acabou por levar à sua queda.

TIPOS DE ADULTERAÇÃO

Adição de materiais desnecessários, como areia aos cereais e água ao leite, combinação de materiais de qualidade inferior com outros de qualidade superior, por exemplo, combinação de folhas de chá novas com folhas de chá gastas ou desperdiçadas, utilização de conservantes e corantes proibidos, como especiarias coloridas, extração de componentes úteis, como a remoção da gordura do leite ou dos óleos das especiarias. Por conseguinte, se alguma das seguintes situações ocorrer com a refeição, esta é considerada adulterada.

Adulteração intencional

Adulteração de alimentos e várias técnicas de deteção, Examinar o tipo de adulteração que é tipicamente efectuada para benefício monetário. A adulteração da cor é o tipo de adulteração mais comum nesta categoria. A adulteração propositada de produtos pode ser demonstrada pela adição de água ao leite líquido, pela adição de materiais estranhos a especiarias moídas ou pela remoção ou substituição de sólidos do leite em produtos naturais. Para obter um lucro injusto, envolve a adição de materiais como areia, lascas de mármore, pedras, pó de giz, água, óleo mineral e corantes perigosos.1

Adulteração acidental

A ausência de infra-estruturas para preservar a qualidade dos alimentos ou a ignorância conduzem a adulterações não intencionais (acidentais). Os pesticidas e os fertilizantes, bem como o efeito de fuga, podem ser responsáveis por este fenómeno. Este tipo de adulterações pode também ser causado por técnicas incorrectas de manuseamento e embalagem dos alimentos. Tal como o nome sugere, a adulteração acidental de alimentos acontece de forma não intencional e sem a nossa consciência 1. Os autores explicam que uma série de vegetais verdes são cultivados perto de fábricas, que têm altas concentrações de poluentes industriais, como metais pesados, que as plantas absorvem. Por isso, é normal que os alimentos sejam contaminados acidentalmente. Exemplos de adulterantes que se enquadram nesta categoria incluem resíduos de pesticidas, dejectos de roedores e larvas nos alimentos 2. Este tipo de adulteração é provocado por uma higiene incorrecta dos alimentos e bebidas, desde o local de produção até à mesa de consumo.

Adulteração de Metais-

Os poluentes metálicos podem estar presentes nos alimentos em quantidades vestigiais ou podem entrar na cadeia de abastecimento alimentar através da poluição ambiental ou do fabrico de alimentos. Vários poluentes metálicos, como o arsénico dos pesticidas, o chumbo da água, as águas residuais da indústria química e o estanho das latas, podem também ser adulterantes acidentais dos alimentos. O chumbo na água, o mercúrio das águas residuais e outros poluentes comparáveis estão também incluídos na categoria de contaminantes metálicos que são adulterados.

Adulteração natural

A presença de vários produtos químicos, compostos orgânicos ou radicais que estão naturalmente presentes nos alimentos e que são prejudiciais à saúde, mas que não são adicionados aos alimentos de propósito ou acidentalmente, é outro tipo de adulteração que pode ocorrer nos alimentos. Entre as várias adulterações naturais encontram-se formas nocivas de leguminosas, cogumelos, vegetais verdes e outros, peixe e marisco, que em algumas situações podem ser considerados anti-nutrientes.[1] Reconhece-se que muitas espécies de peixes marinhos têm variações venenosas, embora muitas delas sejam comestíveis. Quando se adiciona algo, o seu valor é reduzido ou torna-se prejudicial. Todos ou alguns dos produtos químicos são substituídos por alternativas menos dispendiosas.

Dose de irradiação em alguns géneros alimentícios -[3]

S.No.	Name of foods	Dose of irradiation Minium (Kilogray, KGy)	Dose of irradiation (Kilogray, KGy)	Overall Dosage
1	**Pulses**	**0.25**	**1**	**0.62**
2	**Onions**	**0.03**	**0.09**	**0.06**
3	**Spices**	**6**	**14**	**10**
4	**Mango**	**0.25**	**0.75**	**0.50**
5	**Frozen sea foods**	**4**	**6.0**	**5.00**
6	**Dried sea foods**	**0.25**	**1.0**	**0.62**
7	**Fresh sea foods**	**1**	**3.0**	**2.00**

MÉTODOS variados DE DETEÇÃO DE ADULTERAÇÃO-

Embora sejam altamente precisos em termos de deteção de adulterações, os métodos tradicionais, como a avaliação sensorial, a análise química e os ensaios microbiológicos, continuam a enfrentar uma série de dificuldades, uma vez que requerem uma preparação extensiva da amostra, o que implica procedimentos complexos de extração e purificação que não só aumentam o tempo necessário para a análise, como também exigem pessoal de laboratório qualificado.

O procedimento conhecido como processo de calibração em espetroscopia envolve a interpretação do espetro produzido pelas técnicas espectroscópicas, a fim de identificar adulterações em amostras de alimentos, compreendendo a correlação entre os dados espectrais e as caraterísticas da amostra.

Tabela 1. Lista de alimentos, seus adulterantes e finalidades com as respectivas técnicas analíticas.

Food	Adulterants	Purpose	Analytical techniques	Reference
Milk	Melamine, skim milk powder, reconstituted milk, starch flour, glucose	Thickening agents, increased volume, and sweetener	Hyperspectral imaging, HPLC, GC, GC-MS, heat treatments	4,5,6
	Water	Increase volume	FAA, LC-MS, heat treatments	4,7
	Vegetable oil, sugarcane, or urea	Compensate the fat, carbohydrate, or protein content	GC, heat treatments	4,7
	H2O2, carbonates, bicarbonates, antibiotics, caustic soda	Increase the shelf life	FAA, HPLC	8,9,10
	Detergents or calcium salts of thioglycolic acid and urea	Enhance the cosmetic nature and whitening	Heat treatments, FAA	4,8
Wheat flour	Benzoyl peroxide (BPO) and alloxan monohydrate	Whitening agent	Raman hyperspectral imaging, polymerase chain reaction	11,12
Spice	Paprika and chili powders	Increase the amount	UV-visible and PLS-DA	13
Beef	Horse or donkey meat	Substitute highly costly food with less costly product	HPLC/MS, NMR, IR	14,15

Food	Adulterants	Purpose	Analytical techniques	Reference
Beef	Horse or donkey meat	Substitute highly costly food with less costly product	HPLC/MS, NMR, IR	14,15
Meat powder	Foreign proteins, vegetable fat	Bulking agents	Meat PCR testing	16
Honey	Sugar, HFCS, beet inverted syrup, rice syrups, or rice molasses	Increase volume and sweetener	GC-MS, HPLC, Raman spectroscopy	17,18
Coffee	Corn, wheat, and chickpeas	To increase volume	LIBS	19
Butter	Fatty acid, sterol, TAG, Vegetable oil, banana, oleomargarine	To increase volume and make yellowish	GC-MS and RP-HPLC	

Métodos analíticos

Um problema crucial para a segurança alimentar e para a garantia de qualidade (GQ) é descobrir que alimentos são autênticos. A legislação que protege os alimentos locais levou a um aumento dos testes de autenticidade, um padrão de qualidade para alimentos e aditivos alimentares. Por conseguinte, a necessidade de métodos precisos e normalizados de verificação dos alimentos é urgente. Nos últimos dez anos, foram propostas várias técnicas analíticas, incluindo a cromatografia líquida (LC) e a cromatografia gasosa (GC), particularmente quando combinadas com a espetrometria de massa (MS), para o rastreio rápido ou a confirmação selectiva da qualidade e autenticidade de vários produtos alimentares. Além disso, o azeite virgem extra comestível e o leite são sujeitos a avaliações qualitativas e quantitativas utilizando métodos quimiométricos em conjunto com outros procedimentos analíticos.[20]

Cromatografia

A cromatografia é uma técnica analítica utilizada para separar substâncias como alimentos e produtos químicos de acordo com os seus pontos de ebulição ou polaridade. Os métodos de adsorção ou divisão de analitos numa fase móvel e estacionária inserem-se nesta categoria. Normalmente, são categorizados com base nas caraterísticas das fases móvel e estacionária. A molécula que tem o ponto de ebulição mais baixo, a duração da retenção e a afinidade com a fase estacionária eluirá primeiro e será apanhada pelo detetor. As classificações mais comuns de cromatografia são GC e LC. A cromatografia gasosa é um tipo de cromatografia que tem sido aplicada a uma vasta gama de alimentos para identificação, autenticação ou previsão de caraterísticas de qualidade. A cromatografia líquida também tem sido aplicada para identificar, classificar e avaliar a qualidade de vários tipos de alimentos. A análise do tocoferol nos domínios da alimentação e da nutrição tem sido feita extensivamente até à data utilizando técnicas de HPLC. É possível isolar e quantificar cada tipo de tocoferol de forma independente utilizando HPLC e um detetor de UV ou de fluorescência. Após a separação por HPLC, as interferências são substancialmente minimizadas. Este facto torna a abordagem menos sensível e menos específica do que os métodos de GC, mas mais sensível e específica do que os procedimentos colorimétricos ou polarimétricos.[21]

Espectroscopia

Foram estudadas aplicações para a segurança e qualidade alimentar utilizando uma série de técnicas espectroscópicas. A espetroscopia desempenha um papel importante na identificação de adulterantes alimentares, avaliando a qualidade da carne sob a pele dos frutos e realizando inspecções subsuperficiais de embalagens. O interesse pelo desenvolvimento de técnicas de análise rápidas e não destrutivas tem vindo a aumentar nos últimos anos. Foram introduzidas numerosas técnicas baseadas em diversos princípios químicos e físicos para efetuar avaliações qualitativas e quantitativas em laboratórios e fluxos de trabalho industriais. As técnicas baseadas no estudo simultâneo de vários comprimentos de onda de espectros electromagnéticos em todos os seus modos demonstraram ser altamente versáteis e resistentes. Em particular, a investigação por infravermelhos tem sido utilizada em vários testes que envolvem diversas matrizes alimentares e analitos. Utiliza espectros NIR e MIR, no entanto, devido à inclusão de pigmentos na matéria-prima, as gamas de comprimentos de onda visíveis são frequentemente incorporadas em aplicações alimentares musculares. Os principais fenómenos observáveis no espetro do infravermelho próximo (NIR) são a vibração e a combinação de sobretons das ligações básicas O-H, C-H e N-H.[22]

O espetro MIR de uma amostra alimentar fornece informações adicionais sobre as moléculas que contém, incluindo uma vasta gama de movimentos gerais de estiramento, flexão e oscilação de grupos funcionais, tais como C-C, C-H, O-H, C=O e N-H. Utilizando métodos quimiométricos em conjunto com a espetroscopia UV-vis, NIR e MIR, é possível identificar a adulteração de carne de bovino com carne de peru. No que respeita às técnicas baseadas na gordura, a espetroscopia de infravermelhos com transformada de Fourier (FTIR) e a espetroscopia Raman têm sido utilizadas mais recentemente. As duas principais vantagens desta técnica são a sua capacidade de fornecer informações sobre a estrutura química das moléculas sem causar quaisquer alterações e a utilização de uma pequena quantidade da amostra. A utilização da espetroscopia Raman, que se baseia na dispersão inelástica da luz, e da NIRS, que se baseia na absorção de diferentes comprimentos de onda, está a ganhar popularidade como métodos de identificação de adulterações alimentares. Além disso, as técnicas NIRS ajudaram a identificar casos de adulteração de melamina em produtos à base de soja.

Uma vez que as espectroscopias Raman e IR são rápidas, não destrutivas e utilizam aparelhos simples, têm sido amplamente utilizadas para detetar problemas de fraude alimentar.[23] A espetroscopia Raman foi utilizada para identificar adulterantes do mel, como o xarope de maltose e o xarope de milho com elevado teor de frutose (HFCS).[24]

Devido à sua grande robustez e repetibilidade, a ressonância magnética nuclear (RMN) é o método preferido para a metabolómica e a investigação analítica. Como tal, é a melhor opção para determinar se determinados produtos alimentares foram adulterados.[25] Além disso, os espectros de RMN podem captar com precisão até as mais pequenas variações na nuvem eletrónica dos núcleos, tornando-a mais eficaz na distinção entre diferentes substâncias. Como resultado, é possível identificar compostos com estruturas comparáveis. Uma vez que a quantidade de cada tipo de núcleos na amostra é o único fator que afecta a intensidade dos sinais do espetro de RMN, um produto químico de referência pode ser utilizado para quantificar vários produtos químicos distintos de forma simultânea e absoluta.

BARCODAGEM DE ADN

Um método molecular popular para identificar espécimes biológicos é o código de barras de ADN, que é utilizado para a identificação de alimentos processados e não processados. As técnicas baseadas no ADN, que são categorizadas em duas categorias: i) marcadores baseados na hibridação e ii) marcadores baseados na reação em cadeia da polimerase (PCR), utilizam frequentemente determinadas sequências de ADN como marcadores. Ao hibridizar o ADN que foi digerido por enzimas de restrição e ao compará-lo com sondas marcadas (fragmentos de ADN de origem ou sequência conhecida), as abordagens baseadas na hibridização identificam perfis de ADN específicos da espécie.[26]

UMA PANORÂMICA DOS MÉTODOS DE INTELIGÊNCIA ARTIFICIAL PARA A QUALIDADE DOS ALIMENTOS, COM DESTAQUE PARA A DETECÇÃO DE ADULTERAÇÕES E DEFEITOS

A Inteligência Artificial (IA) é um termo genérico para designar sistemas informáticos como a visão computacional, o processamento de linguagem natural, a aprendizagem automática e a aprendizagem profunda, capazes de realizar tarefas que os seres humanos não conseguem realizar. A IA é definida por Barr e Feigenbaum (1981) como um ramo da ciência da computação

> que se centra na criação de sistemas informáticos inteligentes, ou sistemas que demonstram capacidades cognitivas semelhantes às dos seres humanos, como a fala, a compreensão, a aprendizagem, a lógica e a resolução de problemas. As técnicas de Inteligência Artificial são úteis quando incorporadas em sistemas integrados ou como substituto de métodos convencionais. Como a IA pode aprender com exemplos, resolver equações não lineares e efetuar previsões e generalizações a alta velocidade depois de treinada, pode lidar com dados ruidosos e em falta 27. Devido à sua versatilidade, aos seus poderes de explicação e ao seu raciocínio simbólico, estão a ser desenvolvidas e utilizadas a nível mundial numa grande variedade de aplicações. Também têm sido utilizadas na previsão, predição, controlo, otimização, identificação e modelização de sistemas complexos. A Figura 1 apresenta uma panorâmica dos métodos de IA utilizados para detetar defeitos em frutos e adulterar

alimentos e bebidas. Os quadros 1 apresentam uma panorâmica das várias técnicas de inteligência artificial (IA) e das suas aplicações designadas. São também incluídas informações sobre técnicas de IA comuns, como as redes neuronais artificiais (RNA), a aprendizagem profunda (AP), a lógica difusa (FL), as máquinas de vectores de apoio (SVM) e a floresta aleatória (FR), juntamente com os prós e os contras.

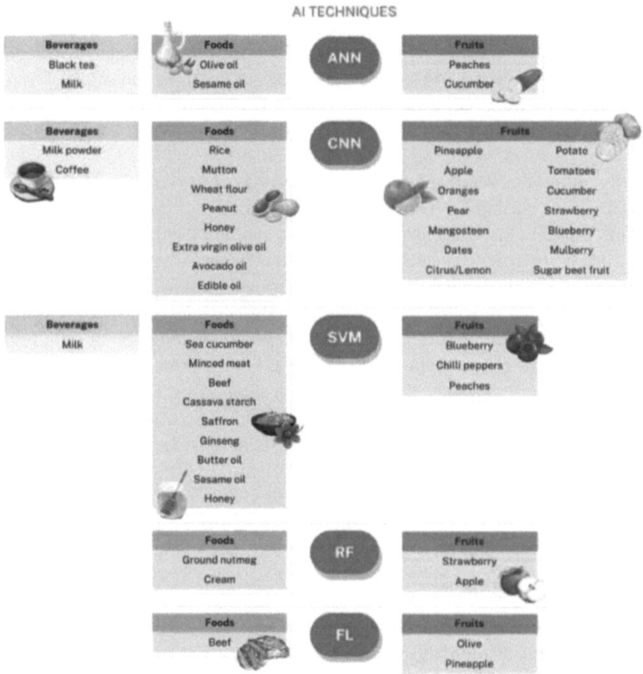

Tabela-1 **e Fig-1**

A arquitetura das redes neuronais artificiais (RNA) destina-se a imitar o funcionamento do cérebro humano. A sua base é o modelo biológico dos neurónios. Uma rede neuronal artificial (RNA), que é constituída por vários neurónios interligados com camadas de entrada, oculta e de saída, tem uma função de ativação, pesos e limiar [28]

Uma área da inteligência artificial (IA) que registou recentemente um crescimento exponencial na deteção de adulterações e defeitos é a aprendizagem profunda (AP). O termo "aprendizagem profunda" descreve o número de camadas de uma rede neuronal. Os algoritmos de aprendizagem profunda podem ser definidos como redes neuronais com mais de três camadas, o que incluiria entradas e saídas. Os modelos de aprendizagem profunda começaram a evoluir com o advento das redes neuronais convolucionais (CNN) no final da década de 1990. Desde então, foram efectuados numerosos avanços teóricos e práticos nas redes neuronais profundas, tornando as CNN a vanguarda do reconhecimento de padrões de imagem neste momento. A lógica difusa é um modelo que simula a forma como as pessoas com informações ambíguas e incertas tomam decisões complexas[29] . Provou ser uma ferramenta útil para lidar com questões de classificação quando os dados são insuficientes ou pouco claros. No entanto, a lógica difusa precisa de ser ajustada para um desempenho ótimo, o que pode ser problemático quando se trabalha com conjuntos de dados maciços ou de elevada dimensão .[30]

A máquina de vectores de suporte (SVM), outro componente da IA, é amplamente utilizada nas indústrias alimentar e agrícola para resolver problemas de classificação. A SVM é um modelo baseado na otimização que localiza o hiperplano ideal num espaço de elevada dimensão para maximizar a margem. O principal método utilizado para criar estes hiperplanos é a análise de dados de pontos de dados que são difíceis de classificar e que estão próximos dos hiperplanos. Uma técnica supervisionada popular para regressão e classificação é a floresta aleatória (RF). O algoritmo de aprendizagem por conjuntos serve de base. Para determinar a classe de saída durante a fase de formação, a RF combina várias árvores de decisão e utiliza o modo de classes para cada árvore. As árvores de decisão, os blocos de construção do RF, são fáceis de criar, aplicar e interpretar. Quando se trata de classificar novas amostras, as árvores de decisão não são flexíveis, mas têm bom desempenho quando trabalham com os dados que foram usados para criá-las. A boa notícia é que a floresta aleatória oferece um aumento notável na precisão, mantendo a simplicidade.

Critérios de seleção para métodos de IA utilizados na classificação da qualidade dos alimentos e nas previsões de autenticação[31]

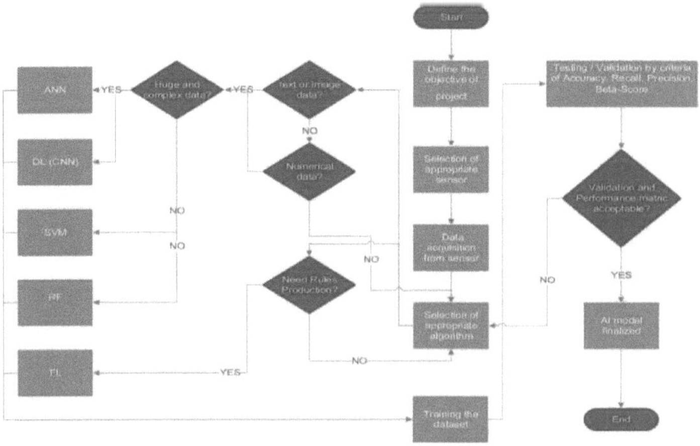

Fig.2 Critérios de seleção dos métodos de IA utilizados na classificação da qualidade dos alimentos e nas previsões de autenticação

DESAFIOS DA INTELIGÊNCIA ARTIFICIAL

A tecnologia de IA tem-se revelado promissora nos últimos anos para os sectores da alimentação e da agricultura. Numerosas aplicações relacionadas com a IA estão a tornar-se mais populares em diferentes fases da investigação e podem ser utilizadas em cenários em tempo real. A IA tem muito a oferecer à qualidade dos alimentos e da agricultura, especialmente nas áreas da adulteração e da deteção de defeitos[32] . A inteligência artificial (IA) tem-se revelado eficaz na avaliação de análises quantitativas da deterioração dos frutos (gravidade/grau de defeito), incluindo danos mecânicos e de refrigeração. De um modo geral, estas abordagens dependem de um índice de gravidade determinado experimentalmente, que pode ser obtido diretamente através de um processo experimental ou acompanhando a evolução temporal do defeito .[33]

CONCLUSÃO

Este tópico é especialmente pertinente neste momento, uma vez que aborda não só as actuais questões relacionadas com os adulteradores de alimentos, mas também preocupações mais contemporâneas como a segurança alimentar, o bioterrorismo e as alterações climáticas. Acredita-se que, nesta era de pensamento a nível de sistemas e de abordagens multidisciplinares a desafios novos e contemporâneos, este capítulo servirá como ponto de partida para investigadores em ciência, tecnologia, engenharia e indústria. Como resultado, as sugestões listadas abaixo são sugeridas-

i. Para resolver as questões acima referidas, os países emergentes devem dispor de legislação, recursos e pessoal suficientes.

ii. Vários intervenientes devem trabalhar em estreita colaboração para criar planos de amostragem adequados que se baseiem em técnicas de amostragem fiáveis e na validade estatística.

iii. A medição dos adulterantes necessita de mais investigação e tem de haver métodos analíticos fiáveis para detetar fraudes.

REFERÊNCIAS

1. Mansuri, Z. . Estudo dos adulterantes nos géneros alimentícios. Delhi, Índia.(2011).
2. Organização Mundial de Saúde, . Dez substâncias químicas de grande preocupação para a saúde pública. Disponível em URL: http://www.who.int/ipcs/assessment/public_health/chemicals_ phc/en/2017
3. Mahindru, S. N., Conservação de alimentos e irradiação. APH Publishing.2013
4. Rishabh Goyal, Poonam Singha Ph.D., Sushil Kumar Singh, Trends in Food Science & Technology, Spectroscopic food adulteration detection using machine learning: Desafios actuais e perspectivas futuras, Volume 146, abril de 2024, 104377.
5. M El-Loly, AIA Mansour, RO Ahmed ,Avaliação do leite cru para aditivos comerciais comuns e tratamentos térmicos, Internet Journal of Food Safety, 2013
4. Anastasia S. Ivanova, Anna D. Merkuleva, Sergey . Andreev, Konstantin A. Sakharov, Método para a determinação de peróxido de hidrogénio em leite adulterado utilizando cromatografia líquida de alta eficiência,Food Chemistry Volume 283, , Pages 431-436,15 June 2019 .
5. C Gu, T Lan, H Shi, Y Lu, Deteção portátil de melamina no leite utilizando um medidor de glicose pessoal baseado num aptâmero de comutação de estrutura selecionado *in vitro*, Química analítica, ACS Publications, 2015
6. Christoph Czerwenka , Lukás Müller , Wolfgang Lindne,Química alimentar Volume 122, Número 3, 1 de outubro de 2010, Páginas 901-908
7. JM Kim, HJ Kim, JM Park,Determinação da adulteração da gordura do leite com óleos vegetais e gorduras animais por análise cromatográfica gasosa,Journal of food science, 2015.Wiley Online Library.
8. PM Dos Santos, LFB Costa, ER Pereira-Filho,Estudo do comportamento do cálcio e do sódio na identificação de adulteração do leite por espetrometria de absorção atómica com chama
Ciências da Alimentação e da Nutrição, 2012.
9. AS Ivanova, AD Merkuleva, SV Andreev, KA Sakharov,Método para a determinação do peróxido de hidrogénio no leite adulterado por cromatografia líquida de alta resolução,Food Chemistry,Volume 283, 15 de junho de 2019, Páginas 431-436
10. Aiello, A., Pizzolongo, F., Manzo, N. *et al.* Um novo método para distinguir a adulteração do leite com neutralizadores através da deteção de ácido lático. *Food Anal. Methods* **12**, 25552561 (2019).

11. N Cebi, CE Dogan, A Develioglu, MEA Yayla, O Sagdic, Deteção de L-Cisteína em farinha de trigo por microespectroscopia Raman combinada quimiometria de HCA e PCA, Química alimentar, 2017·Elsevier
12. E Carloni, G Amagliani, E Omiccioli, V Ceppetelli, M Del Mastro, L Rotundo, G Brandi,Validação e aplicação de um ensaio quantitativo de PCR em tempo real

para detetar a adulteração de trigo mole de trigo duro para a produção de massas alimentícias,Food chemistry, 2017.Elsevier
13. DN Vera, I Ruisánchez, MP Callao,Estabelecer a estabilidade temporal dos métodos qualitativos multivariados. Estudo de caso: Sudan I e IV adulteration in food spices Food Control, 2018.Elsevier 14.IH Boyaci, HT Temiz, RS Uysal, HM Velioglu, RJ Yadegari, MM Rishkan,A
n ovel method for discrimination of beef and horsemeat using Raman spectroscopy,Food chemistry, 2014.
15. OG Meza-Márquez, T Gallardo-Velázquez, G Osorio-Revilla, Aplicação de espetroscopia de infravermelho médio com análise multivariada e modelagem independente suave de analogias de classe (SIMCA) para a deteção de adulterantes em Ciência da Carne, 2010·Elsevier
16. C Cavin, G Cottenet, KM Cooper, P Zbinden,As vulnerabilidades da carne à adulteração económica de alimentos exigem novas soluções analíticas,Chimia, 2018.
1 7.S Li, Y Shan, X Zhu, X Zhang, G Ling, Deteção de adulteração de mel por xarope de milho com elevado teor de frutose e xarope de maltose utilizando espetroscopia Raman, Journal of Food Composition, 2012 .
18. C Gu, T Lan, H Shi, Y Lu, Deteção portátil de melamina no leite usando um medidor de glicose pessoal com base em um aptâmero de comutação de estrutura selecionado *in vitro*, química analítica, 2015·ACS Publicações
19. B Sezer, H Apaydin, G Bilge, IH Boyaci, Coffee arabica adulteration: Deteção de trigo, milho e grão-de-bico,Food Chemistry, 2018.
20. Anagaw YK, Ayenew W, Limenh LW, et al. Adulteração de alimentos: Causes, risks, and detection techniques-review. SAGE Open Medicine. 2024;12.
21. D Derewiaka, E Sosinska, M Obiedzinski, A Krogulec, S Czaplicki,Determinação da adulteração da manteiga European Journal of Lipid Science and Technology, 2011.
22. C Alamprese, M Casale, N Sinelli, S Lanteri, E Casiraghi, Deteção de adulteração de carne de vaca picada com carne de peru por espetroscopia UV-vis, NIR e MIR, LWT-Food Science and Technology, 2013.
23. Y Hu, S Wang, S Wang, X Lu, Aplicação da espetroscopia de ressonância magnética nuclear na determinação da adulteração de alimentos: o exemplo do corante Sudan I em pó de paprica, Relatórios científicos, 2017.
24. Y Hu, S Wang, S Wang, X Lu, Aplicação da espetroscopia de ressonância magnética nuclear na determinação da adulteração de alimentos: o exemplo do corante Sudan I em pó de paprica, Relatórios científicos, 2017.
25. R Dowlatabadi, F Farshidfar, Z Zare, M Pirali, M Rabiei, MR Khoshayand, HJ Vogel, Metabolomics, Deteção de adulteração em amostras de açafrão iraniano por ^{1}H NMR spectroscopy and multivariate data analysis techniques, 2017.
26. AndreaGalimberti , Fabrizio DeMattia , Alessia Losa , Ilaria Bruni , Silvia Federici , Maur izio Casiraghi , Stefano Martellos ,Massimo Labra,DNA barcoding as a new tool for food traceability,Food Research International,Volume 50, Issue 1, January 2013, Pages 55-63.
27. A. Mellit, S.A. Kalogirou Técnicas de inteligência artificial para aplicações fotovoltaicas Review, 34 (2008), pp. 574-632

28. F. Marini,Artificial neural networks in foodstuff analyses: trends and perspectives A review Anal. Chim. Ata, 635 (2) (2009), pp. 121-131
29. P. Husek, O. Cerman,Controlo de referência de modelo fuzzy com adaptação de conjuntos fuzzy de entrada,Knowl. Base Syst., 49 (2013), pp. 116-122
30. L. Amador-Angulo, O. Castillo, uma nova otimização de colônia de abelhas difusa com adaptação dinâmica de parâmetros usando lógica difusa de tipo 2 de intervalo para ajustar controladores difusos, computador macio (2018)
31. Suhaili Othman, Nidhi Rajesh Mavani , M.A. Hussain , Norliza Abd Rahman , Jarinah Mohd Ali,Artificial intelligence-based techniques for adulteration and defect detections in food and agricultural industry: A review, Journal of Agriculture and Food Research Volume 12, June 2023, 100590.
32. M. Izquierdo, M. Lastra-Mejias, E. González-Flores, J.C. Cancilla, M. Pérez, J.S. Torrecilla Descodificação convolucional de imagens termográficas para localizar e quantificar adulterações de mel, Talanta, 209 (Mar. 2020),
33. Y. Sun, *et al.,*Imagens de reflectância hiperespectral combinadas com quimiometria e algoritmo de projecções sucessivas para a classificação de lesões causadas pelo frio em pêssegos LWT, 75 (Jan. 2017), pp. 557-564.

ADULTERAÇÃO DO LEITE NA INDIA: UMA ANÁLISE

Jyotsna Lal
Professor
Departamento de Química, Christ Church College , Kanpur
email jyotsna lal@yahoo.com

RESUMO

O leite é considerado o "alimento ideal" devido à sua abundância de nutrientes necessários tanto para os bebés como para os adultos. É uma das melhores fontes de proteínas, gorduras, hidratos de carbono, vitaminas e minerais. Infelizmente, o leite está a ser muito facilmente adulterado em todo o mundo. Entre as possíveis razões que podem estar na origem deste fenómeno contam-se o desfasamento entre a procura e a oferta, a natureza perecível do leite, a baixa capacidade de compra dos clientes e a falta de testes de deteção adequados. Um inquérito realizado em 33 Estados pela Food Safety and Standards Authority of India revelou que 68,4% de 1 791 amostras de leite continham adulterantes.

Palavras-chave: detergentes, glucose, Inquérito Nacional sobre a Adulteração do Leite 2011, adulteração, Sólido sem Gordura (SNF), Autoridade de Segurança Alimentar e Normas da Índia (FSSAI), contaminação do leite, leite em pó desnatado,

INTRODUÇÃO

A adulteração do leite e dos produtos lácteos tornou-se uma preocupação mundial após a descoberta da contaminação por melamina em produtos lácteos infantis chineses em 2008 (Xin & Stone, 2008). No entanto, a história da adulteração do leite é muito antiga. O escândalo do leite de lavagem foi relatado em 1850 e matou 8000 crianças só em Nova Iorque (How we poison our children1858). O leite é considerado o "alimento ideal" devido à sua abundância de nutrientes necessários tanto para os bebés como para os adultos. É uma das melhores fontes de proteínas, gorduras, hidratos de carbono, vitaminas e minerais. Infelizmente, o leite está a ser muito facilmente adulterado em todo o mundo. Entre as possíveis razões para tal contam-se o fosso entre a procura e a oferta, a natureza perecível do leite, a baixa capacidade de compra do cliente e a falta de testes de deteção adequados (Kamthania et al. 2014). A motivação para a fraude alimentar é económica, mas o impacto é um verdadeiro problema de saúde pública (Ellis, Brewster,Dunn, Allwood, Golovanov, & Goodacre, 2012; Singh &Gandhi, 2015). A situação é significativamente pior nos países em desenvolvimento e subdesenvolvidos devido à ausência de controlo adequado e à falta de aplicação da lei.

ADULTERANTES TÍPICOS DO LEITE

O que é a adulteração do leite? O processo de degradação intencional da qualidade do leite, quer pela adição de algumas substâncias inferiores, quer pela remoção de algum ingrediente valioso, é conhecido como adulteração do leite. É feito para aumentar a quantidade de leite e obter lucros ilegalmente. Os adulterantes do leite incluem principalmente a adição de proteínas vegetais, leite de espécies diferentes, adição de soro de leite e rega, que são conhecidos como adulteração economicamente motivada (Fischer, Schilter, Tritscher, & Stadler, 2011; Singh &

Gandhi, 2015). Estas adulterações não representam qualquer risco grave para a saúde. No entanto, alguns adulterantes são muito prejudiciais e não podem ser ignorados. Alguns dos principais adulterantes do leite com efeitos adversos graves para a saúde são a ureia, a formalina, os detergentes, o sulfato de amónio, o ácido bórico, a soda cáustica, o ácido benzoico, o ácido salicílico, o peróxido de hidrogénio, os açúcares e a melamina. Por exemplo, o açúcar de cana, o amido, os sais de sulfato, a ureia e os sais comuns são adicionados para aumentar a percentagem de matéria gorda não sólida (SNF). A ureia, sendo um constituinte natural do leite cru, tem um limite máximo imposto pela FSSAI (Food Safety and StandardsAuthority of India) Act 2006 e PFA (Prevention of Food Adulteration) Rules 1955 que é de 70 mg/100 ml. A ureia comercial é adicionada ao leite para aumentar o teor de azoto não proteico (Sharma et al. 2012). Da mesma forma, a melamina é adicionada para aumentar falsamente o teor de proteínas (Liu et al.2012). O sulfato de amónio é adicionado para aumentar a leitura do lactómetro, mantendo a densidade do leite diluído. A formalina, o ácido salicílico, o ácido benzoico e o peróxido de hidrogénio actuam como conservantes e aumentam o prazo de validade do leite (Singh & Gandhi, 2015). Uma vez que a gordura do leite é muito cara, alguns fabricantes de leite e produtos lácteos removem a gordura do leite para obter ganhos financeiros adicionais e compensam-na adicionando gordura não láctea, como o óleo vegetal. Os detergentes são adicionados para emulsionar e dissolver o óleo na água, dando uma solução espumosa, que é a caraterística desejada do leite (Singuluri & Sukumaran, 2014). Infelizmente, alguns dos adulterantes têm um impacto grave na saúde, por vezes a longo prazo. A ingestão de melamina em níveis acima do limite de segurança pode induzir insuficiência renal e morte em bebés (Domingo, Tirelli, Nunes, Guerreiro, & Pinto, 2014). Tanto os peróxidos como os detergentes presentes no leite podem causar complicações gastrointestinais, que podem levar a gastrite e inflamação do intestino. O excesso de amido no leite pode causar diarreia devido aos efeitos do amido não digerido no cólon, no entanto, o amido acumulado no corpo pode revelar-se muito fatal para os doentes diabéticos (Singuluri & Sukumaran, 2014). A ureia presente no leite sobrecarrega os rins, uma vez que estes têm de filtrar mais ureia do corpo (Kandpal, Srivastava, & Negi, 2012). Além disso, o carbonato e os bicarbonatos podem causar perturbações na sinalização hormonal que regula o desenvolvimento e a reprodução (Manual of Methods of Analysis of Foods: Milk and Milk Products2005). A melamina não é um aditivo permitido nem um ingrediente alimentar, o seu limite não tinha sido estabelecido na legislação alimentar até à contaminação por melamina registada na China em 2008. Tanto a Comissão Europeia como a United States Food and Drug Administration (USFDA) aplicaram um limite máximo aceitável de 2,5 mg/kg para a melamina em alimentos importados e de 1 mg/kg em fórmulas para lactentes (Lawley, 2013). Este limite foi posteriormente adotado pelo organismo de normalização alimentar das Nações Unidas, a Comissão do Codex Alimentarius, através de uma nova decisão em 2010 (Domingo, Tirelli, Nunes, Guerreiro, & Pinto, 2014; FAO, 2010; B. Liu, Lin, & Li, 2010). A melamina não é apenas adicionada ao leite em pó como adulterante, mas também em muitos outros alimentos como o glúten de trigo, ração para galinhas e alimentos processados (Ingelfinger, 2008; Lin et al. 2008). Embora não seja carcinogénica, causa insuficiencia renal e morte infantil em casos extremos (Cheng et al. 2010). O leite em pó é o segundo alimento com maior risco de adulteração, a seguir ao azeite (Moore et al. 2012).

Os cientistas do ICAR-National Dairy Research Institute (NDRI) desenvolveram um teste rápido para detetar a adulteração de sorbitol no leite com a ajuda de reagentes que desenvolvem a cor.Os cientistas do ICAR-National Dairy Research Institute (NDRI) desenvolveram um teste rápido para detetar a adulteração de sorbitol no leite com a ajuda de reagentes que desenvolvem a cor.O sorbitol é um produto químico que se insere na categoria do álcool de açúcar e é normalmente utilizado para preservar a humidade e dar textura a certos produtos alimentares. O teste foi desenvolvido por uma equipa de cientistas liderada pelo Dr. Vivek Sharma, do Departamento de Química dos Produtos Lácteos do instituto. "Há relatos que indicam a adulteração do leite com um produto químico chamado sorbitol. A principal razão para a sua adição é o aumento fraudulento do teor de sólidos não gordos (SNF), diminuindo assim o valor nutricional do leite. Há muito tempo que a indústria de lacticínios exige um teste para a sua deteção no leite. Agora, os nossos cientistas conseguiram desenvolvê-lo", afirmou o Dr. Dheer Singh, Diretor e Vice-Chanceler do ICAR-NDRI. Também no passado, os cientistas desenvolveram uma série de kits de adulteração para detetar impurezas como a ureia, a glucose, a maltodextrina, o açúcar e o sal no leite e, por sua vez, fornecer leite da melhor qualidade aos consumidores. Não é necessário qualquer instrumento O teste é fácil de utilizar e não requer qualquer instrumento. A presença de sorbitol pode ser detectada apenas observando a mudança de cor quando uma amostra de leite é misturada com um reagente. As amostras positivas tornam-se castanho-escuras/púrpura, enquanto as amostras de leite puro ficam verdes. Sorbitol: É um produto químico que se insere na categoria do álcool de açúcar e é normalmente utilizado para preservar a humidade e dar textura a determinados produtos alimentares. Embora a mistura de leite de fontes aleatórias e de espécies animais diferentes seja a forma mais fácil de adulterar o leite, a sua deteção quantitativa é muito mais complexa devido ao polimorfismo genético e não genético (Recio, Perez-Rodrlguez, Ramos, & Amigo, 1997). NDRI desenvolve teste rápido para detetar adulteração de leite Atualizado em: Jun 01, 2023 05:42 AM .

Quadro 1 Deteção qualitativa de diferentes substâncias químicas perigosas no leite

ADULTERANT	CHEMICAL TEST	OBSERVATION
Sugar	Take 5 mL milk sample in a test tube.Add 1 mL conc. HCl and 0.1 g resorcinol solution. Place the test tube in waterbath for 5 mi	Appearance of red color indicates the presence of added sugar
Starch	Take 3 mL sample in a test tube. After boiling it thoroughly, cool it to room temperature. Add 1 drop of 1% iodine solution.	Appearance of blue color indicates t he presence of starch.
Glucose	Take 1 ml of milk sample in a test tube. Add 1 ml of modified Barfoed's reagent.Heat the mixture for exact 3 min in a boiling water bath. Rapidly cool under tap water. Add one ml of phosphomolybdic acid reagent to the turbid solution.	Immediate appearance of deep blue color indicates the presence of glucose
Detergent	A]Take 5 ml in a test tube and add 0.1 ml 0.5% Bromocresol Purple (BCP) solution [B] Take 5 mL of milk sample into a 15 mL test tube. Add 1 ml of Methylene blue dye solution and 2 ml chloroform. Vortex. The contents [15 sec] and centrifuge at 1100 rpm for 3 min.	Appearance of violet colour indicatesthe presence of detergent. Unadulterated milk shows faint violet color Relatively, more intense blue color in lower layer indicates presence of detergent in milk. Relatively more intense blue color in upper layer indicates absence of detergent in milk.
Buffalo milk	Dilute the milk 1/10. Put a drop of diluted milk on the centre of a glass slide. Now place a drops of Hansa test serum (duly preserved) on the drop of milk and mix together with a glass rod or cleantooth pick.	Curdy particles develop within half a minute in milk containing buffalo milk.
Pulverized soap	Take 10 ml milk sample in a test tube. Add equal quantity of hot water to it, the add 2 drops of phenolphthalein indicator.	
Coloring matter		

Formalin	. Take 10 mL milk sample in attest tube. Add 10 ml diethyl ether. After shaking, allow it to stand.	Appearance of pink color indicates presence of soap. Appearance of yellow color in ethereal layer indicates the presence of added color.
	<u>Formalin</u> [A.] Take 10 mL milk sample in attest tube. Add 5 mL conc. sulfuric acid with a little amount of ferric chloride without shaking	A]Appearance of violet or blue color at the junction of two liquid layers indicates the presence of formalin.
	B. Take about 5 ml of milk in a test tube.Take 1 ml of 10% ferric chloride solution in a 500 ml volumetric flask and make up the volume using conc hydrochloric acid. Add 5 mL from this solution to the sample in test tube. Keep the tube in boiling water bath for about 3-4 min.	B] Appearance of brownish pink color indicates the presence of formalin.
Hydrogen Peroxide	C. Take 1 mL of sample milk in a test tube.Take saturated solution of 1,8dihydroxynaphthalene-3, 6-disulphonic acid in about 72% sulfuric acid to make chromotropic acid solution. Add 1 mL of chromotropic acid solution to	C] Appearance of brownish pink color indicates the presence of formalin.
	A. Add to 5 mL of suspected milk sample in attest tube, an equal volume of raw milk and 5 drops of 2% solution of paraphenylenediamine. the sample in test tube.	Appearance of blue color indicates the presence of hydrogen peroxide as adulterant.
Ammonium sulfate	B. B. Take 1 mL milk sample in a test tube and add 1 mL of potassium iodide-starch reagent solution and mix well.	Appearance of blue color indicates the presence of hydrogen peroxide as adulterant.
	[A] Take 2 ml. milk in a test tube and add0.5 ml NaOH (2%) 0.5 ml sodiumhypochlorite (2%) and 0.5 ml phenol (5%) Heat in boiling water bath for 20 sec	A bluish colour forms immediately, which turns deep blue afterward. Pure milk shows salmon pink colour , gradually changes to bluish after 2 hours
	[B]Take 10 ml of milk in a 50 ml stoppered test tube. Add 10 ml of TCA solution. Filter the coagulated milk through Whatman filter paper Grade 42. Take 5 ml of clear filtrate.	

	Add few drops of barium chloride solution.	Formation of milky-white precipitates indicates the presence of added sulfates like ammonium sulfate, sodium sulfate, zinc sulfate and magnesium sulfate etc.to milk
Urea	A. Take 5 mL milk sample in a test tube. Add equal volume of 24% TCA to precipitate fat and proteins of milk. Take 1 mL filtrate and add 0.5 mL 2% sodium hypochlorite,0.5 mL 2% sodium hydroxide and add 0.5 mL 5% phenol solution, then mix. B. Take 5 ml milk in a test tube, add 0.2 ml urease (20 mg/ml) Shake well at room temperature and then add 0.1 ml Bromothymol Blue (BTB) solution (0.5%) C. Take 5 mL milk sample in a test tube. Add 5 mL p-Dimethyl Amino Benzaldehyde reagent.	[A] characteristic blue or bluish green colour develops in presence of added urea whereas pure milk remainsColourless. [B] characteristic blue or bluish green colour develops in presence of added urea whereas pure milk remainsColourless. [C] Appearance of distinct yellow color indicates presence of added urea whereas formation of slight yellow color indicates natural urea in milk.
Nitrates	Take 10 ml sample milk in a beaker. Add10 ml mercuric chloride solution to it.After mixing, filter through what manNo 42 filter paper. Take 1 ml filtrate in a test tube and add 4 ml of diphenyl amine sulphate or diphenylbenzidine reagent.	Appearance of blue colour indicates the presence of nitrates. Pure milk sample will not develop any color.
Benzoic acid	Take 5 mL milk sample in a test tube. Upon acidification with sulfuric acid, 0.5% ferric chloride solution is added to it drop by drop.Mix it. Five ml of milk is taken in a test tube and acidified with concentrated sulphuric acid.0.5% ferric chloride solution is added drop by drop and mixed well. Development of buff colour indicates presence of benzoic acid and violet colour indicates salicylic acid.	Appearance of buff color indicates the presence of benzoic acid whereas that of violet color indicates salicylic acid.
Borax and Boric acid	Take 5 mL milk sample in a test tube. Add 1 mL conc. HCl to it. A turmeric paper is dipped and it is dried in a watch glass at 100 °C	

		if the turmeric paper turns red, it indicates the presence of borax or boric acid

ADULTERAÇÃO DO LEITE NA ÍNDIA

Mais de dois terços do leite indiano está contaminado com substâncias que vão do sal ao detergente e pode não ser seguro para consumo, de acordo com um inquérito efectuado por um organismo governamental indiano. O inquérito realizado em 33 Estados pela Autoridade para a Segurança Alimentar e Normas da Índia revelou que 68,4% de 1.791 amostras de leite continham substâncias adulterantes. Entre as substâncias encontradas no leite encontravam-se o leite em pó desnatado, a gordura, a glucose e a água adicionada. Apenas dois Estados - Goa e Pondicherry - venderam leite não adulterado, enquanto todas as 250 amostras de quatro Estados do Leste estavam contaminadas com detergente. A gordura e os sólidos não comestíveis foram os principais infractores a nível nacional, seguidos do leite em pó desnatado. O detergente foi encontrado em 8,4% de todas as amostras.

Apesar de ser o maior produtor de leite do mundo, a Índia não é alheia a leite adulterado. "A adição de água não só reduz o valor nutricional do leite, como a água contaminada pode também representar riscos para a saúde", refere o estudo, acrescentando que a presença de detergente "indica falta de higiene e saneamento no manuseamento do leite". Em novembro de 2008, seis crianças tribais morreram e dezenas foram hospitalizadas depois de terem bebido leite fornecido à sua escola por uma fábrica de lacticínios no leste da Índia. As autoridades estatais atribuíram as mortes ao leite adulterado...[Hindustan Times 2012]

Mais de 60% das amostras de leite na cidade de Chandigarh foram consideradas adulteradas, informou a administração da UT ao tribunal superior de Punjab e Haryana numa declaração juramentada. Foram recolhidas 1 475 amostras, das quais 942 não passaram no teste. A declaração juramentada apresentada por Sukhwinder Singh, oficial designado da administração da segurança alimentar, veio em resposta a um litígio de interesse público sobre leite adulterado, afirmando que 63% das amostras de leite não estavam em conformidade com as normas de segurança alimentar. Foi ainda referido que o departamento está ciente dos perigos que o leite falsificado pode causar às pessoas e que iniciou campanhas. Foi igualmente referido que foi criado um laboratório móvel de controlo alimentar. O tribunal superior deu instruções ao Punjab e ao Haryana para apresentarem um relatório sobre a situação das amostras de leite. As autoridades realizaram recentemente rusgas em muitas lojas de doces na Tricity e apreenderam amostras de paneer e de leite. A 9 de maio, o Supremo Tribunal solicitou uma resposta do organismo alimentar de topo, a Autoridade para a Segurança e Normas Alimentares da Índia (FSSAI), e dos Estados relativamente à adulteração do leite e à produção de leite sintético. O banco de três juízes solicitou sua resposta sobre a petição de interesse público apresentada por Swami Achyutanand Tirth em nome do Swami Bhumanand Dharmarth Chikitsalya &Á "ÁJÁ¿Instituto de Pesquisa em Haridwar.A petição é um acompanhamento do estudo de adulteração de leite divulgado pela FSSAI em janeiro de 2018. Durante o inquérito, a FSSAI encontrou quase 70% das amostras de leite adulteradas; as amostras não estavam em conformidade com a Lei de Segurança e Normas Alimentares de 2006.

Cinco Estados foram considerados completamente negligentes - 100% das suas amostras não estavam em conformidade com as normas relativas ao leite estabelecidas pela FSSAI; quase 14% das amostras continham detergente. Foi encontrado detergente em amostras colhidas em Jharkhand, Bihar, Bengala Ocidental e Odisha. Setenta por cento das amostras de leite recolhidas na capital nacional também não passaram no teste da FSSAI. A maioria das amostras que não cumpriam as normas (46%) pertencia à categoria de baixo teor de sólidos não gordos (SNF), o que se deveu à diluição do leite com água. O outro parâmetro para o leite era a presença de leite em pó desnatado, que estava presente em quase 548 amostras, das quais 477 continham glucose. No total, foram analisadas 1 791 amostras. O tribunal presidido pelo Juiz Presidente S H Kapadia enviou notificações ao Centro e aos governos estaduais de Haryana, Rajasthan, Uttar Pradesh, Uttarakhand e Delhi. O peticionário salientou que o leite sintético e adulterado e os produtos lácteos são preparados utilizando ureia, detergente, óleo refinado, soda cáustica e tinta branca, que, segundo estudos, são "muito perigosos" para a vida humana e podem causar doenças graves como o cancro. A petição exige uma ação penal contra todos os envolvidos na produção de leite sintético.[Soumya Misra 2018]

De acordo com o relatório da OMS, 80-90% do leite está disponível em Haryana e Punjab Os estados de Punjab e Haryana são famosos pela produção de leite e produtos lácteos no país. Nos últimos anos, têm vindo a perder terreno devido ao rápido aumento dos casos de adulteração. Um relatório recente da Organização Mundial de Saúde (OMS) revelou que entre 80 a 90% do leite e dos produtos lácteos vendidos atualmente no mercado em ambos os Estados e em Chandigarh UT foram considerados adulterados. As informações do Ministério da Saúde, que também apoiam a questão, confirmaram que, durante um inquérito, foi detectada adulteração em 89,2% dos casos de leite e produtos lácteos vendidos no mercado destes Estados, que foram considerados prejudiciais para a saúde dos consumidores devido a adulteração, pelo que o Supremo Tribunal de Punjab e Haryana, na sequência de um pedido de indemnização por interesse público apresentado ao tribunal, deu instruções aos governos dos Estados e à Legal Initiative Society para investigarem e tomarem medidas severas imediatas contra as pessoas envolvidas na adulteração do leite e dos produtos lácteos, que prejudicam a saúde pública em nome dos seus interesses financeiros. De acordo com informações da sociedade, mais de 70% dos produtos lácteos vendidos no país não estavam em conformidade com as normas nacionais de segurança alimentar. De acordo com o relatório da OMS, se não forem tomadas medidas rigorosas contra os responsáveis pela adulteração do leite e por brincarem com a vida dos outros, cerca de 87% das pessoas no país poderão sofrer de doenças graves até ao ano 2025. De acordo com as informações, o nosso país pertence à categoria dos países produtores de leite em excesso, mas a adulteração do leite e dos produtos lácteos nesses países é muito menor do que na Índia. As informações revelam que são produzidos diariamente na Índia cerca de 14 crore de litros de leite, contra um consumo de 65 crore de litros de leite, o que indica claramente que o leite e os produtos lácteos são adulterados em grande escala no nosso país para satisfazer as necessidades. O Supremo Tribunal de Punjab e Haryana ordenou que fossem tomadas medidas severas contra as pessoas envolvidas na adulteração do leite e dos produtos lácteos, dando instruções às administrações de Haryana, Punjab e Chandigarh para que os funcionários do Departamento de Alimentação e Abastecimento de Chandigarh efectuassem o máximo de rusgas e tomassem medidas rigorosas contra os culpados, que seriam estritamente punidos pelos tribunais, para além de sensibilizar as pessoas para os efeitos nocivos do consumo de leite e de produtos lácteos adulterados e para o controlo da sua qualidade.As informações revelam que são utilizados produtos nocivos para adulterar o leite, misturando detergente, soda cáustica, tinta branca, hidroperóxido, óleo de vanaspati e fertilizantes, que são extremamente nocivos para a saúde humana, causando doenças graves, incluindo cancro, tuberculose, doenças cardíacas e respiratórias. [Satish Handa | 24 de maio de 2022]

Quatro mil litros de leite adulterado foram apreendidos de um camião num posto de controlo em Rajkot. "Um camião foi mandado parar durante o controlo de veículos e foi apreendido leite adulterado, fabricado com produtos químicos como sulfatos, fosfatos e óleos carbonatados", disse Praveen Kumar Meena, DCP Zona-1, Rajkot. De acordo com as informações, o negócio dos lacticínios adulterados estava a ser desenvolvido há meses e fazia parte de um grande nexo. "O leite adulterado estava a ser fornecido há quatro meses. Identificámos o fornecedor e a localização da fábrica. Estão a decorrer mais investigações sobre o caso. Na terça-feira, os principais estabelecimentos de venda de leite aumentaram os preços do leite em todo o país. A principal razão para a subida dos preços foi citada como um aumento dos custos dos factores de produção. Tanto a Amul como a Mother Dairy aumentaram os seus custos em 2 euros por litro. A Mother Dairy aumentou os preços do leite em 2 euros por litro, com efeitos a partir de quarta-feira. "A Mother Dairy é obrigada a aumentar os preços do leite líquido em 2 euros/litro, com efeitos a partir de 17 de agosto de 2022.A Amul também decidiu aumentar os preços do leite em 2 euros por litro, com efeitos a partir de quarta-feira, devido ao aumento dos custos dos factores de produção. Após a revisão, o preço do Amul Gold nos mercados de Ahmedabad, Rajkot e Saurashtra será de ? 31 por 500 ml, Amul Taaza será de ? 25 por 500 ml, e o Amul Shakti será de ? 28 por 500 ml, afirmou num comunicado. O aumento de ? 2 por litro, afirmou a Amul no comunicado, traduz-se num aumento de 4 por cento do preço máximo de venda a retalho (PMR), que é inferior à inflação média dos produtos alimentares. [India NewsAsian News International, 2022].

Apenas 15% dos pacotes de leite de marca correspondem aos padrões FSSAI, o leite a granel se sai melhor com 22% de padronização Um preocupante 79% do leite de marca ou a granel disponível no mercado está adulterado, segundo o último relatório anual da Consumer Guidance Society of India (CGSI). De acordo com a CGSI, uma organização de consumidores sem fins lucrativos, 413 amostras de pacotes de leite foram testadas quanto ao seu teor de gordura e sólidos sem gordura (SNF) de janeiro de 2019 a dezembro de 2019. Destas, apenas 87 amostras de leite (21%) estavam em conformidade com as especificações padrão estabelecidas pela Autoridade de Segurança Alimentar e Padrão da Índia (FSSAI). O relatório afirma que, de todas as amostras de leite, 73 eram pacotes de marca e apenas 11 deles (15%) aderiram à marca padrão. Os restantes 85% do leite de marca atualmente vendido no mercado estavam adulterados. Mais 5% de adulteração Comentando as conclusões do inquérito, o Dr. Sitaram Dixit, presidente do CGSI, afirmou: "O leite constitui uma porção essencial para todos os interessados e tem de cumprir as normas da FSSAI. Em comparação com a pesquisa realizada em 2018, a adulteração aumentou 5% este ano. O relatório refere ainda que, dos 340 pacotes de leite sem marca ou a granel testados, 76 amostras, que representavam 22%, estavam normalizadas, enquanto os restantes 264 pacotes (78%) foram considerados adulterados. A elevada taxa de adulteração do leite continua, apesar de ter sido considerada um crime inafiançável em Maharashtra. Só nos últimos cinco meses, a polícia de Mumbai prendeu várias redes de adulteração de leite que operavam fora da cidade. Numa rusga realizada em Goregaon em janeiro, a polícia apreendeu mais de 219 litros de leite adulterado, que estava a ser embalado sob marcas de renome. Em outubro do ano passado, a Divisão de Combate ao Crime tinha desmantelado um outro esquema e apreendido 500 litros de oxitocina, um produto químico utilizado para aumentar a produção de leite nos animais leiteiros, que estava a ser fornecido aos produtores de leite. Numa rusga semelhante, em agosto do ano passado, a Unidade de Combate ao Crime tinha feito uma rusga numa sociedade em Andheri, onde o leite produzido por marcas populares de lacticínios estava a ser adulterado. "Os esquemas são bem organizados, com pacotes de leite a serem recolhidos dos camiões durante a noite ou de manhã cedo, num ponto de recolha bem longe do centro. A adulteração propriamente dita prolonga-se durante todo o dia, sendo o leite reembalado e bombeado para o mercado o mais rapidamente possível, a fim de se obter o máximo de lucros", afirmou um agente da Divisão Criminal. Dhairya Gajara 2020 Setenta por cento das amostras de leite recolhidas em todo o país pela autoridade de segurança alimentar não estavam em conformidade com as normas Os resultados de um inquérito inédito sobre o leite realizado pela Autoridade de Segurança Alimentar e Normas da Índia (FSSAI) revelam algo surpreendente - a maioria dos indianos está a consumir detergentes e outros contaminantes através do leite. O Inquérito Nacional sobre a Adulteração do Leite 2011, um inquérito instantâneo, foi realizado para verificar os contaminantes no leite, especialmente no leite líquido, em todo o país. O estudo concluiu que, devido à falta de higiene e saneamento no manuseamento e embalagem do leite, os detergentes (utilizados durante as operações de limpeza) não são lavados corretamente e acabam por entrar no leite. Outros contaminantes, como a ureia, o amido, a glucose e a formalina, juntamente com o detergente, são utilizados como adulterantes. Estes adulterantes são utilizados para aumentar a espessura e a viscosidade do leite, bem como para o conservar durante um período mais longo. O estudo refere que o consumo de leite com detergentes é perigoso para a saúde. Cerca de oito por cento das amostras apresentavam detergentes. A água é o adulterante mais comum no leite. Reduz o valor nutritivo do leite. Se estiver contaminada, a água representa um risco para a saúde dos consumidores. Foram recolhidas amostras em 28 Estados e cinco territórios da União. Os piores resultados foram registados em Bihar, Chhattisgarh, Odisha, Bengala Ocidental, Mizoram, Jharkhand e Damão e Diu, onde a não conformidade com as normas de segurança alimentar foi de 100%. A razão mais comum invocada para a não conformidade é a diferença entre a procura e a oferta de leite. Para satisfazer a procura, os fornecedores adulteram geralmente o leite e aumentam a quantidade. As amostras de Goa e Puducherry estavam 100 por cento conformes.

Cerca de 70 por cento das amostras não estavam em conformidade com as normas estabelecidas para o leite. Os problemas eram mais acentuados no leite vendido a granel do que no leite embalado. As amostras colhidas nas zonas rurais tiveram melhores resultados, com apenas 30% de não-conformidade, em comparação com os centros urbanos. Do total de amostras não conformes, a maior parte, cerca de 46%, pertencia à categoria de baixo teor de sólidos não gordos (SNF), o que se deveu à diluição do leite com água. Quanto mais elevado for o SNF, melhor será a qualidade do leite. O outro parâmetro do leite era a presença de leite em pó desnatado, que estava presente em cerca de 548 amostras, das quais 477 continham glucose. No total, foram testadas 1791 amostras. Para além da matéria gorda, da FDN, do leite em pó desnatado e da glicose, o inquérito procurou igualmente detetar a presença de neutralizantes, acidez, peróxido de hidrogénio, açúcar, amido, ureia, sal, detergente, formol e sal vegetal. Os estudos mostram que os adulterantes como o sal, os detergentes e a glucose aumentam a espessura e a viscosidade do leite, enquanto o amido impede a coagulação do leite.

Estes adulterantes são perigosos e causam danos irreversíveis nos órgãos. O Conselho Indiano de Investigação Médica, num relatório anterior, referiu que os detergentes no leite causavam intoxicação alimentar e complicações gastrointestinais; os outros compostos sintéticos causam deficiências, problemas cardíacos, cancro e mesmo a morte. O efeito imediato da ingestão de leite adulterado com ureia, soda cáustica e formalina é a gastroenterite, mas sabe-se que os efeitos a longo prazo são muito mais graves.

A FSSAI solicitou a todas as suas divisões de execução nos estados e territórios da união que reforçassem os controlos dos produtores de leite, a fim de garantir que estes cumprem a lei relativa à segurança e às normas alimentares.
A água acabou por ser o adulterante mais comum no leite. Reduz o valor nutricional do leite. Se estiver contaminada (com pesticidas, metais pesados), a água representa um risco para a saúde dos consumidores. Do total de amostras não conformes, a maior percentagem, cerca de 46%, pertencia à categoria de baixo teor de sólidos não gordos (SNF), o que se deveu à diluição do leite com água. O leite em pó desnatado estava presente em quase 548 amostras, das quais 477 continham glucose

[Centre for Science and Environment © 2023]

CONCLUSÃO

Embora o lucro financeiro seja considerado uma das principais razões para a adulteração do leite, a oferta inadequada para a população crescente em todo o mundo também abriu caminho para este fenómeno. Este problema é mais grave nos países em desenvolvimento e subdesenvolvidos devido à falta de controlo adequado e de aplicação da lei. As técnicas de deteção comuns existentes nem sempre são convenientes e acessíveis nestes países, o que dificulta a abordagem das diversas formas de adulteração fraudulenta do leite. Esta situação exige a conjugação de esforços das comunidades científicas e das autoridades reguladoras através do desenvolvimento, aplicação e divulgação de melhores técnicas de deteção da adulteração do leite.

Além disso, a sensibilização e o acesso à informação podem desempenhar um papel vital nestas regiões para ultrapassar este problema. Alguns destes métodos de deteção fácil ao nível do consumidor e técnicas de ponta ao nível das autoridades podem pôr termo a este problema para as vítimas, incluindo milhões de crianças nos países em desenvolvimento.

REFERÊNCIAS

1. Abrantes MR, De Oliveira ARM, De Oliveira Cabral Rocha M, De Souza GO, Telles EO, Sakamoto SM, Da Silva JBA. Deteção de contaminantes do leite bovino em leite e requeijão de cabra adulterados. Ata Sci Vet. 2014;42:1.
2. Ai K, Liu Y, Lu L. Mudança de cor induzida por reconhecimento de ligações de hidrogénio de nanopartículas de ouro para deteção visual de melamina em leite cru e fórmulas para lactentes. J Am Chem Soc. 2009;131(27):9496-7.
3. Arora KL, Lal D, Seth R, Ram J. Platform test for detection of refined mustard oil adulteration in milk. Indian J Dairy Sci. 1996;49(10):721-3.
4. Arvind Singh GC, Aggarwal A, Kumar P. Deteção de adulteração no leite. Res News For U (RNFU). 2012;5:52-5.
5. Bakircioglu D, Kurtulus YB, Ucar G. Determinação dos níveis de alguns metais vestigiais em amostras de queijo embaladas em recipientes de plástico e estanho por ICP-OES após digestão a seco, húmida e por micro-ondas. Food Chem Toxicol.2011;49(1):202-7.
6. Bamiedakis N, Hutter T, Penty RV, White IH, Elliott SR. Sensores de guia de onda ótica integrados em Pcb: um sensor de gás amoníaco. J Lightwave Technol. 2013;31(10):1628-35.
7. Bania J, Ugorski M, Polanowski A, Adamczyk E. Aplicação da cadeia de polimerase
8. para a deteção de adulteração de leite de cabra por leite de vaca. J Dairy Res.
9. 2001;68:333-6.
10. Banupriya PCRS, Supriya TV, Varshitha V. Comparação de diferentes

métodos utilizados
11. para a deteção de ureia no leite através da quantificação de amoníaco. Int J Adv Res.Elect, Electron Instrum Eng. 2014;3(3):7858-63.
12. Batis VK, Garg SK, Chander H, Ranganathan B. Indian Dairyman. 1981;33:435.
13. Bector BS, Ram M, Singhal OP. Teste rápido de plataforma para a deteção/determinação da ureia adicionada ao leite. Indian Dairyman. 1998;50(4):59-62.
14. Borková M, Snáselová J. Possibilidades de deteção de diferentes leites animais no leite e nos produtos lácteos - uma revisão. Czech J Food Sci. 2005;23(2):41-50.
15. Dawson DP, Morrill JL, Reddy PG, Minocha HC, Ramsey HA. Concentrado protéico de soja e farinhas de soja aquecidas como fontes de proteína em substitutos do leite para bezerros pré-ruminantes. J Dairy Sci. 1988;71:1301-9.
16. DE Souza EMT, Arruda SF, Brandao PO, Siqueira EM, Almeida D. Electrophoretic
17. para detetar e quantificar o soro de leite adicional no leite e nas bebidas lácteas.
18. Ciênc Tecnol Aliment. 2000;20(3):314-7.
19. Dias LA, Peres AM, Veloso ACA, Reis FS, Vilas-Boas M, Machado AASC. Um
20. avaliação eletrónica do sabor da língua: Identificação de adulteração de leite de cabra
21. com leite de vaca. Sens Actuators B: Chem. 2009;136(1):209-17.
22. Satish Handa Segundo o relatório da OMS, 80-90% do leite disponível em Haryana e Punjab está adulterado | 17 de abril de 2020 | The Financial World 17 de maio de 2023 Copyright © 2023
23. Dhairya Gajara, 79% do leite em Maharashtra é adulterado: estudo , 2020The Hindu Copyright© 2023,
24. Soumya Misra 63 por cento das amostras de leite não passaram no teste, disse o Tribunal Superior de Punjab e Haryana.
25. Tanzina Azad e Shoeb Ahmed* Adulteração comum do leite e suas técnicas de deteção International Journal of Food Contamination (2016) 3:22 DOI 10.1186/s40550-016-0045-3
26. Leite adulterado é o que os indianos estão a beber Logo Centro para a Ciência e o Ambiente 2023
27. Leite indiano frequentemente adulterado: Estudo do Governo AFP | BY Hindustan Times Correspondente, Nova Deli 10 de janeiro de 2012 04:49 PM IST
28. 4.000 litros de leite adulterado apreendidos em Gujarat: Notícias da Índia;Asian News Internationa !Updated: 17 de agosto de 2022

Adulteração de alimentos em química

Yogesh Kumar[7] e Ajay K. Yadav[2]
Ygguptaji38 @gmail. com[7] , draj ayky@gmail. com[2]

RESUMO

A adulteração dos alimentos é uma propriedade importante para o sustento da vida. Este capítulo centra-se principalmente nas propriedades básicas da adulteração e nos seus efeitos no corpo humano.

Palavras-chave: adulteração de alimentos, processos metabólicos,

INTRODUÇÃO

A alimentação é necessária para que a vida se mantenha. Toda a gente come para obter energia para vários processos metabólicos. Os alimentos são necessários para o crescimento, a manutenção, a reparação e a conservação de todos os seres vivos. Atualmente, existem muitos tipos diferentes de alimentos no mercado e todos nós dependemos diariamente de diferentes tipos de alimentos, tais como frutas, legumes, cereais, leguminosas, legumes e assim por diante. Quando compramos produtos frescos e outros artigos, podemos já ter reparado em pequenos seixos nos cereais e grãos, em vegetais de cor escura como os brócolos e a couve, em frutas, em carne vermelha escura e muito mais.

A contaminação ou adulteração de produtos alimentares naturais é um dos maiores problemas da sociedade moderna. Nos países pobres, a adição de adulterantes é uma prática frequente, apesar das numerosas penalizações e sanções. Os produtos naturais podem ser adulterados de várias formas

ADULTERAÇÃO DE ALIMENTOS

A técnica de adulteração de alimentos ou de contaminação de ingredientes alimentares através da adição de alguns compostos conhecidos como adulterantes é conhecida como adulteração alimentar. Os adulterantes são substâncias ou produtos de qualidade inferior que são introduzidos nos produtos alimentares para obter vantagens técnicas e financeiras. Quando estes adulterantes são adicionados, os alimentos perdem nutrição e ficam contaminados, tornando-se impróprios para consumo humano. Todos os géneros alimentícios que consumimos regularmente, como os lacticínios, os cereais, as leguminosas, os grãos, a carne, os legumes, as frutas, os óleos, as bebidas, etc., podem conter estes adulterantes.

CAUSA DA ADULTERAÇÃO DE ALIMENTOS

Nos países subdesenvolvidos, não é raro que os alimentos sejam contaminados ou que lhes sejam adicionados ingredientes. Por exemplo, o leite pode ter a sua quantidade aumentada pela adição de água e o seu conteúdo sólido pode ser aumentado pela adição de amido em pó.

As principais causas de adulteração de produtos alimentares são as seguintes

a) Praticado como parte da estratégia empresarial.

b) Uma imitação de uma outra substância alimentar.

c) Falta de conhecimento sobre o consumo correto dos alimentos.

d) Aumentar a quantidade de produção e venda de alimentos.

e) Aumento da procura de alimentos para uma população em rápido crescimento.

f) Obter o máximo lucro dos produtos alimentares com menos investimentos.

MÉTODOS DE ADULTERAÇÃO DE GÉNEROS ALIMENTÍCIOS

Segue-se uma lista dos adulterantes mais comuns que foram adicionados

1. Adição de determinados produtos químicos para acelerar o amadurecimento dos frutos.
2. Mistura de frutos e legumes em decomposição com os bons.
3. Adição de determinados corantes naturais e químicos para atrair os consumidores.
4. Mistura de argila, seixos, pedras, areia e lascas de mármore, aos grãos, leguminosas e outras culturas.
5. As substâncias mais baratas e inferiores são adicionadas total ou parcialmente às substâncias boas para aumentar o peso ou a natureza do produto.

A adulteração é a prática ilícita de aumentar a quantidade de produtos de alta qualidade através da adição de materiais mais baratos e não transformados. A ingestão destes alimentos adulterados é extremamente prejudicial e causa uma série de problemas de saúde, como problemas renais, várias doenças relacionadas com a má nutrição e insuficiência cardíaca, renal e hepática.

EFEITO DE ADULTERAÇÃO

Tanto os prejuízos financeiros como os efeitos moderados a graves para a saúde podem resultar de produtos alimentares contaminados. É frequente o aparecimento de sintomas como diarreia, náuseas, reacções alérgicas, diabetes, doenças cardíacas, etc., após o consumo de alimentos contaminados.

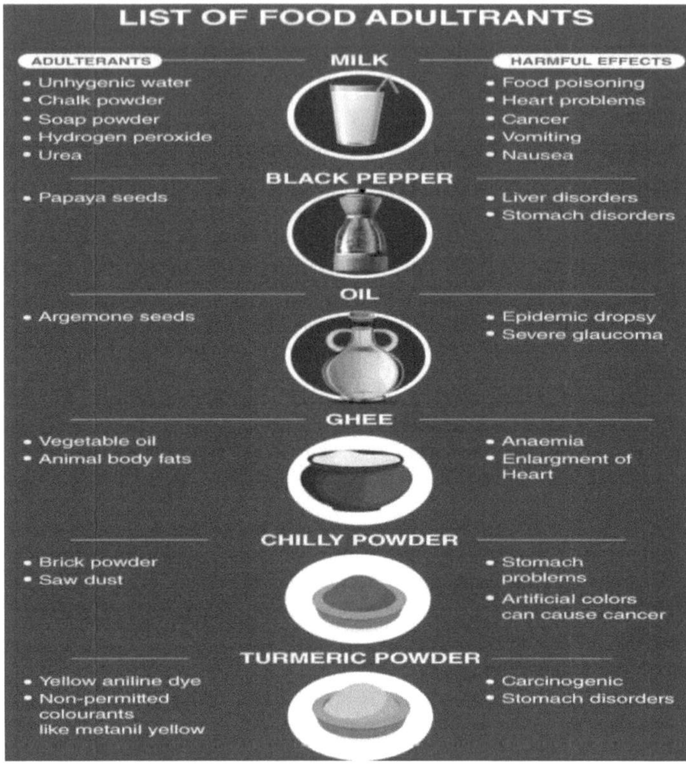
LIST OF FOOD ADULTRANTS
ADULTERANTS
MILK
HARMFUL EFFECTS
• Unhygenic water
• Chalk powder
• Soap powder
• Hydrogen peroxide
• Urea
• Food poisoning
• Heart problems
• Cancer
• Vomiting
• Nausea
BLACK PEPPER
• Papaya seeds
• Liver disorders
• Stomach disorders
OIL
• Argemone seeds
• Epidemic dropsy
• Severe glaucoma
GHEE
• Vegetable oil
• Animal body fats
• Anaemia
• Enlargment of Heart
CHILLY POWDER
• Brick powder
• Saw dust
• Stomach problems
• Artificial colors can cause cancer
TURMERIC POWDER
• Yellow aniline dye
• Non-permitted colourants like metanil yellow
• Carcinogenic
• Stomach disorders

S. No.	Food items	Adulterants detected
1.	Milk	Antibiotic residues, formalin, boric acid, pesticide residues, neutralize~s like sodium bicarbonate, urea, water, sugar, starch, foreign fat, ammonium sulphate, cellulose.
2.	Milk powder	Pesticide residues, sugar, starch, fat deficiency, excessive moisture.
3	Ghee and vanaspati	Extraneous colours, animal body fat, hydrogenated vegetableoils, excessive moisture.
4.	Edible oil	Castor oil, mineral oil, argemone oil, triorthocresyl phosphate, oil - soluble colours, aflatoxin, pesticide residues, cheaper vegetable oils.
5.	Spices	Non-permitted colours, mineral oil coating, husk, starch, foreign seedsiresins, extraneous matter, exhausted spices.
6.	Non-alcoholic beverages	Saccharin, dulcin, brominated vegetable oils, non-permitted colours, excess permitted colour.
7.	Confectionery, sweets and savouries	Nan-permitted colours, aluminium foil, permitted colour more than prescribed limit.
8.	Coffee	Date or tamarind seeds, artificial colour.
9.	Tea	Colour, iron filings, foreign leaves, exhausted leaves.
10.	Pulses and their products like besan	Lathyrus sativus, Vicia sativa, artificial colours, talc, foreign starch, extraneous matter.
11.	Cereals and their products like maida, suji, flour	Fungal infestation, pesticide residues, sand, dirt, foreign starch, powdered chalk, iron filings, aflatoxins, insect damage.

PREVENÇÃO DE ADULTERAÇÕES

O Instituto de Investigação Alimentar e o Serviço Nacional de Saúde afirmam que uma série de produtos alimentares foram adulterados com o objetivo de produzir mais e ganhar mais. A adição de adulterantes aos produtos alimentares é uma prática generalizada nos países emergentes e noutros países subdesenvolvidos. Todos os anos, a 7 de abril, celebra-se o Dia Mundial da Saúde. De acordo com os relatórios, os objectivos da OMS são sensibilizar o público para as adulterações dos produtos alimentares e incentivar as pessoas a terem uma dieta saudável e equilibrada.

Seguem-se alguns conselhos de segurança para evitar a adulteração

1. Evitar alimentos de cor escura, alimentos de plástico e outros alimentos processados.
2. Certifique-se de que limpa e guarda todos os cereais, leguminosas e outros produtos alimentares.
3. Lavar bem os frutos e os legumes em água corrente antes de os utilizar.
4. Verifique se o selo é válido ou não, antes de comprar produtos alimentares como leite, óleo e outras embalagens.
5. Certifique-se sempre de que verifica e compra produtos com um rótulo validado pela FSSAI, juntamente com o número de licença, a lista de ingredientes, a data de fabrico e o prazo de validade.

MÉTODOS DE DETECÇÃO DE ADULTERANTES COMUNS NO LEITE

Alimentos: Leite

Adulterante: Amido

Método de deteção: Adicionar algumas gotas de solução de iodo. A formação de uma cor azul indica a presença de amido.

Alimentos: Leite

Adulterante: Ureia

Método de deteção: Colocar uma colher de chá de leite num tubo de ensaio. Adicionar ½ colher de chá de pó de soja ou de feijão-frade. Misturar bem o conteúdo, agitando o tubo de ensaio. Após 5 minutos, mergulhar um papel de tornassol vermelho. Retirar o papel após ½ minuto. A mudança de cor de vermelho para azul indica a presença de ureia no leite.

Alimentos: Leite

Adulterante: Vanaspati

Método de deteção: Colocar 3 ml de leite num tubo de ensaio. Adicionar 10 gotas de ácido clorídrico. Misturar uma colher de chá de açúcar. Após 5 minutos, examinar a mistura. A coloração vermelha indica a presença de vanaspati no leite.

Alimentos: Leite

Adulterante: Formalina

Método de deteção: Colocar 10 ml de leite num tubo de ensaio e adicionar 5 ml de ácido sulfúrico concentrado a partir dos lados da parede, sem agitar. Se

aparecer um anel violeta ou azul na intersecção das duas camadas, isso indica a presença de formalina.
Alimentos: Leite

Adulterante: Detergente

Método de deteção: Agitar 5-10 ml de amostra com uma quantidade igual de água; a formação de espuma indica a presença de detergente.

Alimentos: Leite

Adulterante: Leite sintético

Método de deteção: O leite sintético tem um sabor amargo, dá uma sensação de sabão quando esfregado entre os dedos e torna-se amarelado quando aquecido.

MÉTODOS DE DETECÇÃO DE ADULTERANTES COMUNS EM PRODUTOS À BASE DE LEITE

Comida: Requeijão doce

Adulterante: Vanaspati

Método de deteção: Colocar 1 colher de chá de coalhada num tubo de ensaio. Adicionar 10 gotas de ácido clorídrico. Misturar o conteúdo agitando suavemente o tubo de ensaio. Após 5 minutos, examinar a mistura. A coloração vermelha indica a presença de vanaspati na coalhada.

Alimentos: Khoa e seus produtos

Adulterante: Amido

Método de deteção: Ferver uma pequena quantidade de amostra com um pouco de água, arrefecer e adicionar algumas gotas de solução de iodo. A formação de uma cor azul indica a presença de amido.
Alimentos: Paneer

Adulterante: Amido

Método de deteção: Ferver uma pequena quantidade de amostra com um pouco de água, arrefecer e adicionar algumas gotas de solução de iodo. A formação de uma cor azul indica a presença de amido.

MÉTODOS DE DETECÇÃO DE ADULTERANTES COMUNS EM ÓLEOS E GORDURAS

Alimentos: Ghee

Adulterante: Vanaspati ou Margarina

Método de deteção: Colocar cerca de uma colher de chá cheia de amostra de Ghee derretida com igual quantidade de ácido clorídrico concentrado num tubo de ensaio com rolha e adicionar uma pitada de açúcar. Agitar durante um minuto e deixar repousar durante cinco minutos. O aparecimento de uma cor carmesim confirma a presença de Vanaspati ou Margarina.

Alimentos: óleo alimentar

Adulterante: Cor proibida

Método de deteção: Colocar 5 ml de amostra num tubo de ensaio e adicionar 5 ml de ácido clorídrico concentrado. Agitar suavemente e deixar repousar durante 5 minutos. A cor separar-se-á na camada superior da solução.

Alimentos: Óleo de coco

Adulterante: Qualquer outro óleo

Método de deteção: Colocar uma pequena garrafa de óleo no frigorífico. O óleo de coco solidifica, deixando o adulterante numa camada separada.

MÉTODOS DE DETECÇÃO DE ADULTERANTES COMUNS EM EDULCORANTES

Produtos alimentares: Açúcar

Adulterante: Pó de giz

Método de deteção: Dissolver 10 g de amostra de açúcar num copo de água, deixar assentar, o giz assenta no fundo.
Produtos alimentares: Mel

Adulterante: Solução de açúcar (especialmente água)

Método de deteção: Um pavio de algodão mergulhado em mel puro, aceso com um fósforo, arde e mostra a pureza do mel. Se estiver adulterado, a presença de água não permite que o mel arda; se o fizer, produzirá um som de estalido.

Alimentos: Jaggery

Adulterante: Soda de lavagem

Método de deteção: Adicionar algumas gotas de solução de ácido clorídrico. A efervescência revela a presença de soda.

Comida: Gelados e bebidas

Adulterante: Amarelo de metanil (um corante de alcatrão de carvão não autorizado)

Método de deteção: Extrair a cor dos géneros alimentícios com água morna. Adicionar algumas gotas de ácido clorídrico concentrado. Se se desenvolver uma coloração vermelho magenta, é indicada a presença de amarelo de metanil.

MÉTODOS DE DETECÇÃO DE ADULTERANTES COMUNS EM GRÃOS ALIMENTARES E SEUS PRODUTOS

Alimentos: Trigo, Arroz, Milho, Jawar, Bajra, chana, Cevada, etc.

Adulterantes: Poeira, seixos, pedras, palha, sementes de ervas daninhas, grãos danificados, grãos desgrenhados, insectos, pêlos de roedores e excrementos

Método de deteção: Os grãos podem ser examinados visualmente para detetar matérias estranhas, grãos danificados, grãos descolorados, contaminação por insectos ou roedores, etc. A quantidade de grãos danificados/descoloridos deve ser a menor possível, pois podem estar afectados por toxinas fúngicas, sementes de Dhatura, etc. Uma quantidade moderadamente excessiva pode resultar em risco para a saúde. Deitar fora os grãos danificados e indesejáveis antes de os utilizar.

Alimentos: Maida/Rice

Adulterante: Ácido bórico

Método de deteção: Colocar uma pequena quantidade de amostra num tubo de ensaio, adicionar um pouco de água e agitar. Adicionar algumas gotas de HCl. Mergulhar uma tira de papel de curcuma; se esta ficar vermelha, é porque existe ácido bórico.

Alimentos: Trigo, bajra e outros cereais

Adulterante: Dhatura

Método de deteção: As sementes de Dhatura são planas, com bordos de cor castanha escura, que podem ser separadas por um exame atento.

Alimentos: Besan/grama em pó

Adulterante: Metanil amarelo

Método de deteção: Colocar ½ colher de chá de besano num tubo de ensaio.

Deitar 3 ml de álcool no tubo de ensaio. Misturar bem o conteúdo, agitando o tubo de ensaio. Adicionar 10 gotas de ácido clorídrico. Uma coloração cor-de-rosa indica a presença de amarelo de metanil no pó de grama.

Alimentos: Leguminosas

Adulterante: Cromato de chumbo

Método de deteção: Agitar 5 g de pulso com 5 ml de água e adicionar algumas gotas de HCl. A cor rosa indica cromato de chumbo.

Comida: Pimenta preta

Adulterante: Sementes de papaia

Método de deteção: As sementes de papaia podem ser separadas do pimento por serem encolhidas, de forma oval e de cor castanha esverdeada ou preta acastanhada.

Alimentos: Curcuma em pó

Adulterante: Pó de serra colorido

Método de deteção: Colocar uma colher de chá cheia de curcuma em pó num tubo de ensaio. Adicionar algumas gotas de ácido clorídrico concentrado. O aparecimento imediato de uma cor cor-de-rosa, que desaparece com a diluição em água, indica a presença de curcuma. Se a cor persistir, está presente o amarelo de metanil (um corante artificial), um corante de alcatrão de carvão não permitido.

Alimentos: Pimenta em pó

Adulterante: Pó de tijolo, pó de sal ou pó de talco

Método de deteção: A um pouco de pó de malagueta adicionar uma pequena quantidade de HCl conc. e misturar até obter a consistência de uma pasta, mergulhar a extremidade posterior do palito de fósforo na pasta e manter sobre a chama, a cor da chama vermelho-tijolo deve-se à presença de lamelas de cálcio no pó de tijolo.

Alimentos: Malagueta verde e outros legumes verdes

Adulterante: Verde malaquite

Método de deteção: Pegar num pedaço de algodão embebido em parafina líquida e esfregar a superfície verde exterior de uma pequena parte de um vegetal verde. Se o algodão ficar verde, pode dizer-se que o vegetal está adulterado com verde de malaquite.

MÉTODOS DE DETECÇÃO DE ADULTERANTES COMUNS EM PRODUTOS DIVERSOS

Comida: Safforn

Adulterante: Gavinhas secas de espigas de milho

Método de deteção: O açafrão genuíno não se parte facilmente como o artificial. O açafrão artificial é preparado mergulhando o sabugo de milho em açúcar e colorindo-o com corante de alcatrão de hulha. Se for colorido artificialmente, a cor dissolve-se na água. Um pouco de açafrão puro, quando dissolvido em água, continuará a dar a sua cor de açafrão enquanto durar.

Alimentos: Sal comum

Adulterante: Pó branco

Método de deteção: Agitar uma colher de amostra de sal num copo de água. A presença de giz tornará a solução branca e as outras impurezas insolúveis assentarão.

Alimentos: sal iodado

Adulterante: Sal comum

Método de deteção: Cortar um pedaço de batata, adicionar sal, esperar um minuto e adicionar duas gotas de sumo de limão. Se o sal for iodado, desenvolve-se uma cor azul. No caso do sal comum, não haverá cor azul.

Alimentos: Folhas de chá

Adulterante: Chá esgotado

Método de deteção: Espalhar um pouco de cal apagada sobre uma placa de porcelana branca ou uma placa de vidro; polvilhar um pouco de pó de chá sobre a cal. O espalhamento de cor vermelha, laranja ou de outras tonalidades sobre a cal indicará a presença de cor de alcatrão de hulha. No caso do chá genuíno, haverá apenas uma ligeira cor amarela esverdeada devida à clorofila, que aparecerá após algum tempo.

Alimentos: Vinagre

Adulterante: Ácido mineral

Método de deteção: Testar com o papel indicador amarelo Metanil, caso a cor mude de amarelo para cor-de-rosa, existe ácido mineral.

REFERÊNCIAS

1. He, Y., Bai, X., Xiao, Q., Liu, F., Zhou, L., & Zhang, C. (2021). Deteção de adulteração em alimentos com base em técnicas de análise não destrutiva: Uma revisão. Revisões críticas em ciência alimentar e nutrição,

61(14), 2351-2371.

2. Sen, M. (2021). Química alimentar: papel dos aditivos, conservantes e adulteração. Química dos alimentos: O papel dos aditivos, conservantes e adulteração, 1-42.
3. Choudhary, A., Gupta, N., Hameed, F., & Choton, S. (2020). Uma visão geral da adulteração de alimentos: Conceito, fontes, impacto, desafios e deteção. Jornal Internacional de Estudos Químicos, 8(1), 2564-2573.
4. Banti, M. (2020). Adulteração de alimentos e alguns métodos de deteção, revisão. Revista Internacional de Ciências da Nutrição e Alimentação, 9(3), 86-94.
5. Bansal, S., Singh, A., Mangal, M., Mangal, A. K., & Kumar, S. (2017). Adulteração de alimentos: Sources, health risks, and detection methods. Revisões críticas em ciência alimentar e nutrição, 57(6), 1174-1189.
6. Cordelia, C., Moussa, I., Martel, A. C., Sbirrazzuoli, N., & Lizzani-Cuvelier, L. (2002). Desenvolvimentos recentes na caraterização de alimentos e deteção de adulterações: Perspectivas orientadas para a técnica. Journal of agricultural and food chemistry, 50(7), 1751-1764.
7. Collins, E. J. (1993). Food adulteration and food safety in Britain in the 19th and early 20th centuries. Food policy, 18(2), 95-109.
8. Hart, F. L. (1952). A history of the adulteration of food before 1906 (Uma história da adulteração de alimentos antes de 1906). Food Drug Cosm. LJ, 7, 5.

Adulteração de plástico em alimentos

Shireen Shukla[1] , Juhi Singh
[1,2]Bolseiro de investigação
Departamento de Química,
Christ Church College, Kanpur

RESUMO

O plástico tornou-se um material omnipresente, em alguns sítios é uma bênção e noutros é uma desgraça. A quantidade de plástico utilizada todos os dias ultrapassa a nossa imaginação. Mas se olharmos para os montes de resíduos de plástico à nossa volta, podemos calcular a utilização de plástico. Os alimentos que comemos também não permanecem intocados pela contaminação do plástico. Os plastificantes, como os ftalatos e o bisfenol A (BPA), são substâncias químicas adicionadas aos plásticos para melhorar a sua flexibilidade e durabilidade, mas podem lixiviar-se para os alimentos e bebidas, representando riscos significativos para a saúde. Apesar da extensa investigação sobre plásticos na produção agrícola, processamento, armazenamento e transporte - 1.869 e 1.117 estudos, respetivamente - existe uma lacuna significativa de investigação nos sectores do retalho, consumo e eliminação de resíduos alimentares. A mistura de produtos químicos indesejáveis resulta em várias doenças, como diarreia, dores abdominais, náuseas, vómitos, problemas de visão, dores de cabeça, cancro, etc. Para atenuar o efeito destes produtos químicos, devem ser tomadas algumas medidas preventivas rigorosas, que incluem a redução da utilização de plásticos, o avanço de materiais alternativos e a revisão das políticas pelas autoridades.

Palavras-chave: Embalagens alimentares ; Plastificantes ; Adulteração ; Saúde ; Ambiente ; Biopolímeros

INTRODUÇÃO

Os plásticos, amplamente utilizados na embalagem de alimentos, tornaram-se uma grande preocupação devido aos seus potenciais impactos na saúde e no ambiente. Os plastificantes, como os ftalatos e o bisfenol A (BPA), são produtos químicos adicionados aos plásticos para melhorar a sua flexibilidade e durabilidade, mas podem ser lixiviados para os alimentos e bebidas, representando riscos significativos para a saúde. A exposição crónica a estes plastificantes pode perturbar os sistemas hormonais, conduzindo a problemas reprodutivos, problemas de desenvolvimento nas crianças, defeitos de nascença e um risco acrescido de cancros relacionados com as hormonas. O BPA, em particular, tem sido associado a um desenvolvimento cerebral deficiente, a questões comportamentais, a perturbações reprodutivas e a outros problemas de saúde. Além disso, os microplásticos - partículas minúsculas resultantes da decomposição de plásticos maiores - encontram-se em vários produtos alimentares, com estudos que mostram que até noventa por cento das amostras de proteínas animais e vegetais apresentam resultados positivos para estas partículas. Os microplásticos podem também ser absorvidos pelos frutos e legumes através dos seus sistemas radiculares. O sal e o açúcar foram identificados como fontes significativas de exposição a microplásticos, com o sal rosa dos Himalaias a apresentar os níveis de contaminação mais elevados. Os sacos de chá, muitas vezes feitos de plástico, podem libertar milhares de milhões de partículas de microplásticos e nanoplásticos no chá. O impacto ambiental da poluição por plásticos, incluindo os danos causados à vida selvagem e a contribuição para a poluição, reforça ainda mais a necessidade de ação. A resolução destas questões exige a adoção de materiais mais seguros e biodegradáveis, regulamentos mais rigorosos sobre a utilização de plástico nas embalagens de alimentos e práticas de consumo que minimizem a exposição, como a escolha de alimentos frescos e não embalados e a utilização de recipientes de vidro ou aço inoxidável. A redução da dependência dos plásticos e a sensibilização para os seus impactos são cruciais para proteger a saúde humana e o ambiente.[1]

O QUE SÃO PLASTIFICANTES E O QUE ESTÃO A FAZER NOS NOSSOS ALIMENTOS?

Os plásticos estão profundamente integrados nos sistemas alimentares mundiais devido às suas propriedades versáteis, contribuindo significativamente para a poluição ambiental. O desafio de integrar políticas de economia circular para abordar os impactos multifacetados dos plásticos no ambiente, na saúde humana, na segurança alimentar e nos aspectos económicos é agravado pela fragmentação dos dados e pela falta de uma abordagem unificada entre investigadores e decisores políticos. Para resolver isso, realizamos uma revisão sistemática do escopo, examinando dados de nove bancos de dados e quinze fontes de literatura cinzenta, cobrindo estudos publicados de 2000 a janeiro de 2019. Nosso objetivo era consolidar evidências quantificáveis sobre os principais tipos de plásticos usados desde a produção agrícola até a gestão de resíduos - abrangendo todo o processo "da fazenda à descarga" - e avaliar seus resultados, tanto benéficos quanto prejudiciais, na saúde humana, segurança alimentar, economia doméstica e domínios ambientais. Identificámos 3.362 estudos relevantes, com um aumento notável de publicações ao longo do tempo, particularmente da China, Índia e EUA, que em conjunto representaram 34,9% da investigação. Apesar da extensa investigação sobre plásticos na produção agrícola, processamento, armazenamento e transporte - 1.869 e 1.117 estudos, respetivamente - existe uma lacuna significativa de investigação nos sectores do retalho, consumo e eliminação de resíduos alimentares. A segurança alimentar foi o resultado mais frequentemente analisado (2 546 estudos), enquanto a saúde humana (1 602 estudos) e os impactos ambientais (282 estudos) foram menos estudados. A investigação sobre plásticos agrícolas centrou-se principalmente na produtividade e eficiência (1730 estudos) e nos efeitos das embalagens de plástico na qualidade e segurança dos alimentos (1090 estudos). Por outro lado, a investigação sobre a poluição plástica nas explorações agrícolas (34 estudos) e os impactos dos plásticos nos sistemas alimentares na saúde (39 estudos) foi mínima. Foram encontradas apenas oito meta-análises (0,2% dos estudos), todas relativas a coberturas plásticas e coberturas de fileiras. Esta revisão revela desequilíbrios significativos na base de evidências e destaca lacunas críticas que devem ser abordadas antes que as políticas de economia circular possam equilibrar efetivamente os benefícios e danos dos plásticos em vários domínios.

CONSEQUÊNCIAS POSSÍVEIS INESPERADAS DA REUTILIZAÇÃO DE EMBALAGENS PLÁSTICAS O politereftalato de etileno (PET) é um dos plásticos mais utilizados na indústria alimentar, especialmente no fabrico de garrafas, frascos e copos.[2] A sua popularidade deve-se ao seu excelente desempenho técnico, versatilidade e notável circularidade, uma vez que o PET pode ser reciclado em novos materiais de contacto com os alimentos indefinidamente. No entanto, apesar das suas vantagens, os recipientes PET podem sofrer deformações devido aos repetidos ciclos de lavagem industrial.[3] O ceticismo dos consumidores em relação aos benefícios ambientais das embalagens reutilizáveis está a aumentar. As preocupações incluem potenciais problemas de qualidade, segurança e contaminação dos produtos. [4-6]Estudos demonstraram que os consumidores desconfiam do impacto ambiental dos sistemas reutilizáveis e reagem frequentemente de forma negativa quando observam sinais de utilização anterior nas embalagens de alimentos. Collis et al. descobriram que os sinais visíveis de reutilização nas embalagens de alimentos para levar para casa levam a percepções desfavoráveis tanto da embalagem como dos alimentos que esta contém.[7-8] A reutilização de embalagens de plástico pode, assim, colocar desafios relacionados com a manutenção da segurança, da qualidade e do prazo de validade dos produtos. Estas preocupações realçam a necessidade de melhorar as estratégias de gestão e comunicação para abordar as questões práticas e perceptivas associadas às embalagens PET reutilizáveis.[9,10]

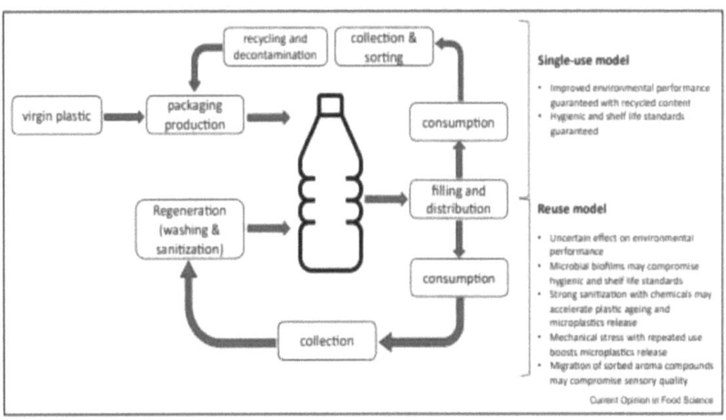

Alguns plastificantes sem ortoftalato comuns para utilização em materiais que entram em contacto com os alimentos [11]

Citrato de acetil tributilo (ATBC) - CAS #77-90-7

O citrato de acetil tributilo (ATBC) tem sido utilizado em várias aplicações, incluindo brinquedos e materiais em contacto com alimentos, durante muitos anos. Está bem regulamentado pela FDA, com uma ampla autorização ao abrigo das suas diretrizes. A Autoridade Europeia para a Segurança dos Alimentos (EFSA) estabeleceu uma dose diária admissível (DDA) de 1 mg/kg de peso corporal por dia, aplicando um fator de incerteza por defeito de 100 ao nível sem efeitos adversos observados (NOAEL) de 100 mg/kg de peso corporal por dia, determinado a partir de estudos de toxicidade oral em ratos (EFSA, 2005a). Na Europa, o ATBC está sujeito a um limite de migração global de 60 mg/kg nos alimentos, um limite geral que se aplica a todos os aditivos. Este limite de migração baseia-se no pressuposto de que um indivíduo com 60 kg de peso consome diariamente 1 kg de alimentos, que são embalados num recipiente com uma área de superfície de 6 dm^2 , a partir do qual a substância poderia migrar.

Adipato de di(2-etil-hexilo) (DEHA ou DOA) - CAS # 103-23-1
O adipato de di(2-etil-hexilo) (DEHA) tem sido utilizado há mais de sessenta anos como plastificante em películas de vinil, incluindo as utilizadas para fins comerciais e de restauração. É particularmente apreciado pelo seu desempenho em condições de baixa temperatura e pelo seu impacto na permeabilidade ao oxigénio das películas plastificadas (Sears e Darby, 1982). Nos Estados Unidos, mais de 80% da DEHA é utilizada em aplicações de contacto com alimentos (Malveda et al., 2021). Fora destas aplicações, a DEHA é geralmente utilizada como plastificante secundário em combinação com outros plastificantes para aumentar a flexibilidade a baixa temperatura, e não como plastificante primário. Não pode substituir totalmente os ortoftalatos como o DEHP e o DINP, mas serve como um aditivo especializado para satisfazer necessidades técnicas específicas. Conforme detalhado no Quadro 1, a DEHA é aprovada para várias aplicações pela FDA dos EUA. Na Europa, ao abrigo dos regulamentos da AESA, a DEHA está sujeita a um limite de migração específica (LME) de 18 mg/kg, com base numa dose diária admissível (DDA) de 0,3 mg/kg de peso corporal por dia (SCF, 2000).

Adipato de diisononilo (DINA) - CAS # 33703-08-1
O adipato de diisononilo (DINA) é aprovado pela FDA dos EUA ao abrigo da norma 21 CFR 178.3740, que regula os plastificantes em substâncias poliméricas. Esta aprovação inclui condições específicas relativas à espessura da película, à concentração do polímero e aos tipos de aplicações alimentares permitidos. Carlos et al. (2018) identificaram DINA num invólucro comercial.
Um estudo mais antigo não publicado sobre a toxicidade de doses repetidas ao longo de 13 semanas encontrou um Nível de Efeito Adverso Não Observado (NOAEL) para DINA de 500 mg/kg de peso corporal por dia, que foi a dose mais alta testada (David et al., 2012; referenciado em CPSC, 2019e). Além disso, o DINA não é mutagénico. Dados de estudos substitutos, principalmente envolvendo DEHA, foram usados para avaliar a potencial carcinogenicidade, toxicidade reprodutiva e de desenvolvimento, bem como outros estudos de toxicidade de dose repetida. A DINA é facilmente biodegradável e não demonstrou toxicidade a curto prazo para peixes e invertebrados (ECHA, 2021a). Com base nos dados do DEHA, não é expetável que a DINA se bioacumule. Além disso, o DINA apresentou resultados negativos para as atividades do recetor de estrogénio, do recetor de androgénio, da tiroide e esteroidogénicas no modelo de recetor endócrino ToxCast™ e em vários ensaios EDSP21, com apenas um dos 44 ensaios a apresentar qualquer atividade (EPA, 2021b).

IMPACTO NOS SERES HUMANOS, NOS ANIMAIS E NO AMBIENTE

O plástico tornou-se agora um material omnipresente, em alguns sítios é uma bênção e noutros é uma desgraça. A presença de plástico nos géneros alimentícios pode ser parte de uma adulteração intencional ou não intencional. A adulteração tem um impacto negativo em toda a economia circular, quer se trate de pequenos agricultores ou de grandes empresas[12]. A mistura de produtos químicos indesejados resulta em várias doenças relatadas, tais como diarreia, dores abdominais, náuseas, vómitos, problemas de visão, dores de cabeça, cancro, anemia, insónia, paralisia muscular e lesões cerebrais, perturbações gástricas, tonturas, dores nas articulações, perturbações hepáticas, hidropisia, problemas gastrointestinais, problemas respiratórios, edema, paragem cardíaca, efeitos cancerígenos do glaucoma, insuficiência renal, perturbações do sistema digestivo, etc. A degradação do plástico em microplástico e nanoplástico facilita a sua penetração em diferentes esferas da vida. Um desses casos de plastificantes foi relatado em Taiwan, onde se observou que as crianças estavam a ter um impacto deletério no sistema imunitário, nos rins, na saúde reprodutiva e no hipocampo [13,17]. Não só os seres humanos, mas também outras formas de vida são afectadas negativamente pelo plástico. Para mostrar o impacto do plástico nas plantas em crescimento, foi efectuada uma experiência com uma planta de trigo. A presença de plástico no solo mostrou o impacto no crescimento das plantas. Não só o crescimento, mas também a produção global foram afectados quando um adulterante de plástico estava presente no solo[14,16]. Os produtos químicos utilizados nos produtos de plástico como aditivos podem passar para os géneros alimentícios neles contidos. Estes produtos químicos são o principal fator subjacente às perturbações metabólicas, neurológicas e hormonais. Os mesmos problemas foram registados na vida marinha, que sofre uma grave redução da sua capacidade de reprodução.

ALTERNATIVAS POSSÍVEIS

A tarefa de substituir o material plástico parece irreal, a decisão intelectual seria parar lentamente a utilização e mudar simultaneamente para uma alternativa. A regulamentação sobre a qualidade do plástico é uma das soluções mais acessíveis para o problema atual [18]. Várias agências emitiram as suas marcas para o plástico de qualidade alimentar que devem ser rigorosamente seguidas pelos fabricantes. Estas regras ajudam a categorizar o plástico e a sua utilização incorrecta pelas indústrias. O plástico biodegradável pode ser um bom substituto para as embalagens de plástico e outros produtos. Uma investigação alargada sobre o bioplástico pode ajudar a inventar materiais amigos do ambiente. A nível comunitário, os recipientes de plástico podem ser substituídos por recipientes de aço inoxidável e de vidro. A utilização de plástico deve ser proibida a nível local e a sensibilização pode ser um instrumento útil para eliminar a adulteração do plástico. A regulamentação dos sacos de plástico pode ser feita através da imposição de taxas, juntamente com a disponibilidade de sacos de papel, e a reciclagem pode ser uma saída possível para este problema [19]. Outras alternativas, como o material de embalagem à base de celulose, obtido a partir de resíduos agrícolas, podem servir o objetivo de proteção do ambiente e satisfazer a procura de material de embalagem [20]. Os investigadores estão a trabalhar na criação de biopolímeros para substituir o plástico do mercado. O polímero à base de quitosina tem propriedades promissoras para o papel de embalagem e outros processos relacionados com os alimentos [21]. Os materiais biológicos são naturais e não causam danos à Mãe Natureza. Muitos materiais amigos do ambiente precisam de ser testados cientificamente para poderem ser disponibilizados às pessoas comuns.

REFERÊNCIAS

1. Yates, J., Deeney, M., Rolker, H. B., White, H., Kalamatianou, S., & Kadiyala, S. (2021).
Effects of plastics in the food system on human health, food security, and the environment: a systematic scoping review (Efeitos dos plásticos no sistema alimentar sobre a saúde humana, a segurança alimentar e o ambiente: uma análise sistemática). The Lancet Planetary Health, 5, S18.
https://doi.org/10.1016/s2542-5196(21)00102-9

2. PlasticsEurope: Uma análise da produção, procura, conversão e gestão do fim de vida dos plásticos na Europa. 2022; (https:// plasticseurope.org/knowledge-hub/plastics-the-facts- 2022).

3. Tsochatzis ED, Lopes JA, Corredig M: Testes químicos de politereftalato de etileno reciclado mecanicamente para embalagens de alimentos na União Europeia. Resour Conserv Recycl 2022, 17:106096.

4. Painel dos materiais em contacto com os alimentos, enzimas, aromas e auxiliares tecnológicos (CEF) da AESA: Parecer científico sobre os critérios a utilizar na avaliação da segurança de um processo de reciclagem mecânica para produzir PET reciclado destinado a ser utilizado no fabrico de materiais e objectos em contacto com os alimentos. EFSA J 2011, 9:2184

5. Palkopoulou S, Joly S, Feigenbaum A, Papaspyrides CD, Dole P: Revisão crítica dos testes de desafio para demonstrar a descontaminação de poliolefinas destinadas a aplicações em contacto com os alimentos. Trends Food Sci Technol 2016, 49:110-120.

6. Amienyo D, Gujba H, Stichnothe H, Azapagic A: Impactos ambientais do ciclo de vida dos refrigerantes gaseificados. Int J Life Cycle Assess 2013, 18:77-92.

7. Ingrao C, Wojnarowska M: Conclusões de uma avaliação simplificada do ciclo de vida das garrafas PET para aplicações de embalagem de bebidas, no contexto da economia circular. Sci Total Environ 2023, 892:164805.

8. Reloop & Zero Waste Europe: Embalagens reutilizáveis versus embalagens de utilização única. Uma análise do impacto ambiental
impactos. 2020; (https://zerowasteeurope.eu/wp-content/uploads/2020/12/zwe_reloop_report_reusable-vssingle-use-packaging-a-review-of- environmental-impact_en.pdf.

9. Pâlsson H, Olsson J: Estado atual e direcções de investigação para embalagens descartáveis versus reutilizáveis: uma revisão sistemática da literatura de estudos comparativos. Packag Technol Sci 2023,36:391-409.

10. Nahar S, Sian M, Larder R, Hatton FL, Woolley E: Challenges associated with cleaning plastic food packaging for reuse.Waste 2023, 1:21-39.
11. Harmon, P., & Otter, R. (2022). Uma revisão dos plastificantes não ortoftalatos comuns para utilização em materiais em contacto com os alimentos. Food and Chemical Toxicology, 164, 112984. https://doi.org/10.1016Zj.fct.2022.112984
12. Ayza A , Belete E , Food Adulteration: Its Challenges and Impacts, Food Science and Quality Management , 41,2015.
13. Li Chin W , Chow Fung C , Adverse child health impacts resulting from food adulterations in the Greater China Region, Journal of the science of food and agriculture , 2017.
14. Qi Y .et .al , Macro- e micro plásticos no sistema solo-planta: Efeitos dos resíduos de filme de cobertura plástica no crescimento do trigo *(Triticum aestivum)*, Science of the Total Environment , 645,2018. 15.Owen S .et .al , adulteração de microplásticos em peixes e frutos do mar homogeneizados - uma prova de conceito de infravermelho médio e aprendizado de máquina, Spectrochimica Ata parte A , 260,2021 .
16. Dang F .et .al , Threats to Terrestrial Plants from Emerging Nanoplastics, 16,2022.
17. Haji A .et .al , Selected food items adulteration, their impacts on public health, and detection methods: A review , Food Science & nutrition , 11,2023.
18. Soloman H , Unreliable eating: Patterns of food adulteration in urban India, Biosocieties, 10,2015.
19. Ayalon O .et .al , Reduction of plastic carrier bag use: An analysis of alternatives in Israel, Waste Management , 29 , 2009.
20. Janaswamy S .et .al , Cellulosic fraction from agricultural biomass as a viable alternative for plastics and plastic products, Industrial Crops and Products , 179 , 2022.
21. Wronska N .et .al , Biodegradable Chitosan-Based Films as an Alternative to Plastic Packaging, Foods , 12,2023.

Nanotecnologia na adulteração de alimentos

Ashutosh Kumar[1] , Mansi Sharma[2] , Satya Prakash Singh[1] , Shweta Chand[3]
[1] Departamento de Física
[3]Departamento de Química
Colégio da Igreja de Cristo, Kanpur
[2] Escola de Engenharia e Tecnologia
Instituto Internacional de Investigação e Estudos Manav Rachna, Faridabad
ashutoshais@gmail.com

RESUMO

A adulteração de alimentos é um problema grave que exige atenção imediata em todo o mundo. O desenvolvimento da nanotecnologia tornou viável a utilização de nanomateriais com baixos limites de deteção e maior sensibilidade para identificar adulterantes alimentares. Vários adulterantes químicos de alimentos foram abordados neste capítulo, juntamente com os efeitos potencialmente nocivos para a saúde humana. Além disso, o limite de deteção e o mecanismo de ação de nanopartículas e pontos quânticos únicos para cada adulterante são discutidos em pormenor com uma variedade de amostras de alimentos. Para a deteção de contaminação nos alimentos, é também aqui deliberada uma técnica de espetroscopia não destrutiva.

Palavras chave: Nanosensores, Nanopartículas, Deteção de Toxinas Alimentares, Espectroscopia FTIR

INTRODUÇÃO

Há milhares de anos que as pessoas adicionam constituintes aos alimentos para os conservar, realçar o seu sabor e elegância e para confecionar refeições de conveniência. No século III a.C., o filósofo grego Teofrasto escreveu sobre a utilização de aromas artificiais nas refeições. No século I d.C., Plínio, o Velho, fez um comentário sobre a preparação do pão com giz e estrume de animais[1] . Galeno, um médico de renome do século II d.C., advertiu contra a adulteração de especiarias e plantas[2] . Durante milhares de anos, os alimentos foram conservados com a adição de cloreto de sódio, por vezes conhecido como sal comum[2] . As especiarias utilizadas para temperar os alimentos, como a noz-moscada e a canela, são há muito apreciadas e vendidas. O conservante dióxido de enxofre era produzido pelos antigos gregos através da queima de enxofre sobre os barris de vinho antes de serem selados. Os aditivos alimentares são substâncias químicas que são adicionadas aos alimentos para melhorar o seu sabor ou aparência. Desde a pré-história que se adicionam produtos químicos aos alimentos para realizar determinadas tarefas, como a decapagem com vinagre, a conservação de doces ou a utilização de dióxido de enxofre em alguns vinhos, etc. Os alimentos básicos não contêm aditivos, mas à medida que são transformados para produzir uma série de produtos, são adicionados cada vez mais produtos químicos. A gama e a aplicação destes produtos químicos expandiram-se devido aos avanços tecnológicos no processamento de alimentos. Atualmente, são adicionados propositadamente mais de 2500 produtos químicos diferentes aos alimentos, de modo a obter um resultado desejado .[3]

Pense duas vezes antes de tomar a decisão de comprar leite no seu fornecedor habitual de leite ou dal na mercearia adjacente, se for um comprador frequente. É sempre melhor considerar as vantagens e desvantagens antes de se comprometer, não é verdade? Os produtos que são embalados e expostos de forma atraente nas prateleiras das lojas, como uma série de especiarias, malaguetas, café em pó, molhos de tomate e até o sabor do seu gelado preferido, podem estar poluídos. Quando se trata de encher os seus armários com espaço extra ou de comprar produtos necessários para a cozinha, os consumidores tendem a confiar em marcas, retalhistas e locais específicos. Comprar de forma descuidada, sem ter em conta certas substâncias, pode frequentemente colocá-lo em risco de sofrer traumas futuros. Os retalhistas e as empresas competem entre si para fornecerem mercadorias do mais alto nível, igualando-as em termos de cor, sabor, valor, conteúdo, etc. Durante o processo, podem incluir elementos estranhos para dar a impressão de que a qualidade é superior. Neste processo, podem estar ou não conscientes dos graves riscos que os seus "pequenos" erros podem representar para as vossas vidas. A adulteração de alimentos é um problema generalizado e de longa data que se verifica mais frequentemente em países de baixo e médio rendimento, mas é também um hábito pouco ético que afecta os países desenvolvidos. Certas economias e áreas de baixo rendimento - como países asiáticos como o Bangladesh, a Indonésia, o Vietname, a Índia e África - são particularmente afectadas por este problema. A fim de aumentar as suas margens de lucro a partir de rendimentos e despesas limitados, os importadores, produtores, grossistas e retalhistas exploram frequentemente os consumidores de forma desonesta. A Figura 1 mostra a razão subjacente à adulteração de alimentos.

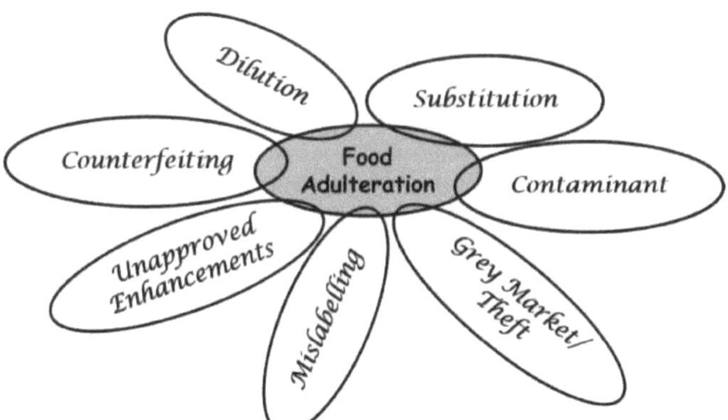

Figura 1: Razões subjacentes à fraude alimentar na vida quotidiana

O QUE SIGNIFICA ADULTERAÇÃO DE ALIMENTOS?

"Adulteração é o processo de adicionar ou remover ingredientes para alterar o sabor e a qualidade inerentes a um alimento". A adulteração ocorre quando os produtos químicos são propositadamente removidos dos alimentos ou quando são adicionados ingredientes perigosos para alterar completamente o sabor. Os adulterantes alimentares não se limitam aos produtos embalados; os alimentos naturais, como os vegetais, também são experimentados com o objetivo de dar uma aparência de frescura e atratividade. O chá verde é o produto mais recente que é contaminado com mais frequência. Como as folhas ficam baças com o passar do tempo devido ao calor do dia e a outros factores, é-lhes adicionada uma cor verde para lhes dar um aspeto mais verde. Muitos compostos perigosos, nomeadamente o cianeto para amadurecer os frutos verdes mais cedo e preservá-los em segurança, são adicionados aos alimentos para alterar a sua textura. Outros exemplos destes venenos incluem o carboneto de cálcio, o ciclamato de sódio e a formalina. Porque é que os doces e os refrescos são tão coloridos e apelativos? Para chamar a atenção e atrair clientes, são utilizados corantes têxteis baratos e de baixo custo para colorir legumes, frutas velhas, doces, refrigerantes e confeitos. O resultado é, sem dúvida, um aumento das vendas, mas a sua saúde pode ser afetada. Além disso, os vendedores de peixe utilizam produtos químicos como a formalina para conservar o peixe e impedir a sua decomposição interna. É de importância vital estar atento à qualidade quando se compram especiarias nas prateleiras das lojas. Para obter lucros, são adicionados enchimentos coloridos às especiarias que são comercializadas em pó, para maior comodidade e conforto de venda, e que são difíceis de localizar. Uma vez que as especiarias têm um sabor distinto e são avaliadas de acordo com a sua qualidade, a adição de pigmentos coloridos pode diminuir a sua singularidade e o seu sabor. Assim, para garantir a qualidade dos alimentos para um consumo mais saudável, é sempre aconselhável confiar em fornecedores fiáveis e procurar os rótulos FDI e FSSAI.

NANOSENSORES PARA ADULTERAÇÃO DE ALIMENTOS

A nanociência oferece soluções especiais para questões relacionadas com a adulteração de alimentos. Os instrumentos de deteção química ou mecânica com componentes à escala nanométrica, concebidos para reagir a determinadas substâncias a analisar ou às condições ambientais, são conhecidos como nanosensores. Na análise dos alimentos, os iões de metais pesados e os produtos químicos inorgânicos estão entre os analitos que os nanossensores podem ser concebidos para detetar e quantificar com precisão [4], os vapores e os gases [5], as moléculas orgânicas minúsculas (como as vitaminas, os corantes, os insecticidas, os venenos fúngicos, etc.)[6] . Para a análise dos alimentos, os sensores ópticos baseados em nanomateriais e nanoefeitos são frequentemente utilizados porque proporcionam uma deteção instantânea, fácil operação, preços acessíveis, elevada especificidade e sensibilidade. Consoante o número de dimensões que têm à escala nanométrica (1-100 nm), os materiais nanoestruturados podem ser divididos em quatro grupos: (i) Zero dimensões, por exemplo, nanopartículas, nanoclusters e pontos quânticos; (ii) Uma dimensão, por exemplo, nanobastões, nanotubos e nanofibras; (iii) Duas dimensões, por exemplo, películas finas; e (iv) Três dimensões, por exemplo, nanocompósitos e nanomateriais a granel. Estes nanomateriais podem ser produzidos através de abordagens top-down ou bottom-up [7]. Um transdutor e um recetor trabalham normalmente em conjunto para criar nanosensores. Qualquer material, orgânico ou inorgânico, tem a capacidade de se envolver como recetor com a substância a analisar ou os seus derivados. Os transdutores, por outro lado, são responsáveis por converter a resposta num sinal identificável[8] . Este sinal pode ser comunicado de outras formas, tais como sinais eléctricos[9] , electroquímicos[10] e ópticos[11] . Para avaliar os nanosensores, são utilizadas numerosas caraterísticas primárias, como a seletividade, a sensibilidade, a repetibilidade e a precisão. Alguns materiais nanoestruturados são aqui abordados.

NANOPARTÍCULAS DE OURO E PRATA

Ao alterar o tamanho das nanopartículas (NPs), o rácio entre a superfície e o volume e a separação do nível de energia mudam frequentemente. Numerosas propriedades das NPs são afectadas por estas duas variáveis. As NPs de ouro (Au) e prata (Ag), que variam entre 1 e 100 nm, são as NPs metálicas mais utilizadas. Uma vez que possuem uma forte ressonância plasmónica de superfície (SPR), que ocorre quando estas partículas se encontram em alinhamento próximo umas das outras. A forte SPR tem origem na interação da radiação electromagnética com os electrões da banda de condução das AuNPs devido a efeitos de tamanho quântico[12] . A localização da SPR permite a modificação da cor de emissão das AuNPs através de alterações da morfologia das NPs (tamanho e forma), das distâncias entre si e do índice de refração da matriz circundante[13-14] As caraterísticas dos plasmon de superfície das nanopartículas metálicas são fortemente influenciadas pelo seu tamanho, forma e caraterísticas dieléctricas do meio envolvente. Embora as AuNPs e AgNPs tenham um baixo limite de deteção com base na lei de Lambert-Beer devido aos seus coeficientes de extinção extremamente elevados (108-1010 $L{\cdot}mol^{-1}{\cdot}cm^{-1}$). No entanto, as AuNPs e AgNPs têm melhores qualidades ópticas do que outras NPs metálicas, o que é muito útil para a identificação visual de aditivos em níveis vestigiais [15]. É importante notar que as nanopartículas metálicas (NPs) possuem uma área de superfície significativamente maior, o que consequentemente leva a uma maior atividade plasmónica de superfície. Por outro lado, a presença de um agente químico (analito) pode causar uma alteração dramática nas caraterísticas dieléctricas de um ambiente. Estes dois conceitos conduzem a uma ideia inovadora: diferentes tipos de produtos químicos e proteínas presentes no ambiente podem ser detectados utilizando os plasmões de superfície das nanopartículas metálicas. Em termos mais simples, esta ideia possibilitou muitas utilizações para os fenómenos de ressonância plasmónica de superfície, incluindo espetroscopia de superfície melhorada e sensores biológicos, químicos e moleculares .[16]

NANOPARTÍCULAS DE ÓXIDO METÁLICO

As nanopartículas de óxido metálico podem ser utilizadas na deteção visual porque apresentam uma atividade catalítica semelhante à das enzimas e são sensíveis à química da superfície devido a uma fração elevada de espécies metálicas e de peróxidos de superfície. Consequentemente, as nanopartículas de óxido metálico são normalmente adsorvidas ou reagem com ligandos para detetar alvos específicos[1] 7. Utilizando a fluorescência[18] ou a deteção visual[19] , as nanozimas com atividade catalítica podem aumentar o sinal de deteção através da deteção de diferenças de cor e de espetro na sequência de uma reação química. Exemplos de tais partículas são o dióxido de titânio (TiO_2), o óxido de zinco (ZnO) e a sílica (SiO_2), etc.

QUANTUM DOT

Os nanomateriais semicondutores com partículas de 1 a 10 nm são compostos por pontos quânticos (QDs). Os raios dos QDs são inferiores ao raio de Bohr do excitão em massa, o que faz com que apresentem um elevado efeito de confinamento dos electrões. Este facto leva à formação de uma escada de níveis de energia discretos, à semelhança dos sistemas moleculares[20] . Como resultado, os QDs apresentam caraterísticas ópticas especiais. Os QDs apresentam normalmente picos de emissão estreitos e simétricos e amplos espectros de excitação, geralmente com grandes deslocamentos de Stokes. Para sintetizar QDs, podem ser utilizados numerosos processos, como os métodos hidrotérmico, de condensação por refluxo, de solvente orgânico e de funcionalização e modificação da superfície. Além disso, a abordagem hidrotérmica é amplamente aplicada no domínio da deteção da segurança alimentar devido à boa solubilidade em água e ao método simples[21-22] . Os pontos quânticos de grafeno são pontos de carbono (CDs) sintetizados a partir do grafeno. Os investigadores defendem que o mecanismo de luminescência dos CD está associado à criação de aglomerados de carbono[23] , a determinados estados de superfície[24] , ou à emissão de fotoluminescência dupla[25] . A figura 2 mostra o esquema de deteção de contaminação por pontos quânticos de carbono. Os átomos heterogéneos também podem ser adicionados aos CD para modificar os seus intervalos de banda, o que aumentará o rendimento quântico da fluorescência (QY) e reforçará a estrutura eletrónica interna do CD [26-27]

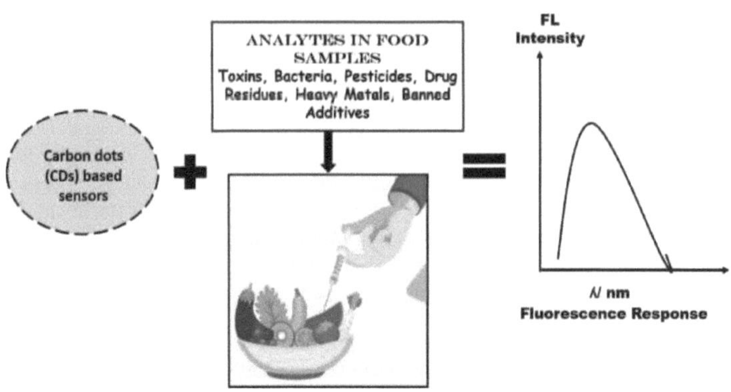

Figura 2: Deteção de adulteração de alimentos por pontos quânticos de carbono

Os QDs semicondutores (SQDs) são nanocristais semicondutores constituídos por um núcleo semicondutor e um invólucro semicondutor com um intervalo de energia mais alargado. Os elementos dos grupos II e VI, ou dos grupos III e V, da tabela periódica constituem frequentemente o núcleo dos super quantum dots (SQDs), enquanto que os materiais com maiores intervalos de energia constituem o invólucro. Devido à sua emissão regulável em função do tamanho, que aumenta com o aumento do tamanho, os pontos quânticos (QDs) são fluoróforos inorgânicos. Outras caraterísticas incluem grande estabilidade ótica, emissão brilhante, espetro de emissão estreito e simétrico e forte absorção ótica. Além disso, depois de se ligarem a moléculas biológicas, os QDs mantêm a sua intensidade de emissão constante. A emissão dos QDs ocorre normalmente na gama de 450-850 nm. A eficiência quântica dos QDs de núcleo único é de 10%; no entanto, a eficiência aumenta para 80% quando o invólucro é incorporado[28] . A sua sensibilidade ao rastreio é aumentada pela grande diferença entre os espectros de excitação e de emissão (desvio de Stokes).

NANOPARTÍCULAS DE CONVERSÃO ASCENDENTE

Dopadas com elementos de terras raras, incorporando material de matriz, ativador de terras raras e sensibilizador de terras raras, as nanopartículas de conversão ascendente (UCNPs) exibem uma luminescência de conversão ascendente (UCL) distinta, uma luminescência anti-stoke[29] . As UCNPs emitem comprimentos de onda curtos quando são estimuladas por luz de comprimento de onda longo. Com uma variedade de níveis de energia, incluindo érbio (Er), hólmio (Ho) e túlio (Tm), o ativador oferece um centro luminoso. Os sensibilizadores têm a capacidade de absorver energia e de a transmitir aos activadores. Além disso, como o itérbio (Yb) tem uma energia única que pode detetar activadores, é normalmente utilizado como sensibilizador[30] . O processo UCL é constituído por três modos de excitação primários: (i) absorção do estado excitado (ESA), conversão ascendente, (ii) transferência de energia, (iii) avalanche de fotões.

NANOPARTÍCULAS MAGNÉTICAS

As partículas de carácter autossuficiente que contêm componentes magnéticos e com um tamanho máximo de 100 nm são chamadas nanopartículas magnéticas, ou MNPs. O facto de apenas substâncias específicas terem caraterísticas magnéticas é uma restrição. Uma caraterística fascinante e altamente prática das propriedades nano-dimensionais é a capacidade de muitos materiais com propriedades não magnéticas em dimensões normais exibirem propriedades magnéticas no contexto da nanotecnologia. Por exemplo, o óxido de alumínio e as NPs de Au. As MNPs são as que suscitam maior interesse entre as NPs devido à sua facilidade de separação de um campo magnético externo e à sua vasta gama de aplicações em materiais avançados, cuidados de saúde, diagnósticos, energia e alimentos[31-3] 2. É fundamental avaliar a toxicidade ou segurança das MNPs antes de as aplicar nos alimentos. As NPs de óxido de ferro, em particular as NPs superparamagnéticas de Fe3O4 (magnetite), têm sido os tipos de MNP mais utilizados nos alimentos devido à sua baixa toxicidade, grande compatibilidade e incapacidade de reter o magnetismo residual após a eliminação do campo magnético externo[33] . Neste método de identificação rápida de alvos biológicos, são utilizadas nanopartículas super magnéticas e um microscópio baseado na transferência a alta temperatura de corrente direta de um dispositivo supercondutor de interferência quântica. Esta técnica levou ao desenvolvimento de sensores ópticos e electroquímicos que podem identificar lisozima, hemoglobina, peróxido de Listeria e E. Coli .[34]

DETECÇÃO DE TOXINAS

Os compostos perigosos, como as bactérias, os fungos, as plantas e os animais, são conhecidos como toxinas. Estas substâncias diferem dos poluentes industriais em alguns aspectos, e a sua síntese não é manipulada pelo homem. As toxinas são extremamente venenosas em relação ao seu peso e não se evaporam. A aflatoxina e a ocratoxina são dois exemplos significativos de substâncias químicas altamente prejudiciais do ponto de vista fisiológico, conhecidas como fungitoxinas ou micotoxinas. Devido à extrema toxicidade destas substâncias, é imperativo que sejam rápida e completamente identificadas nos alimentos para animais e humanos.

AFLATOXINAS

As aflatoxinas, que são produzidas principalmente por várias espécies do fungo Aspergillus que pertencem ao grupo Flavi, estão entre as toxinas fúngicas mais perigosas que têm impactos adversos nos sistemas biológicos. A aflatoxina B1, a aflatoxina B2, a aflatoxina G1 e a aflatoxina G2 são os quatro tipos de aflatoxinas que se formam frequentemente em produtos vegetais como pistácios, amendoins e milho. No entanto, o leite também pode conter aflatoxinas adicionais que sofreram alterações biológicas, como a M1 e a M2[35] . Para identificar a aflatoxina M1, Gan et al. criaram um imunossensor altamente reativo. A aflatoxina M1 foi primeiro adsorvida utilizando NPs IO estabilizadas em óxido de grafeno. Em seguida, conseguiram detetar a aflatoxina M1 com um limite inferior de deteção de 0,3 pg/L, utilizando um anticorpo contra a aflatoxina M1 e pontos quânticos de CdTe como detetor[36] . O polímero impresso molecularmente (MIP) - pontos quânticos de ZnS com um limite de deteção de 3,56 μg/kg foi utilizado para detetar e quantificar aflatoxinas em alimentos para peixes através da utilização de fosforescência à temperatura ambiente. Para avaliar as aflatoxinas em materiais complicados, foi proposto este método simples e económico .[37]

OCRATOXINA

A ocratoxina, uma poderosa micotoxina, é gerada por alguns fungos Aspergillus e Penicillium e encontra-se em alimentos para consumo humano e animal, particularmente em regiões com temperaturas húmidas e frias. Foi demonstrado que uma variedade de alimentos, incluindo cereais, café, frutos secos, sumo de uva, leguminosas, leite e produtos de carne processada e seca, contém ocratoxina A (OTA), o componente mais significativo e predominante desta categoria[38] . Muitas nações, incluindo a União Europeia, baixaram a fasquia para a presença provável de ocratoxina nos alimentos devido aos possíveis perigos para a saúde da substância. Em frutos secos, café, sumo de uva, produtos à base de uva e alimentos para bebés, a quantidade máxima permitida desta toxina é de 10, 2, 3 e 0,5 ng/g, respetivamente. Foi também criado um nanosensor para a deteção de OTA utilizando porfirina auto-montada, pontos quânticos e nanofolhas de fosforeno preto[39] . Em apenas cinco minutos, foi capaz de reconhecer a toxina no leite e no café .[36]

DETECÇÃO DE AÇÚCARES

A adição de açúcares invertidos de cana e beterraba aos sumos de fruta para imitar a composição natural sacarose-glicose-frutose é uma das maiores fraudes no negócio dos sumos. Foram comunicados vários estudos que utilizaram eléctrodos contendo os três tipos de enzimas - peroxidase/mutarotase, glucose oxidase e invertase - para a deteção da sacarose. No entanto, apresentam inconvenientes, incluindo sensibilidade limitada e reatividade cruzada com a inibição da enzima de retorno[40] . Utilizando dispositivos baseados em CNT semicondutores de parede simples (nano tubos de carbono) e uma configuração de sensor paradigmática, Li et al.[41] avaliaram computacionalmente o processo de deteção da glucose.

DETECÇÃO DE UREIA

Outro fraudulento que é adicionado ao leite diluído para fazer parecer que tem mais azoto é a ureia. A quantidade máxima de ureia que pode estar presente no leite situa-se entre 0,2 e 0,4 mg/mL, mas a concentração de ureia no leite situa-se naturalmente entre 3,1 e 6,6 mM. Se este valor for excedido, é considerado como adulteração. Normalmente, são utilizados sensores baseados em enzimas para encontrar este analito[42-43] . Um elétrodo de carbono vítreo modificado com NPs de Ag decoradas com CNTs de parede simples dopadas com azoto (Ag-N-SWCNTs) e uma camada de Nafion foi utilizado para detetar a ureia no leite .[44]

TÉCNICA DE ANÁLISE NÃO DESTRUTIVA PARA ADULTERAÇÃO DE ALIMENTOS

Em termos simples, a segurança alimentar refere-se à não toxicidade, segurança e capacidade de um produto para satisfazer as necessidades nutricionais sem comprometer a saúde humana. Resíduos de pesticidas, toxicidade alimentar, adulteração, dopagem de matérias estranhas, aditivos ilegais e outras questões estão relacionadas com a segurança alimentar. Os clientes estão a ser enganados e pode haver um risco para a saúde. Por este motivo, é essencial identificar a adulteração de alimentos para proteger os interesses legítimos dos clientes. Através da medição dos componentes químicos relevantes, as técnicas de análise tradicionais para a deteção de adulterações alimentares - tais como a eletroforese capilar, a cromatografia gasosa e o espetrómetro de massa, a cromatografia de iões e a cromatografia líquida de alta eficiência - alcançam resultados razoavelmente precisos. Alguns destes procedimentos necessitam de pré-tratamento da amostra e outros requerem a destruição da amostra durante o funcionamento. O processo de engenharia de deteção também é complicado. Por outro lado, as técnicas analíticas não destrutivas são muito importantes para a deteção de alimentos, uma vez que podem obter rapidamente os dados relevantes da amostra sem comprometer a sua integridade. Para este efeito, são aqui abordadas as técnicas espectrais de espetroscopia de infravermelhos com transformada de Fourier.

ESPECTROSCOPIA DE INFRAVERMELHOS COM TRANSFORMADA DE FOURIER (FTIR)

Como substituto apelativo das técnicas analíticas convencionais, a espetroscopia de infravermelhos por transformada de Fourier (FTIR) requer menos preparação de amostras, analisa os dados rapidamente e utiliza menos solventes perigosos. Estas vantagens conduzem a poupanças em termos de tempo e dinheiro, bem como a um aumento da quantidade de amostras que podem ser examinadas. Os espectros de absorção são analisados utilizando a espetroscopia de infravermelhos. Após a exposição à luz infravermelha, as moléculas da amostra absorvem uma determinada frequência de radiação infravermelha, resultando numa alteração dos níveis de energia vibracional e rotacional das moléculas. Ao monitorizar a absorção de luz infravermelha, é possível obter o espetro de absorção de infravermelhos da amostra. As aplicações da espetroscopia de infravermelhos são numerosas e incluem materiais sólidos, líquidos e gasosos. Funciona bem como uma ferramenta de certificação para a segurança alimentar. A espetroscopia NIR e MIR são os dois principais tipos de espetroscopia de infravermelhos utilizados na deteção de adulteração de alimentos. A parte infravermelha (IR) (14.000-50 cm^{-1}) do espetro eletromagnético é composta por três regiões: infravermelho próximo (4.000-4.000 cm^{-1}), infravermelho médio (4.000-400 cm^{-1}) e infravermelho distante (400-50 cm^{-1}). A vibração do grupo contendo hidrogénio X-H (X = C, N, O, S, etc.) reflecte-se na espetroscopia NIR através da duplicação de frequência e da absorção de frequência acoplada [45]. Os espectros do infravermelho médio dizem respeito principalmente à rotação vibracional das moléculas na região do infravermelho médio [46]. O método da transformada de Fourier da matemática, a espetroscopia de infravermelhos e a tecnologia informática são combinados para criar o FTIR. Para obter os espectros de infravermelhos, a FTIR mede o padrão de interferência da amostra e aplica uma transformada de Fourier ao interferograma [47]. Tem uma boa precisão, relação sinal/ruído e resolução. A parte do infravermelho médio da gama espetral do infravermelho é o foco da espetroscopia FT-MIR, que é um espetro FTIR. De acordo com Lohumi et al. (2015) [48], pode rastrear a vibração fundamental da molécula e os modos de alongamento rotacional, produzindo um perfil químico da amostra que oferece mais informações químicas do que os espectros FT-NIR. Alguns exemplos de deteção de adulteração de alimentos por espetroscopia FTIR são os seguintes

ÓLEO COMESTÍVEL

De acordo com Wang et al. (2017), os principais componentes químicos dos óleos alimentares comuns são os ácidos gordos insaturados e saturados [49]. Os tipos e as concentrações de ácidos gordos variam entre os óleos. Os espectros de infravermelhos dos vários constituintes dos ácidos gordos também diferem. A deteção de adulterações nos óleos alimentares é possível através da análise das diferenças nos espectros de infravermelhos. No entanto, há situações em que a diferença entre os espectros de infravermelhos da amostra de óleo puro e do óleo contaminado é muito pequena. Como resultado, a quimiometria é frequentemente utilizada para criar um modelo para investigação adicional. Ao integrar a tecnologia MIR com a abordagem de reconhecimento de padrões, respetivamente, Xu et al. (2011) [50] e Santana et al. (2016) [51] investigaram a adulteração de óleo de amendoim e óleo de rosa mosqueta, e conseguiram identificar adulterações de várias proporções com uma precisão superior a 97%. De forma análoga, foi efectuada investigação sobre a identificação de adulterações no óleo de sésamo 5^5[23] . Yang e colegas (2017) apresentaram uma técnica que utiliza a fusão de informação espetral de correlação NIR-MIR bidimensional síncrona e assíncrona para detetar óleo de sésamo contaminado com óleo de milho .[53]

ALIMENTOS E LEITE EM PÓ

Os alimentos em pó têm caraterísticas físicas únicas que os tornam difíceis de detetar e fáceis de contaminar com outras substâncias durante o processamento. As amostras adulteradas puderam ser identificadas com êxito, uma vez que a absorvância NIR das amostras se alterou ligeiramente com a quantidade de adulterante, devido à variação da composição química entre o adulterante e a amostra pura[54] . Foi possível identificar rapidamente e de forma não destrutiva a adulteração de pó de sementes de lótus, UGPSY e farinha de batata-doce roxa 55^56. Outra forma de encontrar alimentos em pó adulterados é utilizar a tecnologia FT-MIR. Uma ocorrência frequente de adulteração no leite e no leite em pó envolve a adição de ureia ou melamina para aumentar o nível de proteínas. Através da utilização da espetroscopia de infravermelhos, a diferença entre os espectros do leite puro e do leite ao qual foi adicionada ureia ou melamina pode ser determinada 5[7] ^58. A análise quantitativa da ureia no leite foi efectuada por Yang et al. (2011) utilizando a correlação entre a razão dos picos de absorção da ureia e a concentração de ureia no leite[57] . Também é possível que o leite tenha aditivos como água, tetraciclina, glucose e leite sintético. Nos seus estudos, Santos et al. (2013 a & b) demonstraram a possibilidade de detetar a adulteração de água da torneira, soro de leite, peróxido de hidrogénio, leite sintético, urina sintética, ureia e leite[59-60] . Descobriram também que o processo de adulteração tinha um impacto substancial nas propriedades do espetro infravermelho da proteína do leite.

CARNE E PEIXE

Hoje em dia, a carne transformada constitui uma parte cada vez maior das refeições quotidianas, e a transformação facilita a adulteração. A maior parte das adulterações de carne envolve a utilização de carne mais barata para imitar ou adulterar carne relativamente cara. As diferenças na curva espetral do infravermelho são diretamente causadas pelas variações nos teores de proteínas, ácidos gordos, aminoácidos e outras matérias orgânicas presentes nas diversas variedades de carne. A adulteração de carne de peru em carne picada foi examinada por Alamprese et al. (2013) usando UV-VIS, NIR e MIR.

O PLS combinou e analisou os dados das três abordagens e descobriu que o R^2 era superior a 0,9533 61. Wu et al. (2018) descobriram que os espectros FTIR do salmão adulterado e do salmão norueguês diferiam em termos de conteúdo de proteína e gordura, o que ajudou a identificar a adulteração do peixe 6[2] . Quando emparelhados com o modelo PLS-DA, os dois salmões foram facilmente distinguidos e o resultado foi 100% exato.

CONCLUSÃO

As nanopartículas são atualmente utilizadas numa vasta gama de indústrias, incluindo a agricultura, a indústria transformadora, a medicina e a farmácia. Os nanossensores são compostos por vários tipos de nanomateriais que, quando combinados com componentes químicos e/ou biológicos, fornecem sinais para a deteção de adulterantes nos alimentos. Assim, os nanosensores são uma arma fundamental na luta contra questões como a contaminação e a adulteração dos alimentos e são amplamente utilizados no domínio da segurança alimentar e da garantia de qualidade.

REFERÊNCIAS

1. Hart, F. Leslie. "Uma história da adulteração de alimentos antes de 1906". Food Drug Cosm. LJ 7 (1952): 5.
2. Collins, Edward JT. "Food adulteration and food safety in Britain in the 19th and early 20th centuries." Política alimentar 18, no. 2 (1993): 95-109.
3. Choudhary, Ankita, Neeraj Gupta, Fozia Hameed e Skarma Choton. "Uma visão geral da adulteração de alimentos: Conceito, fontes, impacto, desafios e deteção". Revista Internacional de Estudos Químicos 8, no. 1 (2020): 2564-2573.
4. Zhang, Li, Dong Peng, Ru-Ping Liang e Jian-Ding Qiu. "Nanossensores ópticos baseados em grafeno para deteção de íons de metais pesados". Tendências TrAC em Química Analítica 102 (2018): 280-289.
5. Xiao, X. et al. Engenharia racional de material crómico como nanosensor fluorescente ratiométrico no infravermelho próximo para monitorização de H_2S em amostras reais de alimentos. Sens. Actuators B 323, 128707 (2020).
6. Yang, Tianxi, Jeffery Doherty, Huiyuan Guo, Bin Zhao, John M. Clark, Baoshan Xing, Ruyan Hou e Lili He. "Monitorização em tempo real da translocação de pesticidas em plantas de tomate através da espetroscopia Raman reforçada pela superfície". Analytical chemistry 91, no. 3 (2019): 2093-2099.
7. Mohammadi, Zahra, e Seid Mahdi Jafari. "Deteção de deterioração e adulteração de alimentos por novos sensores baseados em nanomateriais". Avanços na ciência coloidal e de interface 286 (2020): 102297.
8. Yin, Perry T., Tae-Hyung Kim, Jeong-Woo Choi e Ki-Bum Lee. "Perspectivas para sensores híbridos baseados em grafeno-nanopartículas". Physical Chemistry Chemical Physics 15, no. 31 (2013): 12785-12799.
9. Adhikari, Bal-Ram, Maduraiveeran Govindhan e Aicheng Chen. "Sensores/biossensores electroquímicos baseados em nanomateriais de carbono para a deteção sensível de compostos farmacêuticos e biológicos." Sensors 15, no. 9 (2015): 22490-22508.
10. Rotariu, Lucian, Florence Lagarde, Nicole Jaffrezic-Renault e Camelia Bala. "Biossensores eletroquímicos para deteção rápida de contaminantes alimentares - tendências e perspectivas". TrAC Trends in Analytical Chemistry 79 (2016): 80-87.
11. Koedrith, Preeyaporn, Thalisa Thasiphu, Kooranee Tuitemwong, Rattana Boonprasert e Pravate Tuitemwong. "Recent advances in potential nanoparticles and nanotechnology for sensing food-borne pathogens and their toxins in foods and crops: current technologies and limitations." Sensors Mat 26, no. 10 (2014): 711-736.
12. Daniel, Marie-Christine, e Didier Astruc. "Gold nanoparticles: assembly, supramolecular chemistry, quantum-size-related properties, and applications towards biology, catalysis, and nanotechnology." Chemical reviews 104, no. 1 (2004): 293-346.
13. Haes, Amanda J., Shengli Zou, George C. Schatz e Richard P. Van Duyne. "Biossensor ótico em nanoescala: dependência da distância de curto alcance da

ressonância plasmónica de superfície localizada de nanopartículas de metais nobres". The Journal of Physical Chemistry B 108, no. 22 (2004): 69616968.
14. Link, Stephan, e Mostafa A. El-Sayed. "Dependência do tamanho e da temperatura da absorção plasmónica de nanopartículas de ouro coloidais". The Journal of Physical Chemistry B 103, no. 21 (1999): 4212-4217.
15. Chen, Hengye, Lei Zhang, Ying Hu, Chunsong Zhou, Wei Lan, Haiyan Fu e Yuanbin She. "Nanomateriais como sensores ópticos para aplicação na deteção rápida de contaminantes alimentares, qualidade e autenticidade." Sensores e Atuadores B: Químico 329 (2021): 129135.
16. Zeng, Shuwen, Dominique Baillargeat, Ho-Pui Ho e Ken-Tye Yong. "Ressonância plasmônica de superfície aprimorada por nanomateriais para aplicações de deteção biológica e química. " Chemical Society Reviews 43, no. 10 (2014): 3426-3452.
17. Liu, Biwu, e Juewen Liu. "Sensores e biossensores baseados em nanomateriais de óxido de metal. " TrAC Tendências em Química Analítica 121 (2019): 115690.
18. Wang, Xiaoyu, Li Qin, Minjie Lin, Hang Xing e Hui Wei. "Nanozimas fluorescentes à base de nitreto de carbono grafítico com atividades semelhantes à peroxidase para biossensor ratiométrico." Química analítica 91, não. 16 (2019): 10648-10656.
19. Wei, Dali, Xuyun Zhang, Bin Chen e Kun Zeng. "Utilização de nanozimas bimetálicas Au@ Pt como etiqueta visual e como imitador de enzimas em imunoensaios de fluxo lateral de sensibilidade melhorada: Aplicação para a deteção de estreptomicina". Analytica Chimica Ata 1126 (2020): 106-113.
20. Yoffe, A. D. "Low-dimensional systems: quantum size effects and electronic properties of semiconductor microcrystallites (zero-dimensional systems) and some quasi-two-dimensional systems." Advances in Physics 51, no. 2 (2002): 799-890.
21. Biju, Vasudevanpillai, Tamitake Itoh, Abdulaziz Anas, Athiyanathil Sujith e Mitsuru Ishikawa. "Pontos quânticos semicondutores e nanopartículas metálicas: sínteses, propriedades ópticas e aplicações biológicas". Química analítica e bioanalítica 391 (2008): 2469-2495.
22. Peng, Xiaogang, Liberato Manna, Weidong Yang, Juanita Wickham, Erik Scher, Andreas Kadavanich e A. Paul Alivisatos. "Controlo da forma dos nanocristais de CdSe". Nature 404, no. 6773 (2000): 59-61.
23. Zhu, Benchuan, Shiyuan Sun, Youfu Wang, Sheng Deng, Guannan Qian, Meng Wang e Aiguo Hu. "Preparação de nanodots de carbono a partir de nanopartículas poliméricas de cadeia simples e investigação teórica do mecanismo de fotoluminescência". Journal of Materials Chemistry C 1, no. 3 (2013): 580-586.
24. Das, Somes K., Yiyang Liu, Sinhea Yeom, Doo Young Kim e Christopher I. Richards. "Flutuações de intensidade de fluorescência de partícula única de nanodots de carbono". Nano letras 14, no. 2 (2014): 620-625.
25. Krysmann, Marta J., Antonios Kelarakis, Panagiotis Dallas e Emmanuel P. Giannelis. "Mecanismo de formação de nanopartículas carbogénicas com emissão de fotoluminescência dupla". Journal of the American Chemical Society 134, no. 2 (2012): 747-750.
26. Yang, Xiupei, Jing Xu, Na Luo, Fenglin Tang, Maoxue Zhang e Bin Zhao. "Pontos de carbono fluorescentes codopados N, Cl como nanossonda para deteção

de tartrazina em bebidas." Química alimentar 310 (2020): 125832.
27. Yin, Yadong, e A. Paul Alivisatos. "Síntese de nanocristais coloidais e a interface orgânico-inorgânica". Nature 437, no. 7059 (2005): 664-670.
28. Mohammadi, Zahra, e Seid Mahdi Jafari. "Deteção de deterioração e adulteração de alimentos por novos sensores baseados em nanomateriais". Avanços na ciência coloidal e de interface 286 (2020): 102297.
29. Chen, Guanying, Hailong Qiu, Paras N. Prasad e Xiaoyuan Chen. "Nanopartículas de conversão ascendente: design, nanoquímica e aplicações em teranóstica." Chemical reviews 114, no. 10 (2014): 5161-5214.
30. Wang, Xiaoyu, Li Qin, Minjie Lin, Hang Xing e Hui Wei. "Nanozimas fluorescentes à base de nitreto de carbono grafítico com atividades semelhantes à peroxidase para biossensor ratiométrico." Química analítica 91, não. 16 (2019): 10648-10656.
31. Alam, Shahenvaz, Razi Ahmad, Kumar Pranaw, Prashant Mishra e Sunil Kumar Khare. "Nanopartículas magnéticas conjugadas com asparaginase usadas para reduzir a formação de acrilamida no sistema de modelo alimentar". Bioresource technology 269 (2018): 121-126.
32. Christopher, Femina Carolin, Saravanan Anbalagan, Ponnusamy Senthil Kumar, Sundar Rajan Pannerselvam e Vinoth Kumar Vaidyanathan. "Adsorção superficial de iões Pb (II) venenosos da água utilizando nanopartículas magnéticas funcionalizadas com quitosano". IET nanobiotecnologia 11, no. 4 (2017): 433-442.
33. Cao, Miao, Zhonghong Li, Jianlong Wang, Wupeng Ge, Tianli Yue, Ronghua Li, Vicki L. Colvin e W. Yu William. "Aplicações relacionadas com alimentos de nanopartículas magnéticas de óxido de ferro: imobilização de enzimas, purificação de proteínas e análise de alimentos". Tendências em Ciência e Tecnologia de Alimentos 27, no. 1 (2012): 47-56.
34. Krishnan, Sadagopan, e K. Yugender Goud. "Bioconjugados de partículas magnéticas: A versatile sensor approach." Magnetochemistry 5, no. 4 (2019): 64.
35. Paniel, Nathalie, Antonio Radoi, e Jean-Louis Marty. "Desenvolvimento de um biossensor eletroquímico para a deteção de aflatoxina M1 no leite." Sensors 10, no. 10 (2010): 9439-9448.
36. Gan, Ning, Jing Zhou, Ping Xiong, Futao Hu, Yuting Cao, Tianhua Li e Qianli Jiang. "Um imunoensaio electroquimioluminescente ultrassensível para a aflatoxina M1 no leite, baseado na extração por grafeno magnético e na deteção por nanocompósito de nanotubos de carbono de pontos quânticos de CdTe marcados com anticorpos." Toxins 5, no. 5 (2013): 865-883
37. Jayasinghe, GD Thilini Madurangika, Raquel Domínguez-González, Pilar Bermejo-Barrera e Antonio Moreda-Piñeiro. "Determinação fosforescente à temperatura ambiente de aflatoxinas em alimentos para peixes com base em pontos quânticos de ZnS dopados com polímero de impressão molecular-Mn." Analytica Chimica Ata 1103 (2020): 183-191.
38. Bento, J. M. V., A. Pena, C. M. Lino, e J. A. Pereira. "Determinação do teor de ocratoxina A em amostras de pão de trigo recolhidas nas regiões do Algarve e Bragança, Portugal: inverno de 2007". Microchemical Journal 91, no. 2 (2009): 165-169.
39. Xiang, Yuan, María Belén Camarada, Yangping Wen, Hao Wu, Jinyin Chen,

Mingfang Li e Xiaoning Liao. "Análises voltamétricas simples de ocratoxina A em amostras de alimentos usando nanosensor de fosforeno preto altamente estável e anti-incrustante." Electrochimica Ata 282 (2018): 490-498.
40. Kurniawan, Fredy. "Elétrodo de ouro modificado com nanopartículas de ouro de polianilina-invertase para deteção de sacarose". Indonesian Journal of Chemistry 15, no. 3 (2015): 226-233.
41. Li, Yan, Miroslav Hodak, Wenchang Lu e Jerry Bernholc. "Deteção selectiva de etileno e glucose utilizando sensores baseados em nanotubos de carbono: An ab initio investigation". Nanoscale 9, no. 4 (2017): 1687-1698.
42. Ibrahim, Ahmed A., Rafiq Ahmad, Ahmad Umar, M. S. Al-Assiri, A. E. Al-Salami, Rajesh Kumar, S. G. Ansari e S. Baskoutas. "Biossensor bidimensional baseado em nanodiscos de óxido de itérbio para deteção selectiva de ureia". Biossensores e Bioelectrónica 98 (2017): 254-260.
43. Soldatkina, O. V., O. O. Soldatkin, B. Ozansoy Kasap, D. Yu Kucherenko, I. S. Kucherenko, B. Akata Kurc e S. V. Dzyadevych. "Um novo biossensor amperométrico de glutamato baseado em glutamato oxidase adsorvido em silicalita". Cartas de pesquisa em nanoescala 12 (2017): 1-8.
44. Kumar, TH Vignesh, e Ashok K. Sundramoorthy. "Deteção eletroquímica não enzimática de ureia em nanopartículas de prata ancoradas em eletrodo modificado de nanotubo de carbono de parede única dopado com nitrogênio". Journal of The Electrochemical Society 165, no. 8 (2018): B3006.
45. Xu, Lu, Peng-Tao Shi, Zi-Hong Ye, Si-Min Yan e Xiao-Ping Yu. "Análise rápida de adulterações em pó de raiz de lótus chinês (LRP) por espetroscopia de infravermelhos próximos (NIR) associada a técnicas de modelação de classes quimiométricas." Food chemistry 141, no. 3 (2013): 2434-2439.
46. Kou, Yuxing, Qi Li, Xiaoli Liu, Rui Zhang e Xiuzhu Yu. "Deteção eficiente de óleos comestíveis adulterados com óleos de fritura usados através de espetroscopia FTIR baseada em filme PE combinada com DA e PLS." Journal of oleo science 67, no. 9 (2018): 1083-1089.
47. Su, Wen-Hao, e Da-Wen Sun. "Avaliação de imagens espectrais para inspeção de adulterantes em termos de farinha de trigo comum, farinha de mandioca e farinha de milho em farinha de trigo Avatar orgânica (Triticum spp.)." Journal of Food Engineering 200 (2017): 59-69.
48. Lohumi, Santosh, Sangdae Lee, Hoonsoo Lee e Byoung-Kwan Cho. "A review of vibrational spectroscopic techniques for the detection of food authenticity and adulteration. " Trends in Food Science & Technology 46, no. 1 (2015): 85-98.
49. Wu, Wang, Wang Jian-Ming, Li Ying, Li Xiang-Hui e Li Yu-Rong. "Estudo sobre a adulteração diversificada do óleo de esporos de Ganoderma lucidum por RVM e novos algoritmos de agrupamento. Spectroscopy and Spectral Analysis 37, no. 4 (2017): 1064-1068.
50. Xu, Lu, Chen-Bo Cai e De-Hua Deng. "Controlo de qualidade multivariado resolvido por regressão de mínimos quadrados parciais de uma classe: identificação de óleos de amendoim adulterados por espetroscopia de infravermelhos médios." Journal of Chemometrics 25, no. 10 (2011): 568-574.
51. de Santana, Felipe Bachion, Lucas Caixeta Gontijo, Hery Mitsutake, Sarmento Júnior Mazivila, Leticia Maria de Souza, e Waldomiro Borges Neto. "Deteção não

destrutiva de fraude em óleo de rosa mosqueta por espetroscopia MIR e quimiometria." Food chemistry 209 (2016): 228-233.
52. Zhao, Xiande, Daming Dong, Wengang Zheng, Leizi Jiao e Yun Lang. "Discriminação de óleo de sésamo adulterado utilizando espetroscopia de infravermelhos médios e quimiometria". Food Analytical Methods 8 (2015): 2308-2314.
53. Yang, Renjie, Guimei Dong, Xueshan Sun, Yanrong Yang, Haixue Liu, Yanhong Du, Hao Jin e Weiyu Zhang. "Discriminação de óleo de sésamo adulterado com óleo de milho utilizando a fusão de informações de espetroscopia de infravermelhos próximos médios bidimensionais síncrona e assíncrona." European Journal of Lipid Science and Technology 119, no. 9 (2017): 1600459.
54. Xu, Lu, Wei Shi, Chen-Bo Cai, Wei Zhong e Kang Tu. "Deteção rápida e não destrutiva de múltiplos adulterantes em amido de kudzu por espetroscopia de infravermelho próximo (NIR) e quimiometria." LWT-Food Science and Technology 61, no. 2 (2015): 590-595.
55. Xu, Lu, Peng-Tao Shi, Zi-Hong Ye, Si-Min Yan e Xiao-Ping Yu. "Análise rápida de adulterações em pó de raiz de lótus chinês (LRP) por espetroscopia de infravermelhos próximos (NIR) associada a técnicas de modelação de classes quimiométricas." Food chemistry 141, no. 3 (2013): 2434-2439.
56. Ma, Hong-liang, Ji-wen Wang, Yong-jun Chen e Zhi-tian Lai. "Autenticação rápida de adulterações de amido em pó granular ultrafino de Shanyao por espetroscopia de infravermelho próximo acoplada a métodos quimiométricos." Food Chemistry 215 (2017): 108-115.
57. Yang, Ren-Jie, Rong Liu, e Ke-Xin Xu. "Deteção de adulteração de ureia no leite por espetroscopia de infravermelho médio." espetroscopia e análise espetral 31, no. 9 (2011): 2383-2385.
58. Chen, Hui, Chao Tan, Zan Lin e Tong Wu. "Deteção de adulteração de melamina no leite por espetroscopia no infravermelho próximo e mínimos quadrados parciais de uma classe." Spectrochimica Ata Parte A: Espectroscopia Molecular e Biomolecular 173 (2017): 832-836.
59. Santos, Poliana M., Edenir R. Pereira-Filho, e Luis E. Rodriguez-Saona. "Aplicação de espectrómetros de infravermelho portáteis e de mão na análise de leite bovino". Journal of agricultural and food chemistry 61, no. 6 (2013): 1205-1211.
60. Santos, P. M., E. R. Pereira-Filho, e L. E. Rodriguez-Saona. "Deteção rápida e quantificação da adulteração de leite utilizando microespectroscopia de infravermelhos e análise quimiométrica." Química de alimentos 138, no. 1 (2013): 19-24.
61. Alamprese, Cristina, Monica Casale, Nicoletta Sinelli, Silvia Lanteri e Ernestina Casiraghi. "Deteção de adulteração de carne bovina picada com carne de peru por espetroscopia UV-vis, NIR e MIR." LWT-Food Science and Technology 53, no. 1 (2013): 225-232.
62. Wu, Ting, Nan Zhong e Ling Yang. "Identificação de salmão norueguês adulterado e não adulterado usando FTIR e um método PLS-DA melhorado." Métodos analíticos alimentares 11 (2018): 1501-1509.

Adulteração de frutos e frutos secos

[1]Conheça Kamal e[2] Sakshi Shukla
[1]Professor
[2]Bolseiro de investigação
Christ Church College, Kanpur

RESUMO
A adulteração de frutos refere-se à prática de adicionar ou misturar substâncias inferiores aos frutos, o que compromete a sua qualidade, segurança e valor nutricional. A adulteração em frutos secos é uma preocupação significativa, especialmente dada a sua popularidade como snacks saudáveis e ingredientes em várias cozinhas. Este capítulo explora os tipos de adulteração, os métodos de deteção e o impacto na saúde e na economia.
Palavras-chave: Adulteração, frutos, frutos secos, snacks saudáveis.

INTRODUÇÃO

A adulteração em frutos secos pode assumir várias formas, incluindo:
* **Corantes** - Alguns vendedores utilizam corantes artificiais para melhorar o aspeto dos frutos secos. Por exemplo, as amêndoas podem ser polidas com uma cor vermelha para as tornar mais apelativas.
* **Substituição** - Nozes e frutos de qualidade inferior ou de tipos diferentes podem ser misturados com outros de qualidade superior. Por exemplo, os amendoins podem ser coloridos e vendidos como frutos secos mais caros, como os pistácios.
* **Conservantes e produtos químicos** - Para prolongar o prazo de validade, os frutos secos podem ser tratados com produtos químicos que não são seguros para consumo. Os conservantes mais comuns incluem o dióxido de enxofre e outros sulfitos.
* **Contaminantes** - Os frutos secos podem estar contaminados com pó, pedras ou mesmo substâncias nocivas como pesticidas e metais pesados.

PRODUTOS QUÍMICOS COMUNS ADULTERANTES EM FRUTOS E FRUTOS SECOS

Agentes de amadurecimento artificial - Carbureto de cálcio: Frequentemente utilizado para amadurecer artificialmente os frutos, o carboneto de cálcio reage com a humidade para produzir gás acetileno, que acelera o processo de amadurecimento. Esta prática é prejudicial, uma vez que o carboneto de cálcio contém arsénio e fósforo, que são tóxicos. **Etileno** - Embora o gás etileno seja um agente natural de amadurecimento, o seu equivalente sintético é por vezes utilizado em excesso. O excesso de etileno pode levar a um amadurecimento desigual e pode também degradar a qualidade nutricional da fruta.

Aditivos corantes - Corantes sintéticos: As frutas e os frutos secos são por vezes tratados com corantes artificiais para melhorar o seu aspeto. Os corantes sintéticos, como a eritrosina e a tartrazina, são utilizados para dar um aspeto mais apelativo. Estas substâncias podem ser prejudiciais, especialmente quando consumidas em grandes quantidades.

Corantes não autorizados: Em alguns casos, são utilizados corantes não autorizados e nocivos, como a Rodamina B, que apresentam riscos significativos para a saúde, incluindo efeitos cancerígenos.

Edulcorantes - Edulcorantes artificiais: Nos frutos secos, em particular nas bagas ou mangas secas, podem ser adicionados edulcorantes artificiais, como a sacarina ou o aspartame. Embora estas substâncias sejam geralmente seguras em quantidades regulamentadas, a sua utilização não autorizada pode levar a problemas de saúde como distúrbios metabólicos.

Xaropes de açúcar - Para aumentar o peso e a doçura, os xaropes de açúcar são por vezes utilizados nos frutos secos. Esta prática não só altera o sabor natural como também acrescenta calorias desnecessárias, o que pode contribuir para a obesidade e a diabetes.

Conservantes - Dióxido de enxofre: Normalmente utilizado como conservante em frutos secos para evitar o escurecimento e prolongar o prazo de validade, o dióxido de enxofre pode causar problemas respiratórios e reacções alérgicas em indivíduos sensíveis.
Ácido benzoico e ácido sórbico - Estes conservantes são utilizados para inibir o crescimento microbiano. No entanto, a utilização excessiva pode provocar efeitos adversos na saúde, incluindo dores de cabeça e reacções alérgicas.

RAZÕES PARA A ADULTERAÇÃO

- Ganho económico: A adulteração é frequentemente motivada pelo desejo de aumentar os lucros através da redução dos custos ou do aumento do peso do produto.
- Procura no mercado: A procura elevada pode levar à adulteração para satisfazer as necessidades de abastecimento.
- Falta de regulamentação: A aplicação inadequada dos regulamentos de segurança alimentar pode encorajar práticas de adulteração.

MÉTODOS DE DETECÇÃO

Análise química - Técnicas como a cromatografia e a espetroscopia são utilizadas para detetar adulterantes químicos

- **Técnicas cromatográficas**

A cromatografia em camada fina (TLC) e a cromatografia líquida de alta resolução (HPLC) são amplamente utilizadas para detetar corantes artificiais e conservantes em frutos e frutos secos. Estas técnicas separam e identificam diferentes componentes, facilitando a deteção de adulterantes.

- **Métodos espectroscópicos**

A espetroscopia UV-Visível e a espetroscopia de infravermelhos são utilizadas para detetar agentes de amadurecimento artificiais e corantes sintéticos. Estes métodos analisam a absorção da luz em diferentes comprimentos de onda, revelando a presença de adulterantes específicos.

- **Espectrometria de massa**

Esta técnica avançada ajuda a identificar compostos desconhecidos, incluindo adulterantes, através da medição do seu rácio massa/carga. É particularmente útil para detetar misturas complexas e quantidades vestigiais de contaminantes.

- **Titulação e análise química**

Os métodos químicos tradicionais, como a titulação, podem quantificar conservantes como o dióxido de enxofre. A análise química também ajuda a detetar a presença de açúcares ou edulcorantes em excesso através da análise das suas propriedades químicas.

INSPECÇÃO FÍSICA - A inspeção **visual** e testes simples podem identificar adulterantes físicos.

TESTES BIOLÓGICOS - Os testes **microbiológicos** podem detetar a presença de microorganismos nocivos. A deteção de adulteração em frutos secos pode ser um desafio, mas vários métodos podem ajudar os consumidores a identificar produtos comprometidos:

Inspeção visual: Procure sinais de descoloração, que podem indicar a utilização de corantes artificiais ou deterioração. Os frutos secos devem ter uma cor natural e consistente.

(i) Textura e dureza - Os frutos secos frescos devem ser firmes mas não demasiado duros. Se forem demasiado duros ou mastigáveis, podem estar velhos ou terem sido tratados a altas temperaturas.

(iI)Cheiro - Um cheiro desagradável ou desagradável pode indicar deterioração ou a presença de produtos químicos. Cheire sempre os frutos secos antes de os comprar.

(iii) Embalagem e rótulos - Verifique se a embalagem e o rótulo estão corretos. Certifique-se de que o produto tem um prazo de validade e é embalado de acordo com as normas de segurança alimentar.

MEDIDAS PREVENTIVAS

- **Regulamentação e aplicação:** Reforçar a regulamentação em matéria de segurança alimentar e assegurar uma aplicação rigorosa.
- **Sensibilização dos consumidores:** Educar os consumidores sobre os riscos de adulteração e sobre a forma de identificar os frutos adulterados.
- **Soluções tecnológicas:** Implementação de tecnologias avançadas para a deteção e prevenção de adulterações.

A adulteração de frutos comporta riscos significativos para a saúde e mina a confiança dos consumidores. É fundamental adotar medidas rigorosas para detetar e prevenir a adulteração, garantindo a segurança e a qualidade dos frutos disponíveis no mercado.

RISCOS PARA A SAÚDE DEVIDO À ADULTERAÇÃO DE FRUTOS E FRUTOS SECOS

***Adulterantes químicos**
Carboneto de cálcio - Utilizado para o amadurecimento artificial, pode provocar dores de cabeça, tonturas, perturbações do humor e a exposição prolongada pode provocar cancro.
Cera de qualidade não alimentar - A ingestão de revestimentos de cera de qualidade não alimentar pode provocar problemas digestivos e pode conter substâncias químicas nocivas.
Corantes artificiais - Podem causar reacções alérgicas, hiperatividade nas crianças e podem ser cancerígenos.

Resíduos de Pesticidas-
Pesticidas em excesso - Níveis elevados de resíduos de pesticidas podem levar a envenenamento agudo, causando sintomas como náuseas, vómitos, dores abdominais, tonturas, e a exposição a longo prazo pode resultar em problemas de saúde crónicos, como cancro, desequilíbrios hormonais e problemas reprodutivos.

Adulterantes físicos-
Areia e seixos - O consumo de frutos adulterados com areia ou seixos pode causar lesões no trato digestivo e outros problemas gastrointestinais.

Adulterantes biológicos-
Frutos estragados - O consumo de frutos decompostos ou estragados pode provocar doenças de origem alimentar, causando sintomas como diarreia, vómitos e cólicas estomacais. Em casos graves, pode levar a doenças mais sérias, como insuficiência renal ou problemas neurológicos.

Metais pesados-
Água contaminada - Os frutos irrigados com água contaminada podem acumular metais pesados como o chumbo e o mercúrio, que podem causar danos neurológicos, insuficiência renal e outros problemas de saúde graves.

Reacções alérgicas - Os corantes e conservantes artificiais podem desencadear reacções alérgicas em indivíduos sensíveis.

Toxicidade - Os produtos químicos utilizados na adulteração podem ser tóxicos e provocar problemas de saúde a longo prazo, incluindo problemas respiratórios e cancro.

Perda nutricional - A adulteração reduz frequentemente o valor nutricional dos frutos secos, privando os consumidores dos seus benefícios para a saúde.

É importante estar atento e tomar medidas para garantir que os frutos que consome são seguros. Lavar bem os frutos, comprar de fontes respeitáveis e estar atento aos sinais de adulteração.

IMPACTO ECONÓMICO DA ADULTERAÇÃO DE FRUTOS E FRUTOS SECOS

A adulteração de frutos secos tem consequências económicas de grande alcance que afectam várias partes interessadas, desde os consumidores aos produtores e organismos reguladores. Eis um olhar mais aprofundado sobre estes impactos...

(i) Confiança dos consumidores e estabilidade do mercado

- Diminuição da confiança dos consumidores: Quando os consumidores descobrem que os frutos secos que compram são adulterados, a sua confiança no mercado diminui. Esta perda de confiança pode levar a um declínio nas vendas, uma vez que as pessoas ficam desconfiadas de comprar produtos potencialmente comprometidos.
- Instabilidade do mercado: A presença de produtos adulterados pode criar instabilidade no mercado. Os vendedores genuínos podem ter dificuldade em competir com os que oferecem alternativas mais baratas e adulteradas, o que leva a flutuações nos preços e na dinâmica do mercado.

(ii) Perdas financeiras para os produtores

- Redução das margens de lucro: Os produtores de frutos secos genuínos e de alta qualidade podem ver as suas margens de lucro reduzidas devido à necessidade de baixar os preços para competir com os produtos adulterados. Isto pode ser particularmente difícil para os pequenos agricultores e produtores que dependem de preços justos para sustentar os seus meios de subsistência.
- Aumento dos custos: Para combater a adulteração, os produtores podem ter de investir em melhores medidas de controlo de qualidade, embalagem e processos de certificação. Estes custos adicionais podem afetar os seus recursos financeiros.

(iii) Custos de regulamentação e de execução

- Controlo e aplicação: Os governos e os organismos reguladores devem afetar recursos significativos para monitorizar e fazer cumprir as normas de segurança alimentar. Isto inclui a realização de inspecções, testes de produtos e acções judiciais contra os infractores. Estas actividades requerem um investimento financeiro substancial.
- Despesas de saúde pública: A adulteração pode levar a problemas de saúde entre os consumidores, resultando num aumento das despesas de saúde pública. O tratamento de doenças causadas pelo consumo de frutos secos adulterados pode representar um encargo para os sistemas de saúde.

(iv) Impacto no comércio internacional

- Desafios à exportação: Os países conhecidos por elevados níveis de adulteração de alimentos podem enfrentar desafios na exportação dos seus produtos. Os compradores internacionais exigem frequentemente normas de qualidade rigorosas e o não cumprimento destas pode resultar em restrições ou proibições comerciais.
- Danos à reputação: Os escândalos de adulteração podem prejudicar a

reputação da indústria alimentar de um país, afectando não só os frutos secos mas também outras exportações agrícolas. Isto pode levar a repercussões económicas a longo prazo.

(v) **Ineficiências económicas**

- Desperdício de recursos: A adulteração envolve muitas vezes a utilização de substâncias de qualidade inferior ou nocivas, levando ao desperdício de recursos que poderiam ter sido utilizados de forma mais eficiente. Esta ineficiência pode ter um efeito de arrastamento na economia em geral.
- Distorção do mercado: A presença de produtos adulterados pode distorcer os preços de mercado, dificultando aos consumidores a tomada de decisões de compra informadas. Esta distorção pode conduzir a ineficiências económicas e a uma redução do bem-estar geral do mercado.

O impacto económico da adulteração nos frutos secos é multifacetado, afectando a confiança dos consumidores, a estabilidade do mercado, a rentabilidade dos produtores, os custos regulamentares, o comércio internacional e a eficiência económica global. A resolução deste problema exige um esforço concertado de todas as partes interessadas, incluindo consumidores, produtores e organismos reguladores, para garantir a integridade e a segurança do abastecimento alimentar.

Algumas estratégias eficazes para ajudar a divulgar a palavra

(i) **Campanhas educativas**

- Workshops e seminários: Organizar workshops e seminários em escolas, faculdades e centros comunitários para educar as pessoas sobre os perigos da adulteração de alimentos e como detectá-la.
- Cursos em linha: Desenvolver cursos em linha e webinars que forneçam informações pormenorizadas sobre segurança alimentar, métodos de deteção e o impacto da adulteração.

(ii) **Media e Comunicação**

- Campanhas nas redes sociais: Utilize plataformas como o Facebook, Instagram e Twitter para partilhar publicações informativas, vídeos e infografias sobre a adulteração de alimentos. Hashtags e desafios podem ajudar a aumentar o envolvimento.
- Anúncios de serviço público: Criar e transmitir anúncios de serviço público na televisão, rádio e plataformas em linha para chegar a um público mais vasto.

(iii) **Colaboração com organizações**

- Parcerias com ONGs: Colaborar com organizações não governamentais que se dedicam à segurança alimentar e à saúde pública para amplificar a mensagem.
- Responsabilidade Social das Empresas (RSE): Incentivar as empresas a incluir a sensibilização para a segurança alimentar nas suas actividades de RSE, tais como o patrocínio de programas educativos ou a distribuição de

materiais informativos.

(iv) **Participação na comunidade**

- Eventos locais: Organize eventos locais como feiras alimentares, campos de saúde e exposições onde os especialistas possam demonstrar como identificar produtos alimentares adulterados.
- Programas escolares: Integrar a educação sobre segurança alimentar nos currículos escolares para ensinar as crianças sobre a importância de consumir alimentos seguros e não adulterados.

(v) **Iniciativas governamentais**

- Medidas regulamentares: Defender a adoção de regulamentos mais rigorosos e a aplicação de medidas contra a adulteração de alimentos. Os governos podem também efetuar campanhas de sensibilização através dos seus departamentos de saúde.
- Programas de certificação: Promover programas de certificação que garantam que os produtos alimentares cumprem as normas de segurança. Incentivar os consumidores a procurarem produtos certificados.

(vi) **Utilização da tecnologia**

- Aplicações móveis: Desenvolver aplicações móveis que forneçam informações sobre a segurança alimentar, incluindo dicas sobre a deteção de adulterações e a comunicação de produtos suspeitos.
- Sítios Web interactivos: Criar sítios Web com conteúdos interactivos, tais como questionários e vídeos, para educar as pessoas sobre a adulteração de alimentos.

-

(vii) **Divulgação na comunidade**

- Campanhas porta-a-porta: Realizar campanhas porta-a-porta em áreas rurais e urbanas para educar as pessoas sobre os riscos da adulteração de alimentos e como evitá-la.
- Distribuição de materiais informativos: Distribuir panfletos, brochuras e cartazes em locais públicos como mercados, hospitais e escolas.

(viii) **Envolvimento de influenciadores**

- Apoios de celebridades: Envolver celebridades e influenciadores para falarem sobre a importância da segurança alimentar e partilharem as suas mensagens nas redes sociais.
- Colaborações de influenciadores: Estabeleça parcerias com bloggers de alimentos, chefs e nutricionistas para criar conteúdo que destaque os perigos da adulteração de alimentos e promova práticas seguras.

REGULAMENTAÇÃO PARA EVITAR ADULTERAÇÕES

Existem vários regulamentos em vigor a nível mundial para evitar a adulteração de fruta e garantir a segurança alimentar. Eis alguns exemplos importantes:

Índia - Autoridade de Segurança Alimentar e Normas da Índia (FSSAI): A

FSSAI estabelece normas para a segurança alimentar, incluindo os frutos. Regula a utilização de produtos químicos para a maturação e impõe requisitos de rotulagem para garantir a transparência e a segurança.

Estados Unidos- Food and Drug Administration (FDA): A FDA aplica regulamentos ao abrigo da Lei Federal de Alimentos, Medicamentos e Cosméticos. Isto inclui diretrizes sobre boas práticas de fabrico, análise de perigos e controlos preventivos baseados no risco para evitar adulterações.

União Europeia - Diretiva UE 2012/12: Esta diretiva garante a qualidade e a origem dos sumos de fruta, proibindo a adição de açúcares e outras substâncias para manter a integridade do produto.

Normas internacionais - Codex Alimentarius : Desenvolvidas pela Organização das Nações Unidas para a Alimentação e a Agricultura (FAO) e pela Organização Mundial de Saúde (OMS), estas normas alimentares internacionais visam proteger a saúde dos consumidores e garantir práticas justas no comércio alimentar.

Estes regulamentos são concebidos para proteger os consumidores dos riscos para a saúde associados a frutos adulterados e para manter a integridade da cadeia de abastecimento alimentar. A aplicação destes regulamentos varia de país para país, mas geralmente incluem medidas como inspecções, testes e sanções em caso de incumprimento.

A adulteração de frutos e frutos secos é uma questão crítica que coloca riscos significativos para a saúde. A compreensão da natureza química dos adulterantes comuns e a utilização de métodos de deteção avançados podem ajudar a mitigar estes riscos. Os consumidores, os organismos reguladores e as indústrias alimentares devem trabalhar em conjunto para garantir a segurança e a qualidade destes produtos alimentares essenciais. A promoção da consciencialização e a implementação de regulamentos rigorosos são passos fundamentais para proteger a saúde pública e manter a integridade dos alimentos.

REFRÊNCIAS

1. Islam,Md.N.; Mursalat,M.; Khan,M.S. (2016), A review on the legislative aspect of artificial fruit ripening, Agriculture and food security, DOI:10.1186/s40066-016-0057- 5.
2. Sanjitha; Reddy,A.S.K.; Joshi,A.; Reddy,A.; Mahana,A.; (2022), Deteção de doenças e adulteração em frutas usando aprendizado de máquina, International Research Journal of Modernization in Engineering Technology and Science, Vol:4,issue:7.
3. Kumar,S.K.; Laasya,K.D.; Godasritha,R.(2021), Adulteration of fruits, International Journal for Modern Trends in Science and Technology, vol.7, pp.52-54, https://doi.org/10.46501/IJMTST0710008

MIX
Papier aus verantwortungsvollen Quellen
Paper from responsible sources
FSC® C105338

Printed by Books on Demand GmbH, Norderstedt / Germany